佳能微单EOS R5 Mark Ⅱ
摄影及视频拍摄技巧大全

雷波◎编著

化学工业出版社
·北京·

内 容 简 介

本书讲解了佳能 EOS R5 Mark Ⅱ相机的各项实用功能、曝光技巧及在各类题材中的实拍技巧等，通过先学习相机结构、菜单功能，再接着学习曝光功能、器材等方面的知识，最后学习生活中常见的题材拍摄技巧，能够让读者迅速上手佳能 EOS R5 Mark Ⅱ相机。

随着短视频和直播平台的发展，越来越多的朋友开始使用相机录视频、做直播，因此，本书专门通过数章内容来讲解拍摄短视频需要的器材、需要掌握的参数功能、镜头运用方式以及佳能 EOS R5 Mark Ⅱ相机拍摄视频的基本操作与菜单设置，让读者紧跟潮流玩转新媒体。

相信通过本书的学习，读者可以全面掌握佳能 EOS R5 Mark Ⅱ相机拍摄功能，既能拍美图成为朋友圈亮丽的风景线，又能拍好短视频一举抓住视频创业风口。

本书附赠一本人像摆姿摄影电子书（PDF），一本花卉摄影欣赏电子书（PDF），一本鸟类摄影欣赏电子书（PDF），以及一本摄影常见题材拍摄技法及佳片赏析电子书（PDF）。

图书在版编目（CIP）数据

佳能微单 EOS R5 Mark Ⅱ摄影及视频拍摄技巧大全 / 雷波编著. -- 北京 : 化学工业出版社, 2025. 5.
ISBN 978-7-122-47584-8

Ⅰ. TB86; J41

中国国家版本馆 CIP 数据核字第 2025D267P6 号

责任编辑：王婷婷　孙　炜　　　装帧设计：异一设计
责任校对：王　静

出版发行：化学工业出版社（北京市东城区青年湖南街 13 号　邮政编码 100011）
印　　装：北京瑞禾彩色印刷有限公司
710mm × 1000mm　1/16　印张 $12^1/_2$　字数 246 千字　2025 年 5 月北京第 1 版第 1 次印刷

购书咨询：010-64518888　　　售后服务：010-64518899
网　　址：http://www.cip.com.cn
凡购买本书，如有缺损质量问题，本社销售中心负责调换。

定　　价：118.00 元

前　言

本书全面解析了佳能 EOS R5 Mark Ⅱ相机的强大功能、实拍设置技巧及各类拍摄题材的实战技法，将官方手册中没讲清楚或没讲到的内容，以及抽象的功能描述，通过实拍测试及精美照片示例具体、形象地展现出来。

在相机功能及拍摄参数设置方面，本书不仅针对佳能 EOS R5 Mark Ⅱ相机的结构、菜单功能，以及光圈、快门速度、白平衡、感光度、曝光补偿、测光、对焦、拍摄模式等设置技巧进行了详细讲解，更有详细的菜单操作图示，即使是没有任何摄影基础的初学者，也能够根据图示玩转相机的菜单及功能设置。

在镜头与附件方面，本书针对常用附件的功能和使用技巧进行了深入解析，以便各位读者有选择地购买相关镜头或附件，与佳能 EOS R5 Mark Ⅱ相机配合使用，从而拍摄出更漂亮的照片。

在摄影实战技术方面，本书通过大量精美的实拍照片，深入剖析了使用佳能 EOS R5 Mark Ⅱ相机拍摄人像、风光等常见题材的技巧，以便读者快速提高摄影水平。

考虑到许多相机爱好者的购买初衷是拍摄视频，因此本书特别讲解了使用佳能 EOS R5 Mark Ⅱ相机拍摄视频时应该掌握的各类知识。除了详细讲解拍摄视频时的相机设置与重要菜单功能，还讲解了与拍摄视频相关的镜头语言、硬件准备等知识。

经验与解决方案是本书的亮点之一，笔者通过实践总结出了关于佳能 EOS R5 Mark Ⅱ相机的使用经验及技巧，这些经验和技巧一定能够帮助各位读者少走弯路，让读者感觉身边时刻有“高手点拨”。本书还汇总了摄影爱好者初上手使用佳能 EOS R5 Mark Ⅱ相机时可能会遇到的一些问题、出现的原因及解决方法，相信能够帮助许多爱好者解决这些问题。

为了拓展本书内容，本书将赠送笔者原创正版的四本摄影电子书（PDF），包括一本人像摆姿摄影电子书、一本花卉摄影欣赏电子书、一本鸟类摄影欣赏电子书和一本摄影常见题材拍摄技法及佳片赏析电子书。

如果希望与笔者或其他爱好摄影的朋友交流与沟通，各位读者可以添加客服微信 HJYSY1635 与我们在线沟通交流，也可以添加客服后申请加入微信群，与众多喜爱摄影的小伙伴交流。

如果希望每日接收到新鲜、实用的摄影技巧，还可以搜索并关注微信公众号“FUNPHOTO”，或者在今日头条或百度、抖音、视频号中搜索并关注“好机友摄影”或“北极光摄影”。

编著者

2025 年 3 月

目　录

CONTENTS

第1章 玩转佳能 EOS R5 Mark Ⅱ 相机从机身开始

第2章 初上手一定要学会的菜单设置

第3章 必须掌握的基本曝光设置

第 4 章 灵活运用拍摄模式拍出好照片

第 5 章 拍出佳片必须掌握的高级曝光技巧

第 6 章 拍视频要理解的术语及必备附件

第 7 章 拍视频必学的镜头语言

第 8 章 利用佳能 EOS R5 Mark Ⅱ拍摄视频的基本流程

第 1 章

玩转佳能 EOS R5 Mark Ⅱ 相机从机身开始

佳能EOS R5 Mark Ⅱ相机

正面结构

❶ 快门按钮

半按快门可以开启相机的自动对焦及测光系统，完全按下时将完成拍摄。当相机处于省电状态时，轻按快门可以恢复工作状态

❷ 自拍指示灯/自动对焦辅助光

当设置 2s、10s 自拍或遥控拍摄功能时，此灯会连续闪光进行提示；在弱光环境下拍摄，半按快门按钮时，此灯会持续发出自动对焦辅助光，以辅助自动对焦

❸ RF镜头安装标志

将镜头上的红色标志与机身上的红色标志对齐，旋转镜头即可完成安装

❹ 摄影指示灯

当将“摄影指示灯”菜单设为“开”选项后，摄影指示灯会根据相机状态点亮或闪烁。点亮此灯时，表示当前正在录制视频；此灯快速闪烁时，第一种情况是当前电池电量低或存储卡空间不足，无法录制视频，第二种情况是相机内部温度过高；此灯慢速闪烁，表示当前视频录制时间最长为 6 分钟

❺ 相机手柄（电池仓）

在拍摄时，用右手持握此处。该手柄遵循人体工程学的设计，持握起来比较舒适。此外，相机电池安装在内部

❻ 直流电连接器电源线孔

当在相机上安装直流电连接器 DR-E6P（另购）时，连接线从此孔穿出，将连接线与USB电源适配器连接，可使用电源为相机供电

❼ 景深预览按钮

按下景深预览按钮，可以将镜头光圈缩小到当前使用的光圈值，可以更真实地观察到以当前光圈拍摄的画面景深效果

❽ 触点

用于在相机与镜头之间传递信息。将镜头拆下后，请务必装上机身盖，以免刮伤电子触点

❾ 快门帘幕/图像感应器

快门帘幕在开机状态下处于开启状态，会露出图像感应器以便实时显示图像到屏幕上。当关闭相机时，快门帘幕会降下。佳能 EOS R5 Mark Ⅱ相机采用了背照堆栈式 CMOS 图像感应器，具有约 4500 万有效像素，因此能够获得高质量的照片与视频

❿ 遥控端子

打开此端子盖，可插入快门线 RS-80N3 或 TC-80N3，从而遥控相机拍摄

⓫ 镜头释放按钮

用于拆卸镜头，按下此按钮并旋转镜头的镜筒，可以把镜头从机身上取下来

佳能EOS R5 Mark Ⅱ相机

顶面结构

❶ 麦克风

在拍摄短片时，可以通过此麦克风录制单声道音频

❷ 扬声器

用于播放声音

❸ 液晶显示屏

显示拍摄时的一些常用参数

❹ 短片拍摄按钮

用于开始或停止短片拍摄

❺ M-Fn多功能按钮/FTP服务器图像传输按钮

在拍摄模式下，按下此按钮，并转动主拨盘或速控转盘可以设置ISO感光度、驱动模式、白平衡模式、自动对焦操作及闪光曝光补偿等功能；在播放模式下，按下此按钮，可以将图像传输至FTP服务器。

❻ 主拨盘

直接转动主拨盘可以设置快门速度或光圈；按下MODE或M-Fn按钮后，转动主拨盘可以选择相关的设置

❼ 静止图像拍摄/短片记录开关

转动此开关对齐📷图标，为静止图像拍摄模式，转动此开关对齐🎥图标，为短片记录模式

❽ 热靴

用于外接闪光灯，热靴上的触点正好与外接闪光灯上的触点相合；也可以外接无线同步器，在有影室灯的情况下起引闪作用

❾ 液晶显示屏信息切换/照明/剪裁按钮

每按一下此按钮，便会切换液晶显示屏上的参数信息；按住此按钮不放，可以照亮液晶显示屏；在播放照片模式下，按此按钮可以显示“剪裁”界面

❿ MODE按钮

用于选择拍摄模式。按下此按钮，然后转动主拨盘可以选择所需拍摄模式

⓫ 电源/多功能锁开关

将此开关拨至ON图标，相机开启，拨至OFF图标，相机关闭；将此开关拨至LOCK图标，可以锁定在“多功能锁”菜单中勾选的转盘

佳能EOS R5 Mark Ⅱ相机

背面结构

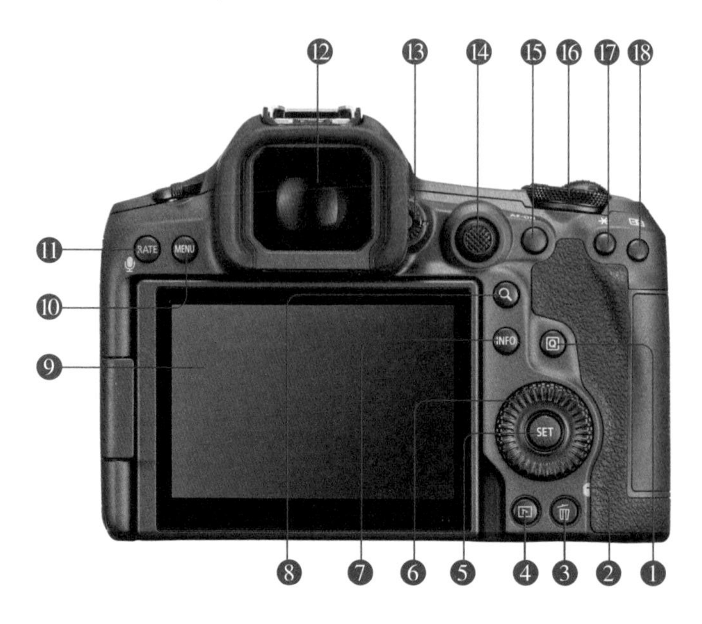

❶ 速控按钮

在拍摄或回放照片状态下，按下此按钮将显示速控屏幕，可进行相关设置

❷ 数据处理指示灯

在拍摄照片、正在将数据传输到存储卡，以及正在记录、读取或删除存储卡上的数据时，该指示灯将会亮起或闪烁

❸ 删除按钮

在回放照片模式下，按下此按钮可以删除当前照片。照片一旦被删除，将无法恢复

❹ 回放按钮

按下此按钮可以回放刚刚拍摄的照片，还可以使用放大/缩小按钮对照片进行放大或缩小。当再次按下此按钮时，可返回拍摄状态

❺ 设置按钮

在菜单操作状态下，按下此按钮可用于菜单功能选择的确认，类似于其他相机上的 OK 按钮

❻ 速控转盘1

按下一个功能按钮后，转动速控转盘可以完成相应的设置，直接转动速控转盘则可以设定曝光补偿量，或在手动拍摄模式下设置光圈值

❼ 信息按钮

在照片拍摄模式、短片拍摄模式及回放模式下，每次按下此按钮，会依次切换信息显示

❽ 放大/缩小按钮

在回放照片时，按下此按钮并配合“速控转盘 2”可以放大或缩小照片

❾ 屏幕

使用此屏幕可以设定菜单功能、拍摄照片、拍摄短片，以及回放照片和短片。此屏幕还可以向上、向下旋转，或翻转 180°，以获得更易观看的屏幕角度。另外，此屏幕是可触摸控制的，可以通过手指点击、滑动来操作

❿ 菜单按钮

用于启动相机内的菜单功能。在菜单中可以对图像画质、照片风格等功能进行设置

⓫ 评分/语音备忘录按钮

在播放照片模式下，按下此按钮可以对照片进行评分，在播放照片模式下，按住此按钮约 2 秒钟后会显示“语音备忘录：录制中……”，在保持按住此按钮的情况下，对着麦克风说话，可录制最长 30 秒的语音

⑫ 取景器目镜

在拍摄时，可通过观察取景器目镜里面的景物进行取景构图

⑬ 屈光度调节旋钮

对于近视又不想戴眼镜拍摄的用户，可以通过调整屈光度，使人眼在取景器中看到的影像是清晰的

⑭ 多功能控制钮

一个中间按钮带 8 个方向键，用拇指指尖轻按使用。用于白平衡校正、在照片或视频拍摄期间移动自动对焦点/放大框、在回放期间移动放大框或速控设置等操作

⑮ 自动对焦启动按钮

除了全自动模式外，在其他拍摄模式下，按下此按钮与半按快门的效果一样，可以启动自动对焦操作

⑯ 速控转盘2

在拍摄期间，按下此按钮后，转动此转盘可以完成相应的设置，若直接转动此转盘可以设置感光度

⑰ 自动曝光锁定按钮

在拍摄模式下，按此按钮可以锁定曝光，可以用相同曝光值拍摄多张照片

⑱ 自动对焦点选择按钮

在拍摄模式下，按下此按钮后，与 M-Fn 多功能按钮配合，以选择自动对焦区域模式

佳能EOS R5 Mark Ⅱ相机

侧面结构

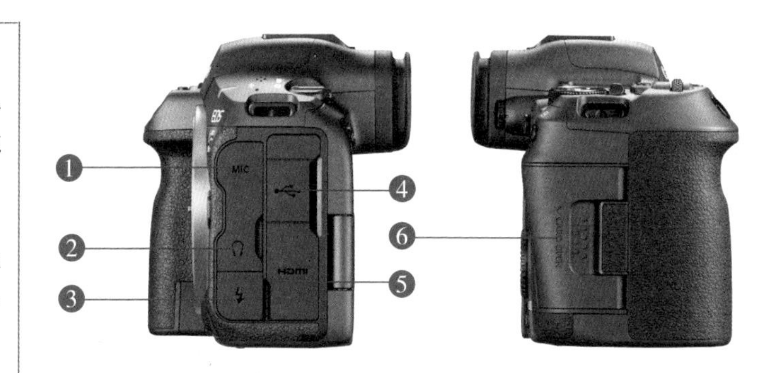

❶ 外接麦克风输入端子

通过将带有立体声微型插头的外接麦克风连接到相机的外接麦克风输入端子上，可录制立体声

❷ 耳机端子

通过将带有立体声微型插头的立体声耳机连接到相机的耳机端子，可以在短片拍摄期间听到声音

❸ 同步端子

用于连接带有同步连接线的闪光灯

❹ 数码端子

用 AV 线可将相机与计算机连接起来，可以在计算机上观看图像；连接打印机可以进行打印

❺ HDMI 输出端子（A型）

此端口用于将相机与 HD 高清晰度电视机连接在一起

❻ 存储卡插槽盖

打开此盖，可以安装或拆卸存储卡。佳能 EOS R5 Mark Ⅱ相机具有两个存储卡插槽，插槽 1 可以安装 CFexpress 存储卡，插槽 2 可以安装 SD 型存储卡

佳能EOS R5 Mark Ⅱ相机

底面结构

❶ 附件定位孔

当使用相机拍摄短片时，利用附件定位孔，可以将相机更稳固地固定在摄像云台上

❷ 三脚架接孔

用于将相机固定在脚架上。可通过顺时针转动脚架快装板上的旋钮，将相机固定在脚架上

❸ 进气口

使用另购的冷却风扇时，风扇风可通过此口进入冷却相机

❹ 电池仓盖

打开电池仓盖后可拆装电池

❺ 电池仓盖锁

用于安装和更换电池。安装电池时，应先滑动电池仓盖锁，然后再打开电池仓盖

佳能EOS R5 Mark Ⅱ相机

液晶显示屏

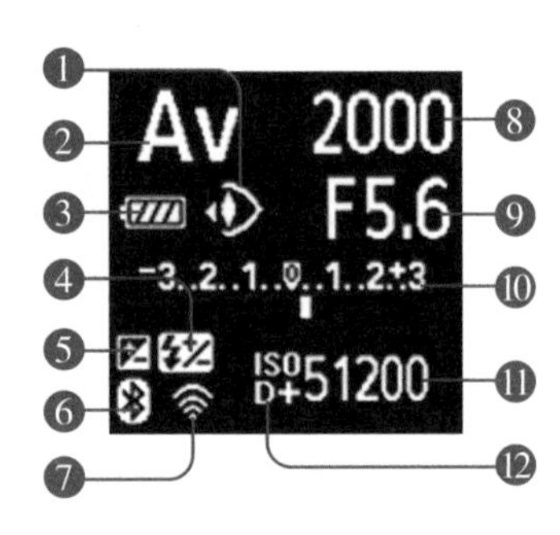

❶ 眼控对焦

❷ 拍摄模式

❸ 电池电量

❹ 闪光曝光补偿

❺ 曝光补偿

❻ 蓝牙功能

❼ Wi-Fi 功能 / 有限局域网

❽ 快门速度

❾ 光圈值

❿ 曝光量指示标尺（曝光补偿量/自动包围曝光范围）

⓫ ISO 感光度

⓬ 高光色调优先

佳能EOS R5 Mark Ⅱ相机

拍摄信息

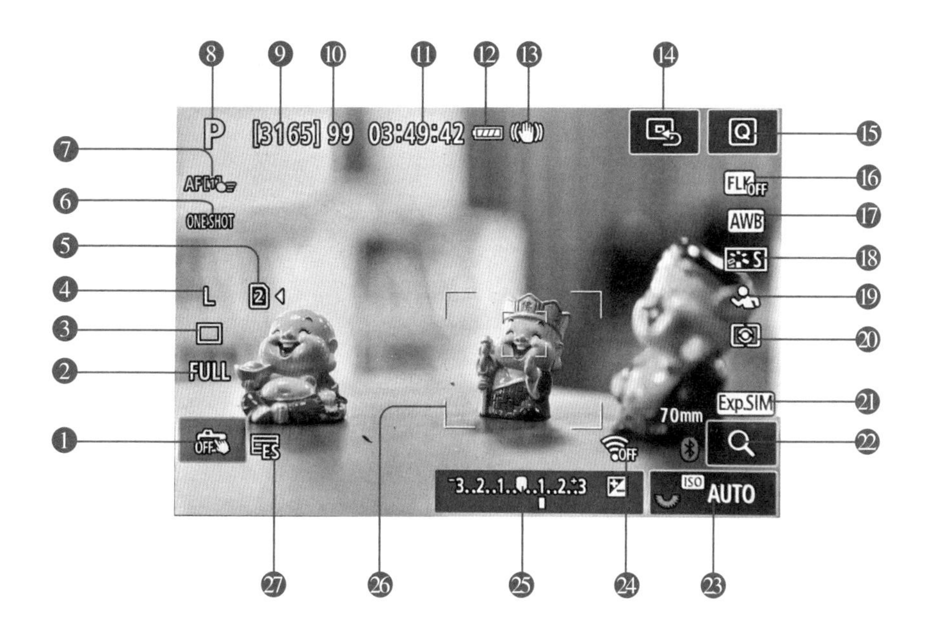

❶ 触摸快门
❷ 静态图像裁切 / 长宽比
❸ 驱动模式
❹ 图像画质
❺ 存储卡
❻ 自动对焦模式
❼ 自动对焦区域模式
❽ 拍摄模式
❾ 可拍摄数量 / 自拍前秒数
❿ 最大连拍数量
⓫ 短片可记录时间
⓬ 电池电量
⓭ 图像稳定器
⓮ 将自动对焦点设为中央
⓯ 速控图标
⓰ 防闪烁拍摄
⓱ 白平衡/白平衡校正
⓲ 照片风格
⓳ 检测的被摄体
⓴ 测光模式
㉑ 显示模拟 /OVF 模拟查看帮助
㉒ 放大按钮
㉓ ISO 感光度
㉔ Wi-Fi 功能
㉕ 曝光补偿指示标尺
㉖ 自动对焦点
㉗ 电子快门

佳能EOS R5 Mark Ⅱ相机

速控屏幕

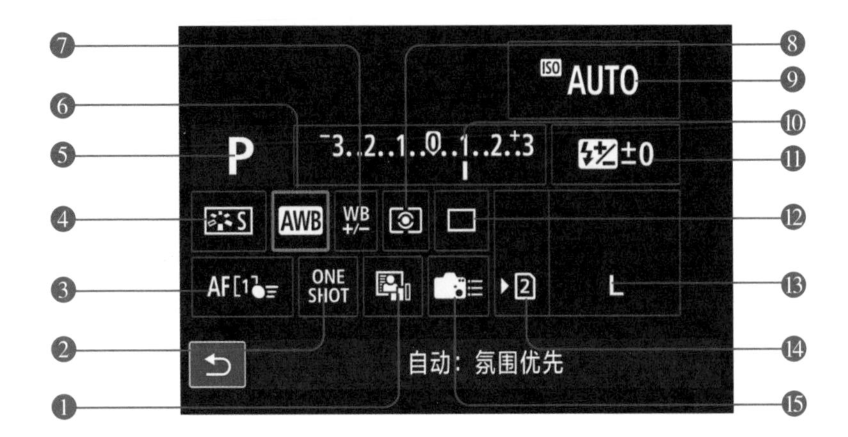

❶ 自动亮度优化
❷ 自动对焦模式
❸ 自动对焦区域模式
❹ 照片风格
❺ 拍摄模式
❻ 白平衡模式
❼ 白平衡校正
❽ 测光模式
❾ ISO 感光度
❿ 曝光量指示标尺（曝光补偿量/自动包围曝光范围）
⓫ 闪光曝光补偿
⓬ 驱动模式
⓭ 图像画质
⓮ 存储卡
⓯ 自定义相机控制

第 2 章

初上手一定要学会的菜单设置

掌握佳能 EOS R5 Mark Ⅱ相机菜单的设置方法

通过菜单设置相机参数

佳能 EOS R5 Mark Ⅱ相机的菜单功能非常丰富，熟练掌握与菜单相关的操作可以帮助摄影师更快速、准确地进行设置。

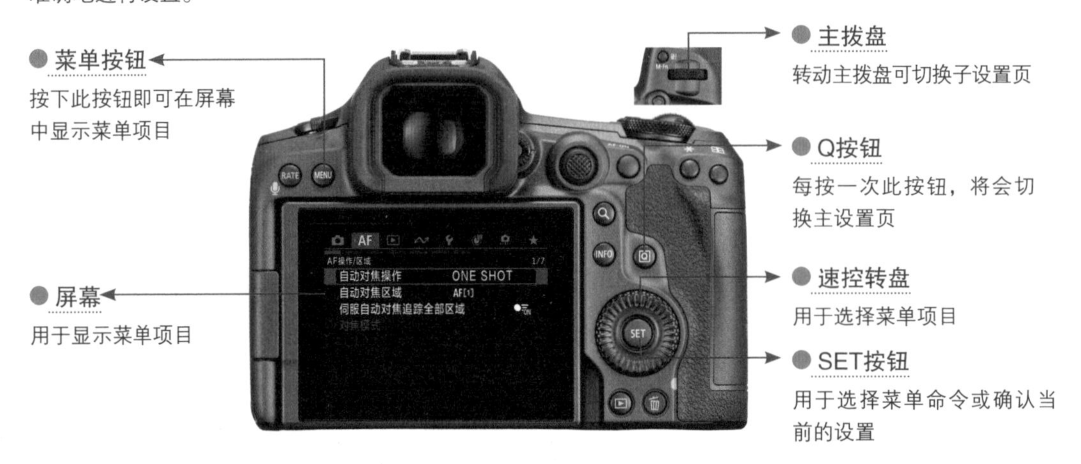

下面来认识一下佳能 EOS R5 Mark Ⅱ相机提供的菜单设置页，即位于菜单顶部的各个图标，从左到右依次为拍摄菜单、自动对焦菜单AF、回放菜单、通信功能、设置菜单、自定义控制菜单、自定义功能菜单及我的菜单★。在操作时，除了可以用上图所示的按钮切换主菜单和子菜单外，还可以通过点击设置图标直接选择。

通过点击触摸屏设置菜单

由于佳能 EOS R5 Mark Ⅱ的屏幕是触摸屏，因此操作起来十分方便。下面以设置“用户界面放大”选项为例，介绍通过点击屏幕来设置菜单参数的操作方法。

设定步骤

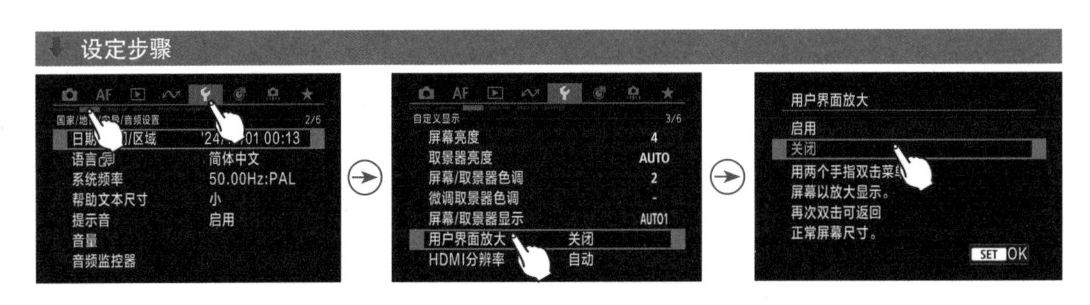

❶ 点击所需主设置页图标，即可切换到该菜单设置页。

❷ 点击副设置页数值，即可切换到该菜单设置页，在设置界面中，点击选择所需菜单项目。

❸ 在参数设置界面中，点击选择所需选项即可。有些设置界面还需要点击一下SET OK图标确定。

使用佳能 EOS R5 Mark Ⅱ相机的速控屏幕设置参数

什么是速控屏幕

佳能 EOS R5 Mark Ⅱ的机身背面有一块较大的显示屏，被称为“屏幕”。可以说，佳能 EOS R5 Mark Ⅱ所有的查看与设置工作，都需要通过屏幕来完成，如回放照片及拍摄参数设置等。

速控屏幕是指屏幕显示参数的状态，在屏幕显示的情况下，按下机身背面的Q按钮，即可在拍摄或播放照片时开启速控屏幕。

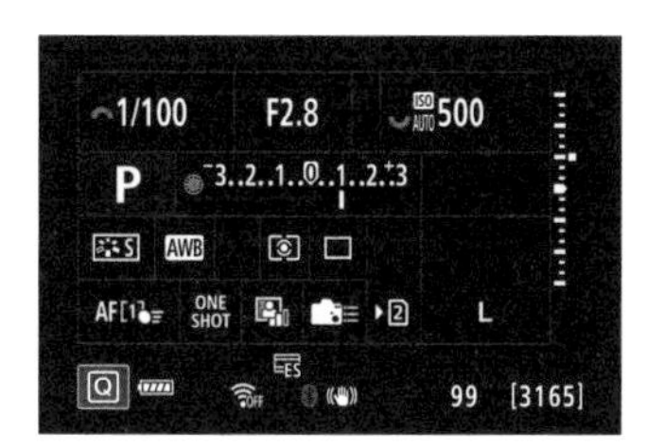

▲ 当按INFO按钮切换为屏幕仅显示参数界面，而使用取景器取景时，按下Q按钮后屏幕上显示的速控屏幕状态

▲ 当使用屏幕取景时，按下Q按钮后显示的速控屏幕状态

▲ 在播放照片模式下，按下Q按钮后显示的速控屏幕状态

使用速控屏幕设置参数的方法

以屏幕显示参数状态下显示的速控屏幕为例，使用速控屏幕设置参数的步骤如下。

❶ 转动速控转盘1或按多功能控制钮的▲、▼选择要设置的功能。

❷ 转动主拨盘或速控转盘2可以改变设置。

❸ 在选择一个参数后，按下SET按钮，可以进入该参数的详细设置界面。调整参数后再按SET按钮即可返回上一级界面。其中，光圈、快门速度等参数无须按照此方法进行设置。

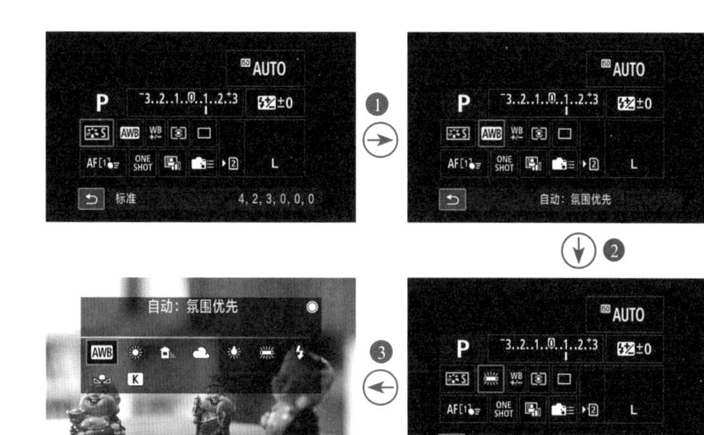

由于佳能 EOS R5 Mark Ⅱ相机的屏幕具有触摸功能，因此上述操作均可通过手指直接点击来完成。

掌握液晶显示屏的使用方法

佳能 EOS R5 Mark Ⅱ的液晶显示屏（也称为肩屏）是在参数设置时不可或缺的重要部件，液晶显示屏中囊括了一些常用参数，可以满足摄影师进行绝大部分常用参数设置的需要，耗电量又非常低，且便于观看，强烈推荐用户使用。

设置光圈、快门速度、曝光补偿或感光度等参数时，在高级拍摄模式下，直接转动主拨盘、速控转盘 1 或速控转盘 2 即可进行设置。

右侧的操作示意图展示了通过液晶显示屏设置光圈的操作方法。

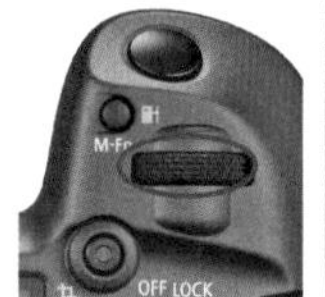

设定方法

在光圈优优模式下，直接转动主拨盘可以调节光圈

设置影像存储参数

根据照片的用途设置画质

设置合适的分辨率为后期处理做准备

在设置图像的画质之前，应先了解一下图像的分辨率。图像的分辨率越高，制作的照片质量就越理想，在计算机后期处理时裁剪的余地就越大，同时文件所占空间也越大。佳能 EOS R5 Mark Ⅱ相机可拍摄图像的最大分辨率为 8192×5464，约相当于 4480 万像素，因而拍出的照片有很大的后期处理空间。

- RAW：选择此选项，将照片存储为原始数据的 RAW 格式。
- CRAW：选择此选项，同样存储为 RAW 格式照片，但是比设置为“RAW”的文件要小。
- L：选择此选项，将 JPEG 或 HEIF 格式照片存储为约 4480 万像素（8192×5464）的大尺寸文件。
- M：选择此选项，将 JPEG 或 HEIF 格式照片存储为约 2400 万像素（6000×4000）的中尺寸文件。
- S1：选择此选项，将 JPEG 或 HEIF 格式照片存储为约 1160 万像素（4176×2784）的小尺寸文件。
- S2：选择此选项，将 JPEG 或 HEIF 格式照片存储为约 380 万像素（2400×1600）的小尺寸文件。

高手点拨：如果在设置时同时选择了“RAW”和“L”选项，就表示将照片存储为1张RAW格式照片+1张大尺寸的JPEG/HEIF格式照片，其他选项依次类推。

设定步骤

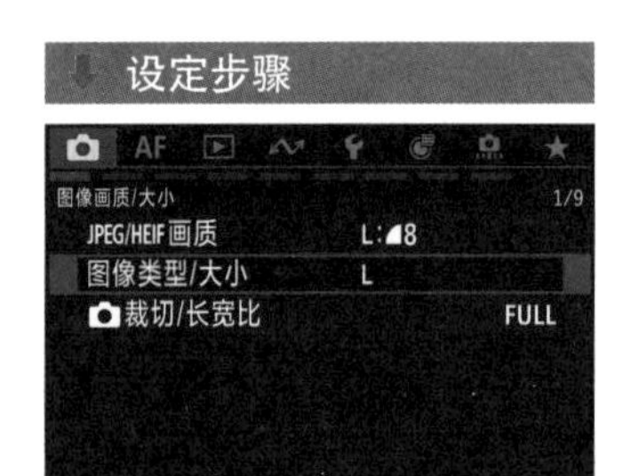

❶ 在**拍摄菜单 1** 中选择**图像类型 / 大小**选项

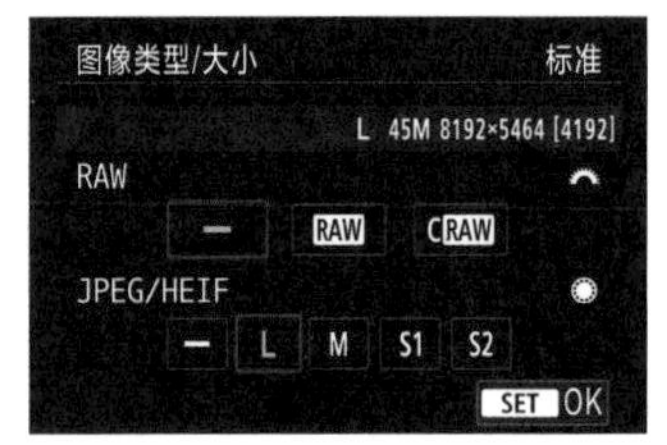

❷ 点击选择 RAW 格式或者 JPEG/HEIF 格式选项，然后点击 SET OK 图标确定

Q：什么是 RAW 格式？

A：简单地说，RAW 格式就是一种数码照片文件格式，包含了数码相机传感器未处理的图像数据，相机不会处理来自传感器的原始数据，仅将这些数据保存在存储卡上，这意味着相机将（所看到的）全部信息都保存在图像文件中。采用 RAW 格式拍摄时，数码相机仅保存 RAW 格式图像和 EXIF 信息（相机型号、所使用的镜头，以及焦距、光圈、快门速度等）。摄影师设定的相机预设值（如对比度、饱和度、清晰度和色调等）都不会影响所记录的图像数据。

Q：使用 RAW 格式拍摄的优点有哪些？

A：使用 RAW 格式拍摄的优点如下。

- 可将相机中的许多文件处理工作转移到计算机上进行，从而可进行更细致地对照片进行处理，包括白平衡调节，高光区、阴影区和低光区调节，以及清晰度、饱和度控制等。对于非 RAW 格式文件而言，由于在相机内处理图像时已经应用了白平衡设置，这种无损改变是不可能的。
- 可以使用最原始的图像数据（直接来自传感器），而不是经过处理的信息，这毫无疑问将会获得更好的效果。
- 可利用 14 位图片文件进行高位编辑，这意味着具有更多的色调，可以使最终的照片获得更平滑的梯度和色调过渡。在 14 位模式下进行操作时，可使用的数据更多。

合理利用画质设定节省存储空间

在拍摄前，用户可以根据自己对画质的要求进行设定。在存储卡空间充足的情况下，最好使用最高分辨率进行拍摄，这样可以使拍出的照片在放得很大时也很清晰。不过使用最高分辨率也存在缺点，因为用图像文件过大，导致照片存储的速度会减慢，所以在进行高速连拍时，最好适当地降低分辨率。

通过“JPEG/HEIF 画质”菜单，用户可以调整 JPEG 或 HEIF 格式照片的压缩率，数值越大，压缩率越低，画质也就越高，反之，数值越小，压缩率越高，画质也就越低。选择数值 1~5 时，用▟图标表示，选择数值 6~10 时，用◢图标表示。

设定步骤

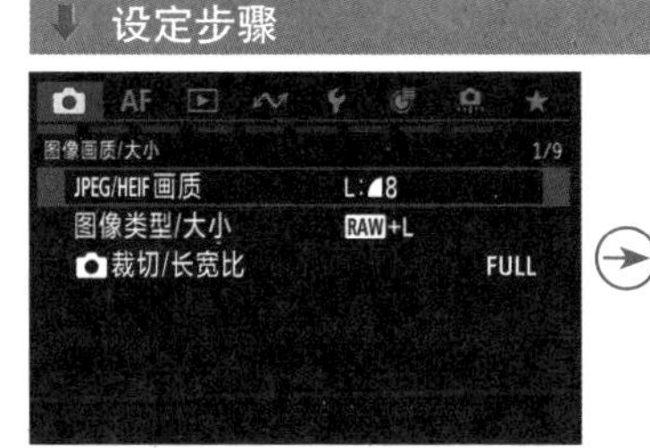

❶ 在**拍摄菜单 1** 中选择 **JPEG/HEIF 画质**选项

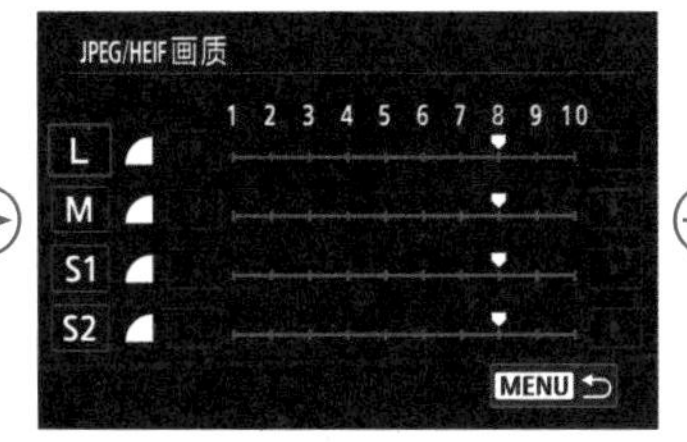

❷ 在左侧列表中点击选择要修改的选项

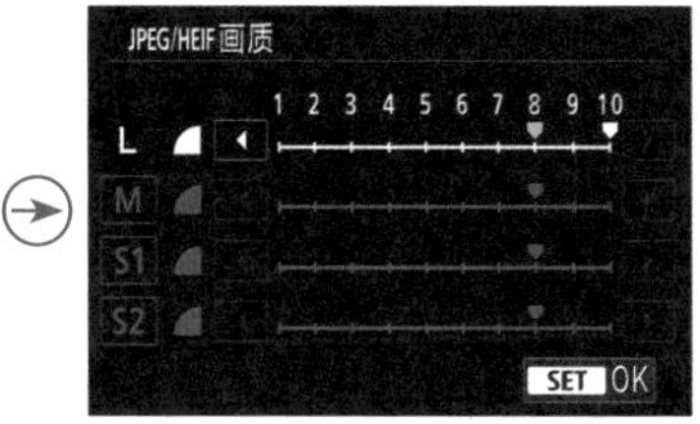

❸ 拖动滑块选择所需压缩率，然后点击 SET OK 图标确定

利用 HDR PQ 功能拍摄 HEIF 照片

HDR PQ中的PQ代表用于显示HDR图像的输入信号的伽马曲线。在“HDR拍摄（PQ）”菜单中启用此功能，可以让相机生成符合以ITU-R BT.2100和SMPTE ST.2084定义的PQ规格的HDR图像。

当启用“HDR拍摄（PQ）”功能后，用户可以在“图像类型/大小”菜单中指定照片记录为HEIF或RAW格式。

Q：什么是HEIF格式？

A：HEIF格式是高效率图像文件格式（High Efficiency Image File Format）的英文缩写，它不仅可以存储静态照片和EXIF信息元数据等，还可以存储动画、图像序列甚至视频、音频等，而HEIF的静态照片格式特指以HEVC编码器进行压缩的图像数据和文件。

Q：HEIF格式图像具有哪些优点？

A：使用HEIF格式拍摄的优点如下。

- 超高比压缩文件的同时具有高画质。HEIF静态照片在文件大小相同的情况下可以保留的信息是JPEG的二倍，或者说画质相同时HEIF的容量只有不到JPEG的一半。
- 具有更优质的画质。HEIF图像和视频一样，支持高达10位色深保存，而且和HDR图像、广色域等新技术的应用能更好地无缝配合，可以把高动态显示、景深、色深等信息封装至同一个文件中，记录和显示更明亮、更鲜艳生动的照片和视频。
- 内容灵活。由于HEIF是一种封装格式，因此能保存的信息远远比JPEG丰富，除了缩略图、EXIF、元数据等信息外，还可以保存并显示各种各样的数据信息。

设定步骤

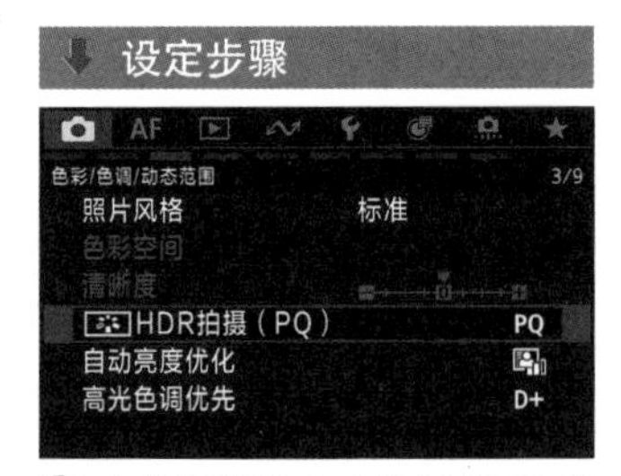

❶ 在**拍摄菜单3**中选择**HDR拍摄（PQ）**选项

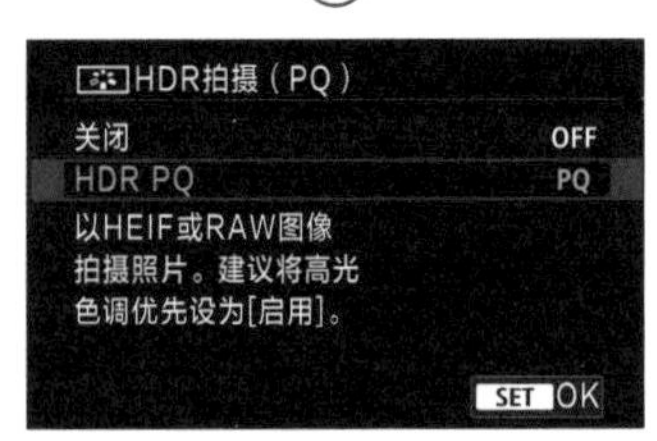

❷ 点击选择**HDR PQ**选项，然后点击SET OK图标确定

高手点拨：HEIF图像无法直接使用Windows系统预览，因此，可以使用佳能EOS R5 Mark Ⅱ中的“HEIF→JPEG转换”菜单将其转换成为JPEG格式进行预览。

HDR/C.Log 查看帮助

当开启“HDR拍摄（PQ）”菜单后，屏幕上显示的画面会变灰，对构图和用光均有一定影响，此时可以开启“HDR/C.Log查看帮助”菜单，启用此功能后画面能够正常显示，但仅仅是显示还原色彩后的画面，相机拍摄出来的照片还是HDR效果的，保留了更多的高光及阴影部分的细节。

设定步骤

❶ 在**拍摄菜单8**中选择**HDR/C.Log查看帮助**选项

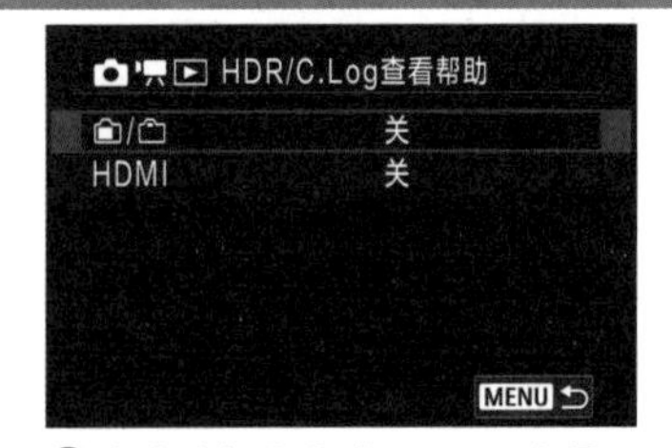

❷ 点击选择或**HDML**选项

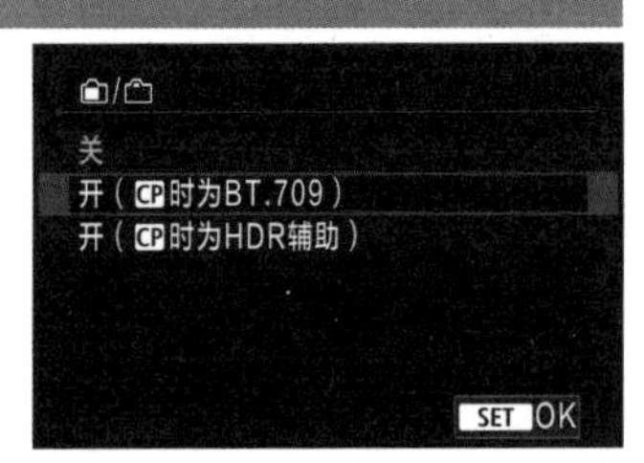

❸ 点击选择所需选项，然后点击SET OK图标确定

设置静止图像裁切/长宽比

佳能 EOS R5 Mark Ⅱ 为全画幅微单相机，通常情况下使用 RF 或 EF 镜头，会以约 36.0mm×24.0mm 的感应器尺寸拍摄全画幅图像，但也为多样化拍摄提供了静止图像“裁切/长宽比”功能，在此菜单中，用户可以根据拍摄需求选择合适的长宽比选项，比如选择 1.6 倍 (裁切) 选项，相机可以放大图像的中央区域约 1.6 倍 (与 APS-C 尺寸一样) 来实现如同使用镜头拉近取景的拍摄效果，换言之，当使用 200mm 焦距的镜头拍摄时，可以获得等同于使用 320mm 超长焦镜头拍摄的画面，鸟类及体育摄影爱好者应该多尝试使用此功能。

如果希望拍摄出适合在宽屏计算机显示器或高清电视上查看的照片，可以将长宽比设置为 16∶9。使用 4∶3 的长宽比拍摄出来的画面适用于在普通计算机上观看。使用 1∶1 的长宽比拍摄出来的画面是正方形的，当需要使用方画幅来表现主体，或拍摄用于网络头像的照片时适合使用。

在拍摄区域设置界面，可以设定当长宽比为 1∶1 、4∶3 或 16∶9 时，是以黑色掩盖还是轮廓线标示取景范围，用于帮助拍摄者确定要拍摄的重要对象或元素是否在画面内。

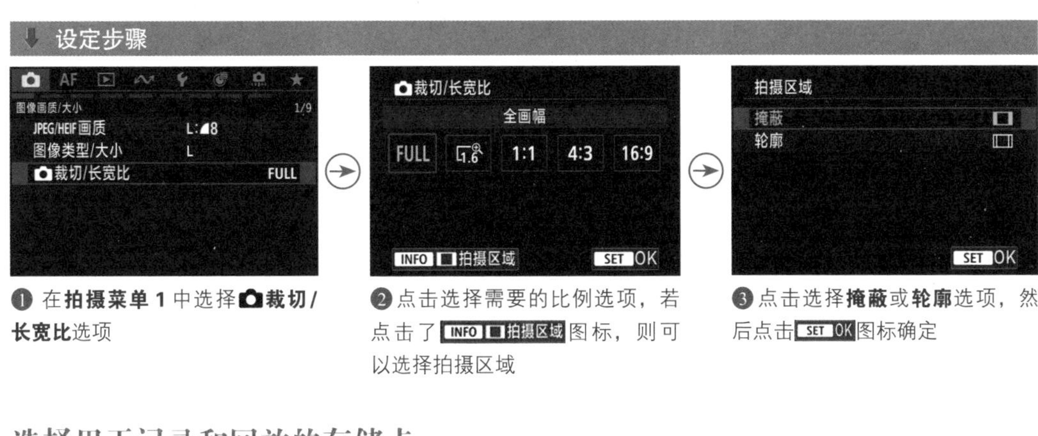

❶ 在**拍摄菜单 1** 中选择**裁切/长宽比**选项

❷ 点击选择需要的比例选项，若点击了 INFO 拍摄区域图标，则可以选择拍摄区域

❸ 点击选择**掩蔽**或**轮廓**选项，然后点击 SET OK 图标确定

选择用于记录和回放的存储卡

当在佳能 EOS R5 Mark Ⅱ 相机插入两张存储卡时，可以通过“记录功能 + 存储卡/文件夹选择”菜单，设定记录方式、指定记录的存储卡或重新创建一个文件夹来保存拍摄的照片。

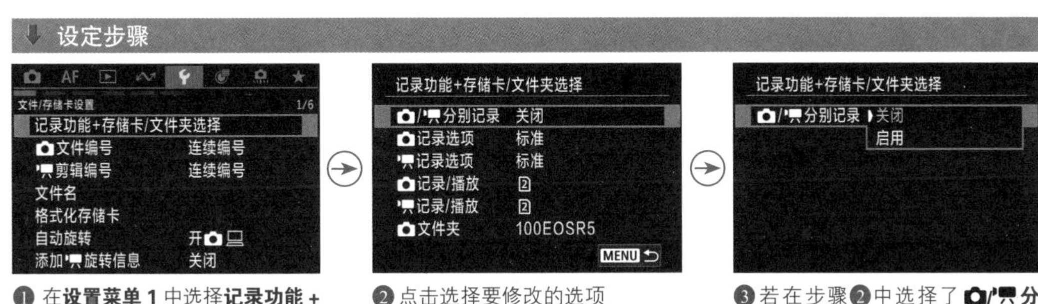

❶ 在**设置菜单 1** 中选择**记录功能 + 存储卡 / 文件夹选择**选项

❷ 点击选择要修改的选项

❸ 若在步骤❷中选择了**分别记录**选项，在此可以选择**关闭**或**启用**选项

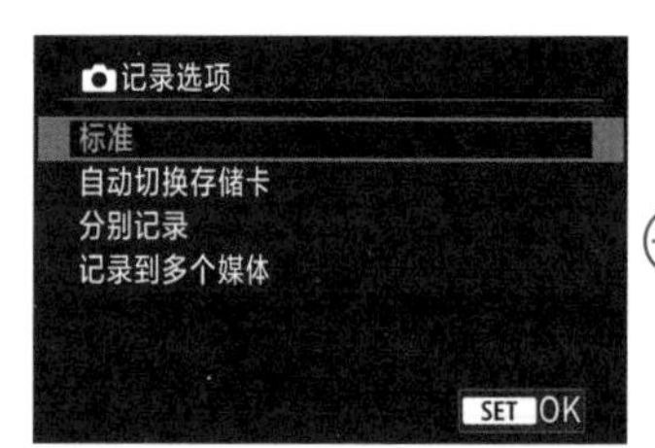

❹ 若在步骤❷中选择了**记录选项**，在此选择所需方式

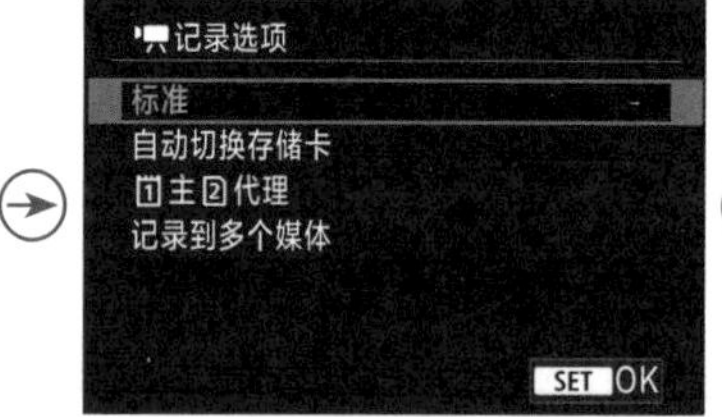

❺ 若在步骤❷中选择了**记录选项**，在此选择所需方式

❻ 若在步骤❷中选择了**记录/播放**选项，在此可以选择记录和播放照片的存储卡

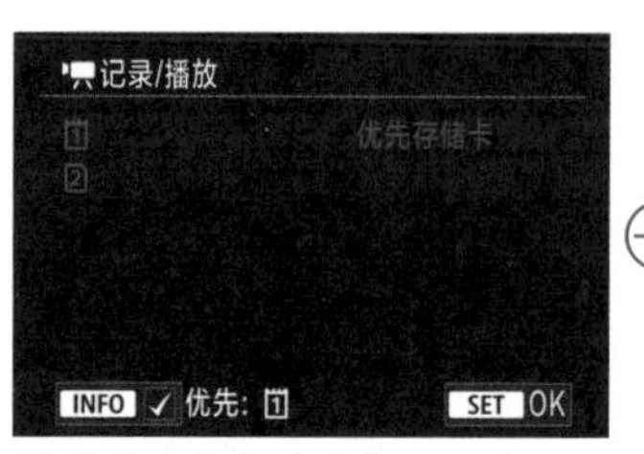

❼ 若在步骤❷中选择了**记录/播放**选项，在此可以选择记录和播放视频的存储卡

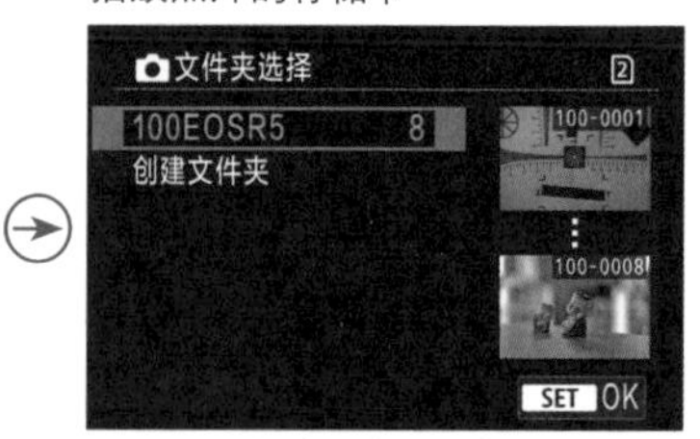

❽ 若在步骤❷中选择了**文件夹**选项，在此可以选择一个文件夹或创建新文件夹

- /分别记录：选择“启用”选项，相机将自动处理视频和照片的存储位置，视频会被存储至存储卡1中，照片会被存储至存储2中。
- 记录选项：选择照片的记录与保存方式。选择“标准”选项，即可将照片保存在由“记录/播放”选项指定的存储卡中；选择“自动切换存储卡”选项，其功能与选择“标准”选项时基本相同，但当指定的存储卡已满时，会自动切换至另外一张存储卡进行保存；选择“分别记录”选项，可以为每张存储卡中保存的照片设置画质；选择“记录到多个媒体”选项，可将照片同时记录到两张存储卡中。
- 记录选项：选择视频的记录与保存方式。其他三个选项与照片选项相同，当选择“1主/2代理”选项时，主视频会记录到存储卡1，代理视频会以相同的文件名（但会在代理短片的文件名后面添加_Proxy）记录到存储卡2。
- 记录/播放（播放）：选择记录和播放照片的存储卡。当“记录选项”设置为“标准”或“自动切换存储卡”选项时，在此选择用于记录和回放照片的存储卡。当“记录选项”设置为“分别记录”或“记录到多个媒体”选项时，在此选择用于回放的存储卡。

记录/播放（播放）：选择记录和播放视频的存储卡，其他与“记录/播放”一样。当“记录选项”设置为“1主/2代理”选项时，在此选择用于回放的存储卡。

- 文件夹：可以选择一个已有的文件夹或创建一个新的文件夹保存照片。

格式化存储卡

“格式化存储卡”功能用于删除存储卡内的全部数据。一般在新购买存储卡后，应事先对其进行格式化。选择“确定”选项，界面中将显示“格式化存储卡 全部数据将丢失！”的提示。格式化会将保存的照片也一并删除，因此在操作前要特别注意。

设定步骤

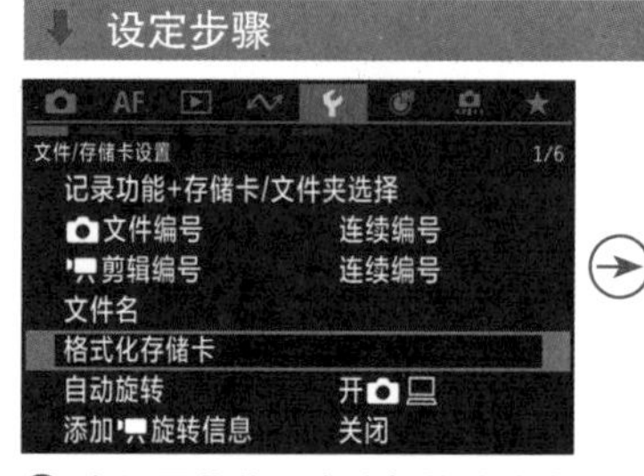

❶ 在**设置菜单1**中选择**格式化存储卡**选项

❷ 选择要格式化的存储卡选项

设置照片拍摄风格

使用照片风格功能

根据不同的拍摄题材，可以选择相应的照片风格，从而实现更佳的画面效果。佳能 EOS R5 Mark Ⅱ相机包含自动、标准、人像、风光、精致细节、中性、可靠设置及单色照片风格等。

- 自动：使用此风格拍摄时，色调将自动调节为适合拍摄场景，尤其是拍摄蓝天、绿色植物及自然界中的日出与日落场景时，色彩会显得更加生动。
- 标准：此风格是最常用的照片风格，使用该风格拍摄的照片画面清晰，色彩鲜艳、明快。
- 人像：使用此风格拍摄人像时，人的皮肤会显得更加柔和、细腻。
- 风光：此风格适合拍摄风光照片，对画面中的蓝色和绿色有非常好的展现。
- 精致细节：此风格会将被摄体的详细轮廓和细腻纹理表现出来，颜色会略微鲜明。
- 中性：此风格适合偏爱计算机图像处理的用户，使用该风格拍摄的照片色彩较为柔和、自然。
- 可靠设置：此风格也适合偏爱计算机图像处理的用户，当在 5200K 色温下拍摄时，相机会根据主体的颜色调节色彩饱和度。
- 单色：使用此风格可拍摄黑白或单色照片。

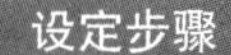

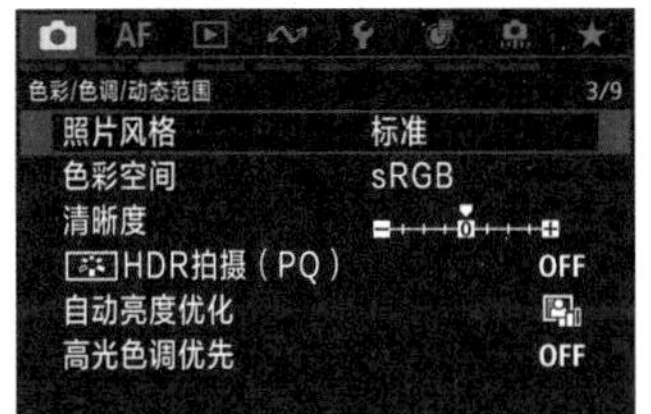

❶ 在**拍摄菜单 3** 中选择**照片风格**选项

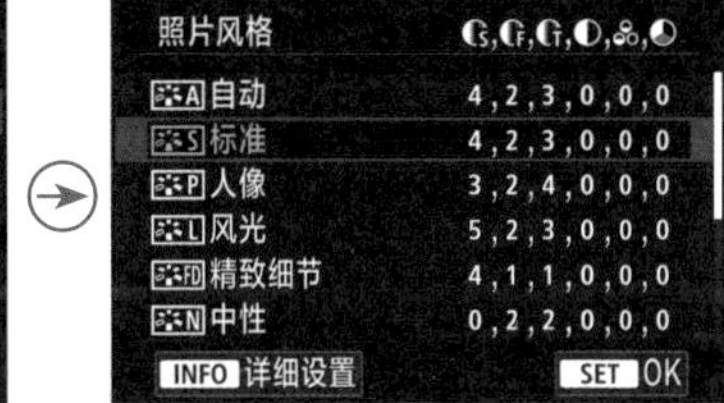

❷ 点击选择不同的选项，然后点击 SET OK 图标确定

▲ 标准风格

▲ 人像风格

▲ 风光风格

▲ 中性风格

▲ 可靠设置风格

▲ 单色风格

高手点拨：在拍摄时，如果拍摄题材经常会有较大的变化，建议使用“标准”风格，比如在拍摄人像题材后再拍摄风光题材时，这样就不会出现风光照片不够锐利的问题，属于比较中庸和保险的选择。

修改预设的照片风格参数

在前面讲解的预设照片风格中，用户可以根据需要修改其中的参数，以满足个性化的需求。选择某一种照片风格后，按下机身上的INFO按钮，即可进入其详细设置界面。

设定步骤

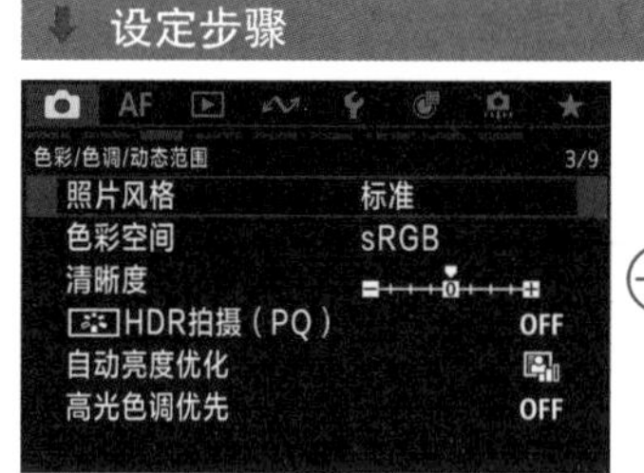

❶ 在**拍摄菜单3**中选择**照片风格**选项

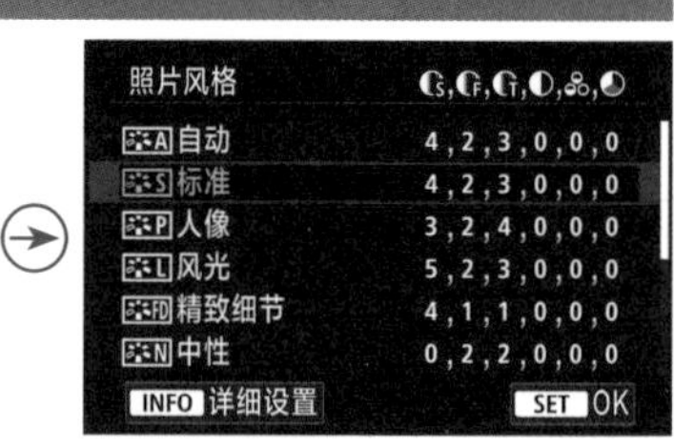

❷ 点击选择要修改的照片风格，然后点击照片风格图标

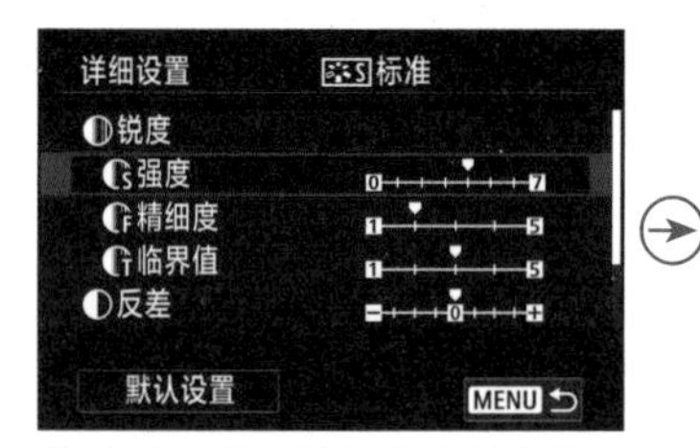

❸ 点击选择要编辑的参数选项，此处以选择**强度**选项为例

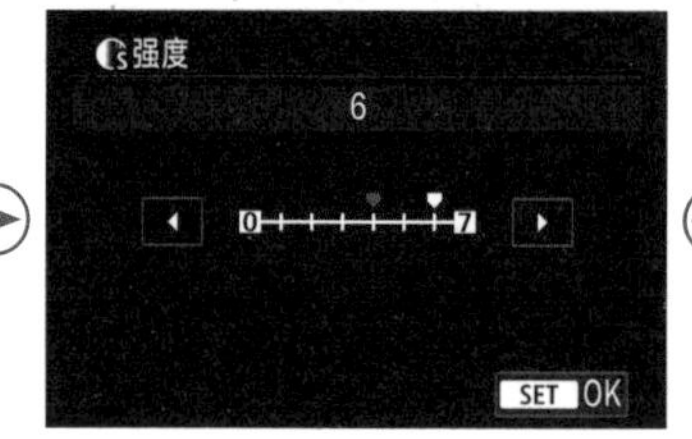

❹ 进入参数的编辑状态，点击◀或▶图标选择所需数值，然后点击SET OK图标确认

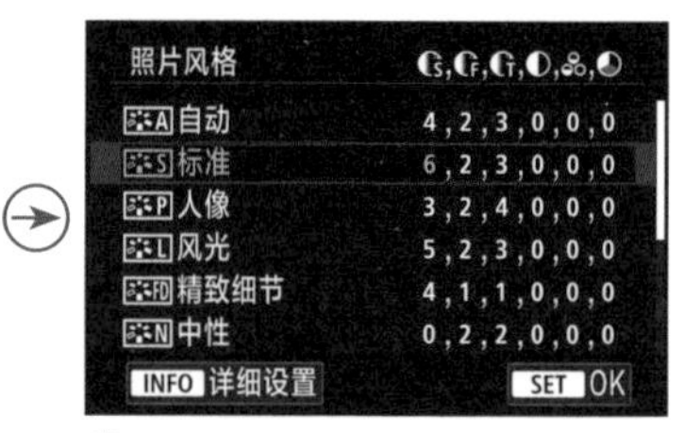

❺ 可以看到在界面中值数已变成新设置的数值

- 锐度：控制图像的锐度。在“强度”选项中，向0端靠近表示降低锐化的强度，图像变得越来越模糊；向7端靠近表示提高锐度，图像会变得越来越清晰。在“精细度”选项中，可以设定强调轮廓的精细度，数值越小，要强调的轮廓越精细。在“临界值”选项中，根据被摄体和周围区域之间反差的差异设定强调轮廓的程度，数值越小，当反差较低时越强调轮廓，但是当数值较小时，使用高ISO感光度拍摄的画面噪点会比较明显。

▲ 设置锐化强度前（0）后（+4）的效果对比

Q：为什么要使用照片风格功能？

A：数码相机在记录图像之前会在图像感应器的信号输出中对图像的色调、亮度及轮廓进行修正处理。使用照片风格功能，可以在拍摄前设置所需修正的照片风格。如果在拍摄照片前已经根据需要设置了合适的照片风格（例如，“人像”照片风格适合拍摄人物，“风光”照片风格适合拍摄天空和深绿色的树木等），就无须在拍摄后使用后期处理软件编辑图像，因为相机会记录所有的特性。该功能还可以防止使用后期处理软件另存图像文件时发生的图像质量下降问题。

● 反差：控制图像的反差及色彩的鲜艳程度。向“–”端靠近表示降低反差，图像会变得越来越柔和；向“+”端靠近表示提高反差，图像会变得越来越明快。所以，在有雾气的场景下拍摄时，如果希望突出主体，可以提高反差值。

▲ 设置反差前（0）后（+3）的效果对比

● 饱和度：控制色彩的鲜艳程度。向“–”端靠近表示降低饱和度，色彩变得越来越淡；向“+”端靠近表示提高饱和度，色彩变得越来越艳。

▲ 设置饱和度前（0）后（+3）的效果对比

● 色调：控制画面色调的偏向。越向“–”端靠近表示越偏向于红色调；越向“+”端靠近表示越偏向于黄色调。

▲ 向左增加红色调与向右增加黄色调的效果对比

直接拍出单色照片

在“单色”风格下可以选择不同的滤镜效果及色调效果，从而拍出更有特色的黑白或单色照片。

在“滤镜效果”选项中，可选择无、黄、橙、红和绿等色彩，从而在拍摄过程中针对这些色彩进行过滤，得到更亮的灰色甚至白色。

- N：无，没有滤镜效果的原始黑白画面。
- Ye：黄，可使蓝天更自然、白云更清晰。
- Or：橙，压暗蓝天，使夕阳的效果更强烈。
- R：红，使蓝天更暗、落叶的颜色更鲜亮。
- G：绿，可将肤色和嘴唇的颜色表现得很好，使树叶的颜色更加鲜亮。

在“色调效果”选项中可以选择无、褐、蓝、紫、绿等单色调效果。

- N：无，没有偏色效果的原始黑白画面。
- S：褐，画面呈现褐色，会有一种怀旧的感觉。
- B：蓝，画面呈现偏冷的蓝色。
- P：紫，画面呈现淡淡的紫色。
- G：绿，画面呈现偏绿色。

设定步骤

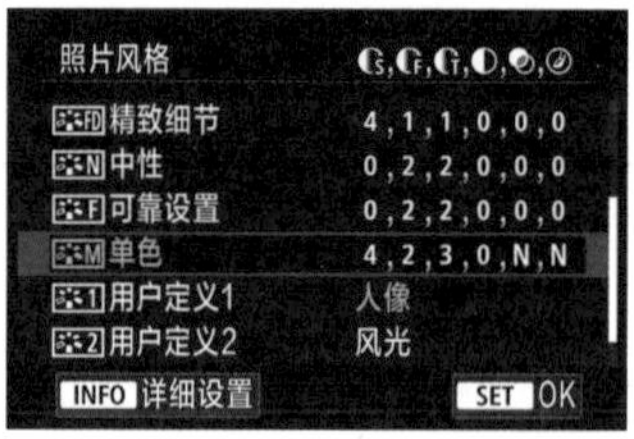

❶ 在**拍摄菜单 3** 中选择**照片风格**选项，然后选择**单色**照片风格选项

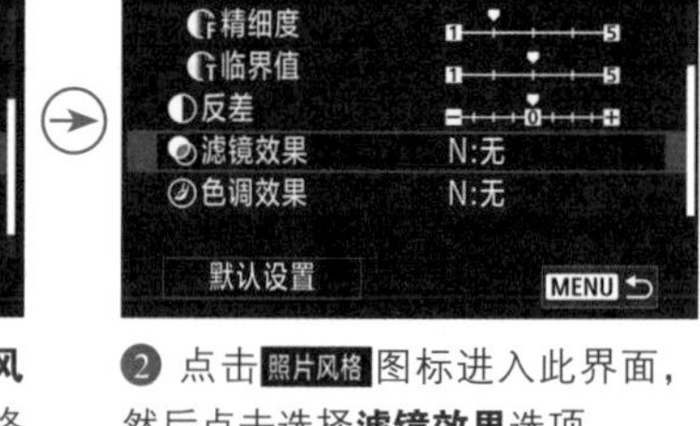

❷ 点击照片风格图标进入此界面，然后点击选择**滤镜效果**选项

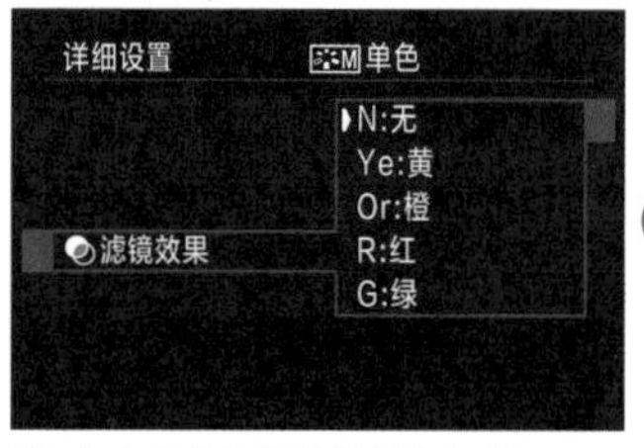

❸ 点击选择需要过滤的色彩

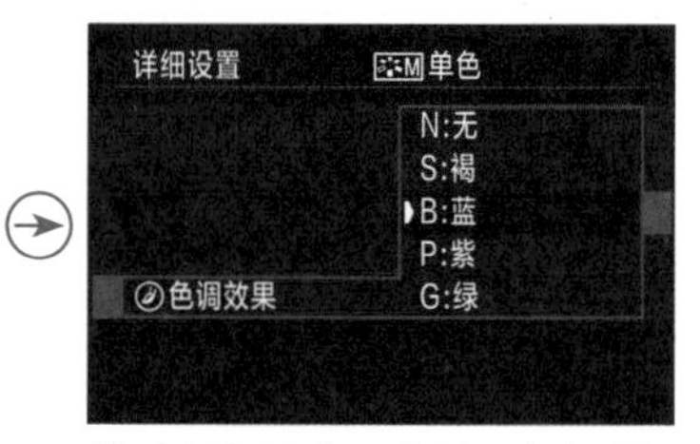

❹ 选择**色调效果**选项，点击选择需要增加的色调效果

▲选择“单色”照片风格时拍摄的单色照片效果

▲设置“滤镜效果”为“绿”时拍摄的单色照片效果

▲设置“色调效果”为“褐”时拍摄的单色照片效果

▲设置“色调效果”为“蓝”时拍摄的单色照片效果

自定义照片风格

自定义照片风格即摄影师可以在某一个预设风格的基础上，对具体参数进行编辑，并以此形成一种新的个人自定义风格，在使用时只需要直接选择此自定义风格，即可调出相关参数。例如，摄影师可以根据自己拍摄风光、人像、儿童等不同题材时调整照片的思路，分别为这些题材创作不同的个性化照片风格样式。

❶ 选择“用户定义 1”到“用户定义 3”中的任意一个选项。

❷ 按下 INFO 按钮或点击INFO. 详细设置图标，进入详细设置界面。

❸ 在“照片风格”菜单中选择以哪个预设照片风格为基础进行自定义。

❹ 分别调整“锐度”“反差”“饱和度”及“色调”参数，然后按下 MENU 按钮注册新的照片风格即可。

设定步骤

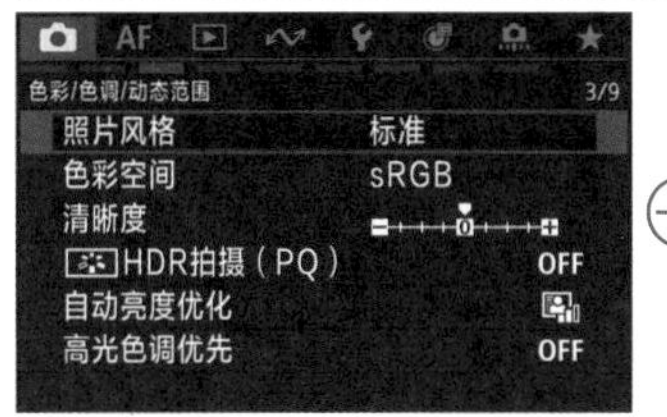

❶ 在**拍摄菜单 3** 中选择**照片风格**选项

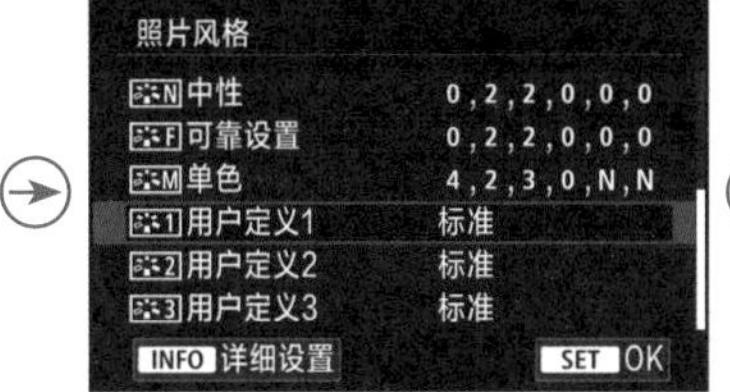

❷ 点击选择**用户定义 1 ~ 用户定义 3** 中的任意一个选项，然后点击照片风格图标

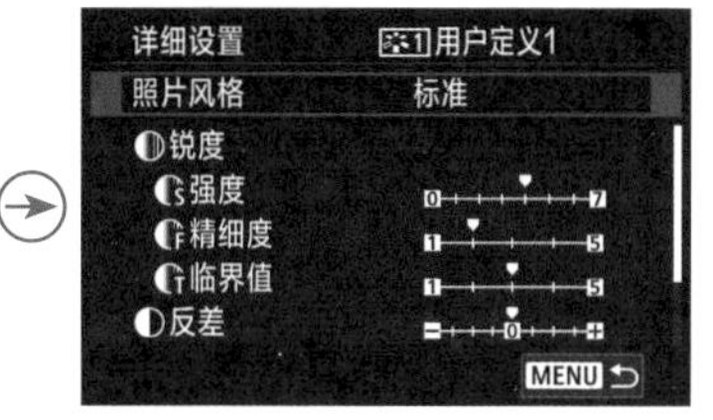

❸ 点击选择**照片风格**选项，进入风格选择界面

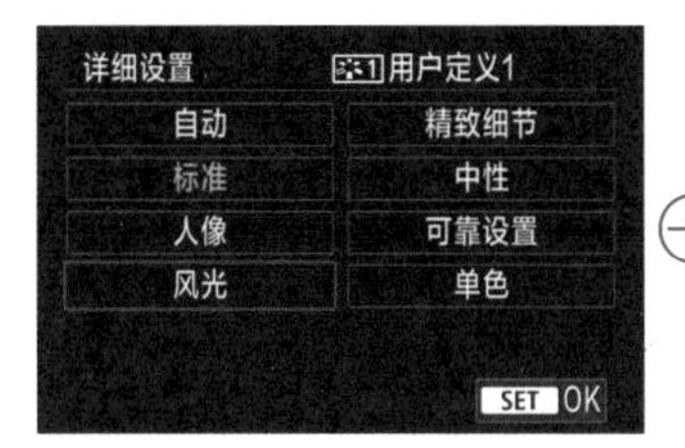

❹ 点击选择一种照片风格为基础进行自定义照片风格，然后点击SET OK图标确认

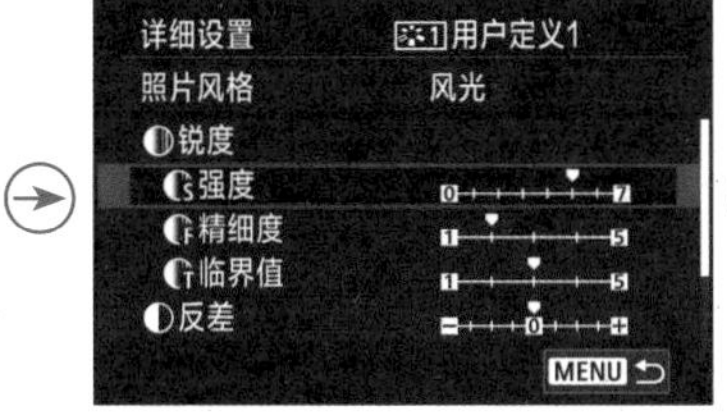

❺ 在此界面中，点击选择要自定义修改的参数

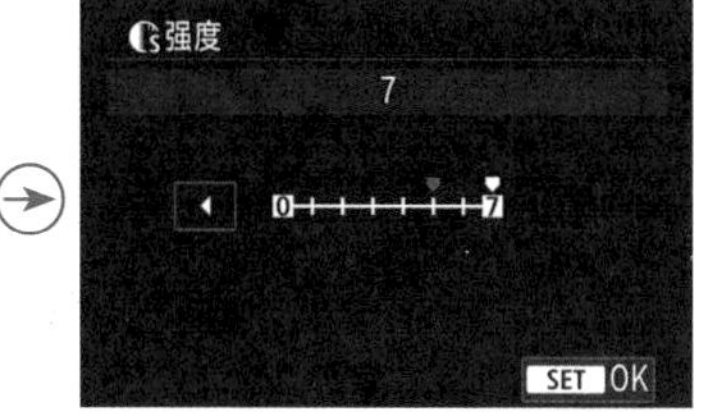

❻ 点击◀或▶图标修改选定的参数，然后点击SET OK图标确认对该参数的修改

清晰度

“清晰度”菜单用于调整图像边缘的对比度，向负数值方向调整，可以使图像更为柔和，向正数值方向调整，可以使图像更加清晰，这个参数与照片风格相配合，可以让风光照片更清晰、锐利，也可以让人像更朦胧、柔和。

设定步骤

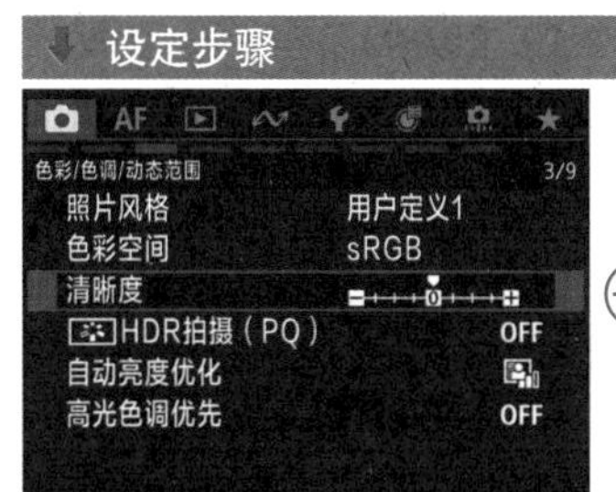

❶ 在**拍摄菜单 3** 中选择**清晰度**选项

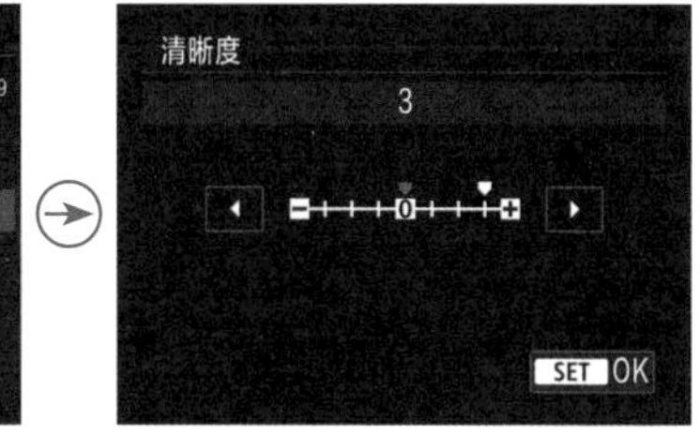

❷ 点击◀或▶图标选择所需数值，然后点击SET OK图标确定

设置相机控制参数

通过重置相机解决大多数问题

利用“重置相机”功能可以一次性将拍摄功能和菜单设置或其他所选项目恢复到出厂时的默认设置状态，免去了逐一清除的麻烦。

- 重置个别设置：可以重置每个所选选项的设置。用户可以选择如拍摄信息显示、自定义拍摄模式（C1-C3）、自定义控制、我的菜单等项目，对所选中的项目进行重置。
- 出厂重置：可以将所有的选项恢复为默认值。

设定步骤

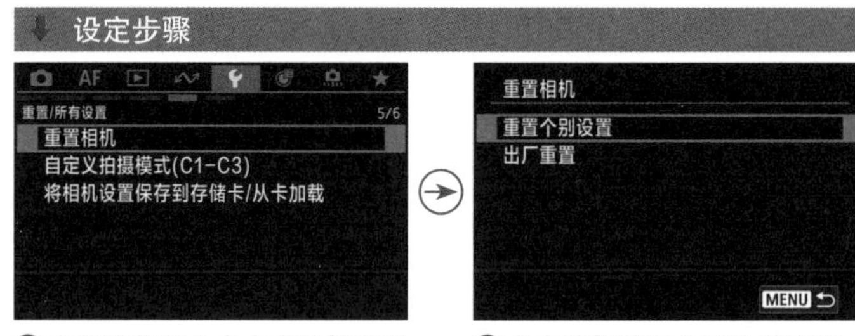

❶ 在**设置菜单 5** 中点击选择**重置相机**选项

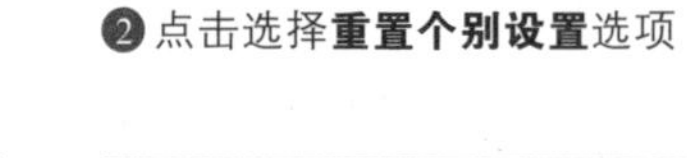

❷ 点击选择**重置个别设置**选项

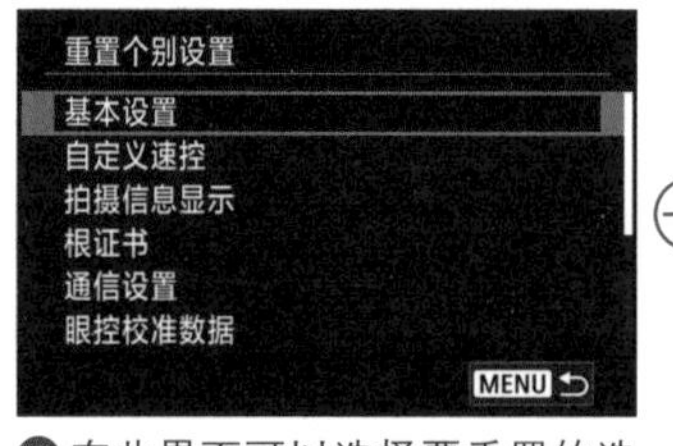

❸ 在此界面可以选择要重置的选项地，如基本设置

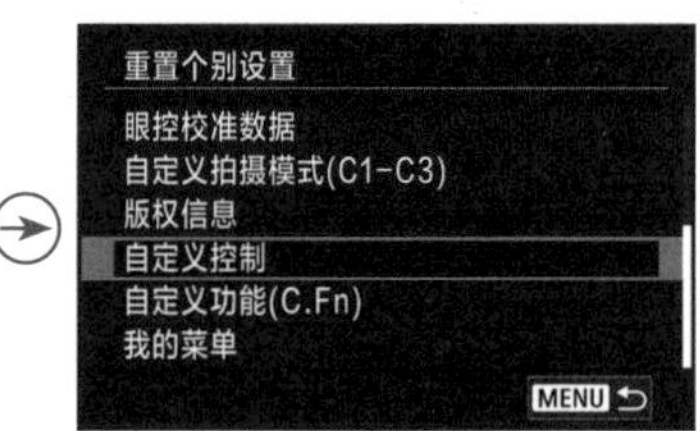

❹ 下拉滑条，还可以选择重置自定义控制或我的菜单

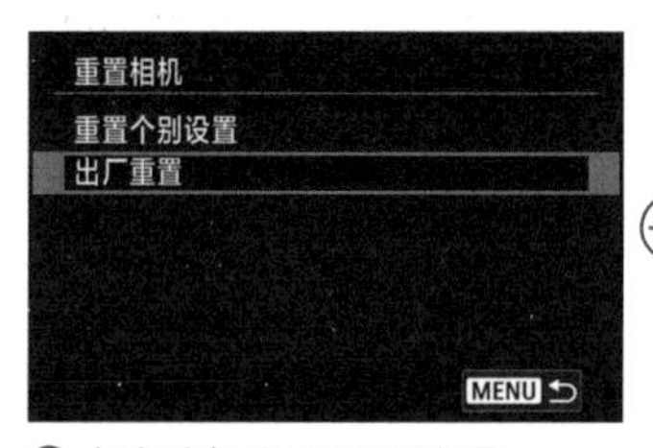

❺ 点击选择**出厂重置**选项

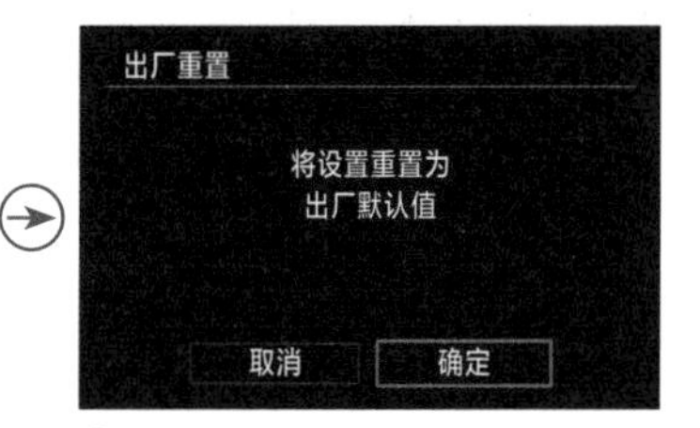

❻ 点击选择**确定**选项

开启触摸快门

佳能 EOS R5 Mark Ⅱ相机的所有拍摄模式都可以触摸屏幕完成拍摄。在“触摸快门”菜单中将其设为“启用”，当触摸快门启用时，点击屏幕上的人脸或被摄物体，相机会以所设的自动对焦方式对所点的位置进行对焦。若对焦成功，对焦点会变为绿色，然后相机自动拍摄照片；若没有对焦成功，对焦点会变为橙色，需再次进行对焦操作。

设定步骤

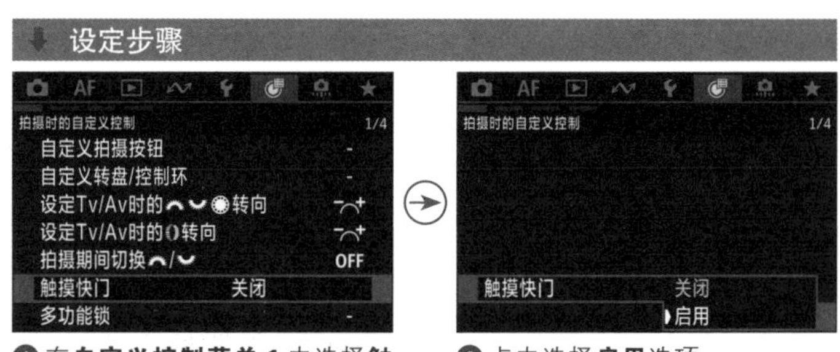

❶ 在**自定义控制菜单 1** 中选择**触摸快门**选项

❷ 点击选择**启用**选项

开启触摸控制

佳能 EOS R5 Mark Ⅱ相机的屏幕支持触摸操作，用户可以触摸屏幕来进行拍摄照片、设置菜单、回放照片等操作。

在“触摸控制”菜单中，用户可以选择触摸屏的灵敏度，如果想让相机迅速反应，那么可以选择“灵敏”选项，反之则可以选择“标准”选项。如果用户不习惯触摸的操作方式，或担心误触，则可以选择“关闭”选项。

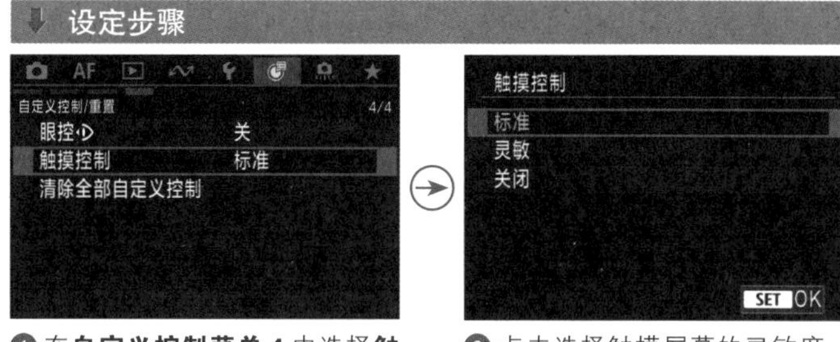

❶ 在**自定义控制菜单 4** 中选择**触摸控制**选项

❷ 点击选择触摸屏幕的灵敏度，然后点击 SET OK 图标确定

设置取景器与显示屏自动切换的方法

佳能 EOS R5 Mark Ⅱ相机可以检测到拍摄者正在通过取景器拍摄，还是正在通过屏幕拍摄，从而能够在取景器与屏幕之间切换。通过“屏幕 / 取景器显示”菜单，用户可以设置是由相机自动切换显示还是手动选择。

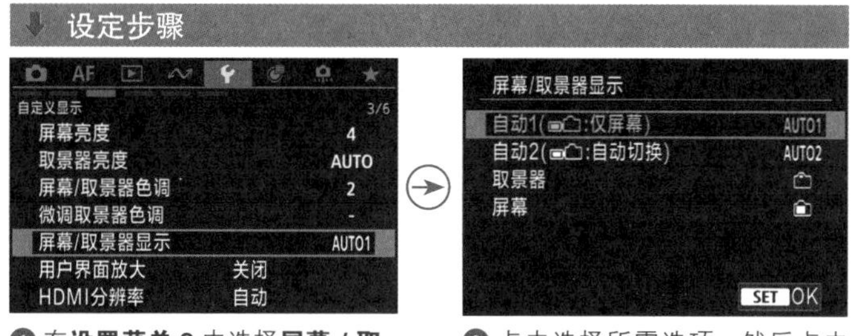

❶ 在**设置菜单 3** 中选择**屏幕 / 取景器显示**选项

❷ 点击选择所需选项，然后点击 SET OK 图标确定

高手点拨：通常情况下，建议设置为“自动”，例如，当拍摄的照片需要精确对焦时，既需要通过屏幕来仔细查看对焦情况，又想要通过取景器取景拍摄，选择自动切换显示就会很方便。

- 自动 1（ ：仅屏幕）：选择此选项，当屏幕翻开时，始终使用屏幕进行显示；当屏幕合上并面向拍摄者时，使用屏幕进行显示；但当拍摄者眼睛看向取景器时，会自动切换至取景器显示。
- 自动 2（ ：自动切换）：选择此选项，当摄影师向取景器中看时，会自动切换到取景器中显示画面；当不再使用取景器时，又会自动切换回屏幕中显示画面。
- 取景器：选择此选项，屏幕被关闭，照片将在取景器上显示，适合在剩余电量较少时使用。
- 屏幕：选择此选项，则关闭取景器，始终在屏幕中显示照片。

开启像差校正拍出更好的照片

利用佳能 EOS R5 Mark Ⅱ相机提供的“镜头像差校正”功能，可以自动对镜头进行周边光量校正、失真校正及数码镜头优化，从而获得更高品质的照片。

周边光量校正

当使用广角镜头或镜头的广角端拍摄时，以及给镜头安装了滤镜或遮光罩时，都可能造成拍出的照片四周出现亮度比中间部分暗的情况，即所谓的暗角现象。利用佳能 EOS R5 Mark Ⅱ提供的“周边光量校正”功能，可以校正这种暗角现象。

设定步骤

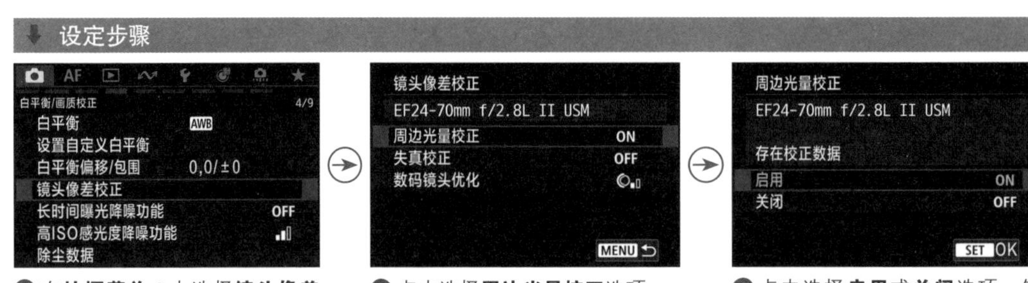

❶ 在**拍摄菜单 4** 中选择**镜头像差校正**选项

❷ 点击选择**周边光量校正**选项

❸ 点击选择**启用**或**关闭**选项，然后点击 SET OK 图标确定

高手点拨：其实很多摄影爱好者喜欢在后期为照片加上暗角，以营造出另类或梦幻的风格。若拍摄者有此喜好，完全可以在拍摄前将“周边光量校正”设置为“关闭”，可以保留这种暗角。

▲ 将“周边光量校正”设置为“启用”后拍摄的效果『焦距：85mm ¦ 光圈：F5.6 ¦ 快门速度：1/160s ¦ 感光度：ISO100』

▲ 将“周边光量校正”设置为“关闭”后拍摄的效果

失真校正

该选项用于减轻使用广角镜头拍摄时出现的桶形失真和使用长焦镜头拍摄时出现的枕形失真现象。开启此功能后，取景器中可视区域的边缘在最终照片中可能会被裁切掉，并且处理照片所需的时间可能会增加。

设定步骤

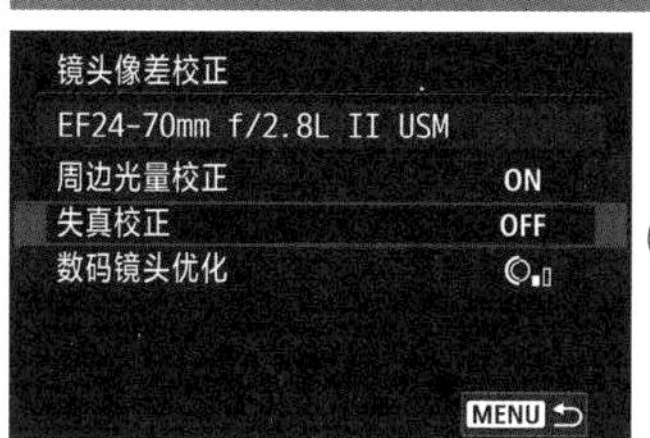

❶ 在**镜头像差校正**菜单中点击选择**失真校正**选项

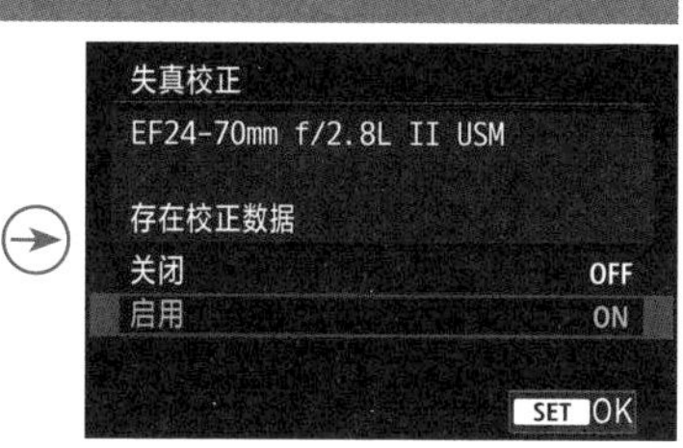

❷ 点击选择**启用**或**关闭**选项，然后点击SET OK图标确定

数码镜头优化

该选项可以减轻镜头所产生的多种像差、衍射现象及因低通滤镜而导致的分辨率损失。虽然在设置为“标准”或“强”选项时，不会显示“色差校正”和“衍射校正”，但这两者在拍摄时都会被“启用”。

设定步骤

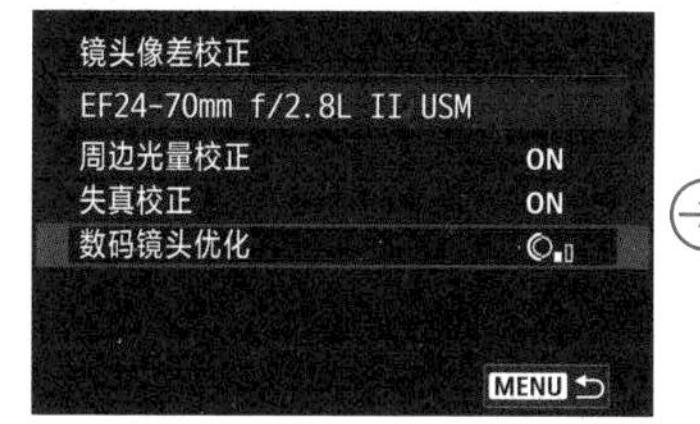

❶ 在**镜头像差校正**菜单中点击选择**数码镜头优化**选项

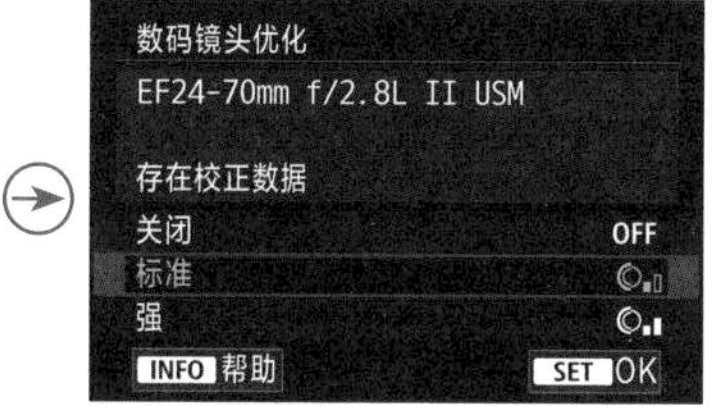

❷ 点击选择**标准**、**强**或**关闭**选项，然后点击SET OK图标确定

『焦距：18mm ¦ 光圈：F10 ¦ 快门速度：1/2s ¦ 感光度：ISO800』

自定义菜单或按钮功能

修改自定义按钮的功能

佳能 EOS R5 Mark Ⅱ相机的机身上有很多按钮，并被分别赋予了不同的功能，以便拍摄者进行快速设置。根据个人的不同需求，还可以分别为这些按钮重新指定功能。

设定步骤

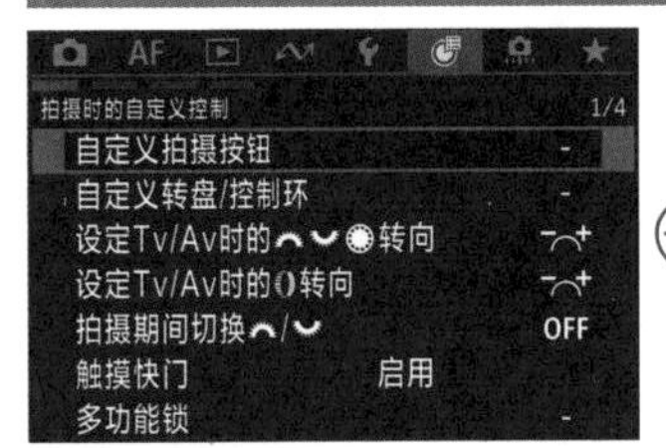

❶在**自定义控制菜单 1** 中选择**自定义拍摄按钮**选项

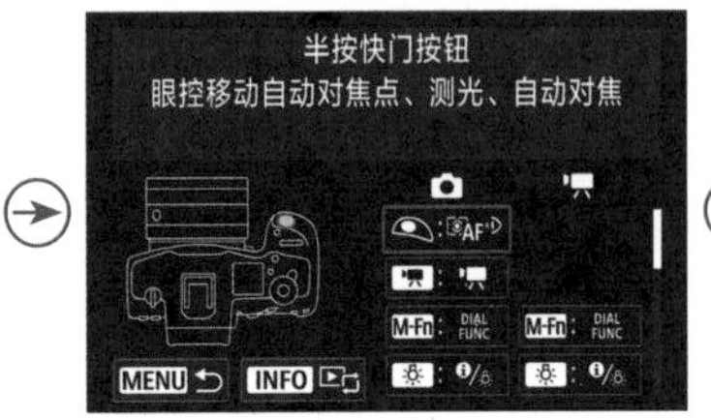

❷点击选择要重新定义的按钮

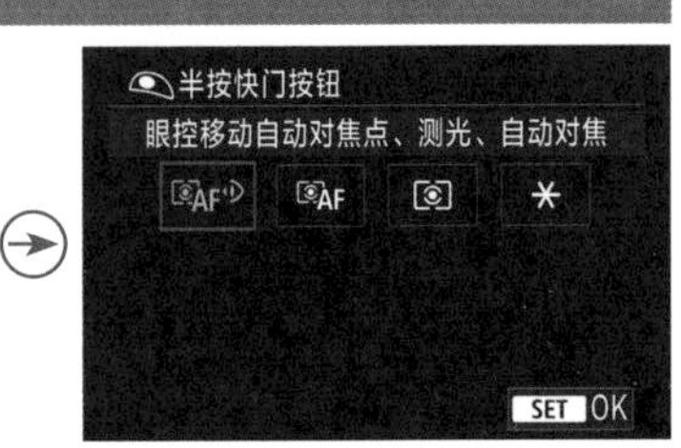

❸点击选择为该按钮分配的功能，然后点击SET OK图标确定

清除全部自定义功能

与“重置相机”功能不同的是，“清除全部自定义功能（C.Fn）”只会清除所有的自定义功能的设置，而拍摄菜单、回放菜单或设置等菜单里的功能设置则不受影响。

设定步骤

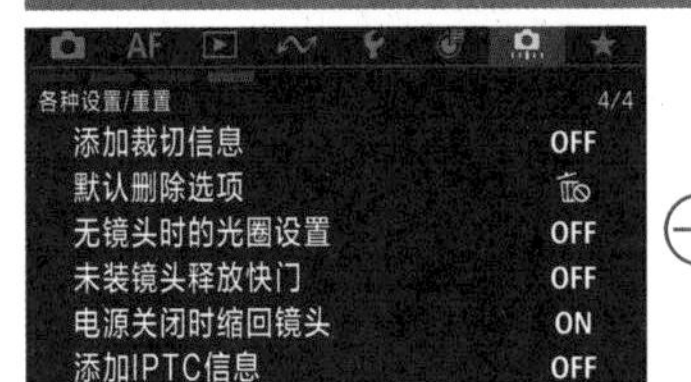

❶在**自定义功能菜单 4** 中点击选择**清除全部自定义功能（C.Fn）**选项

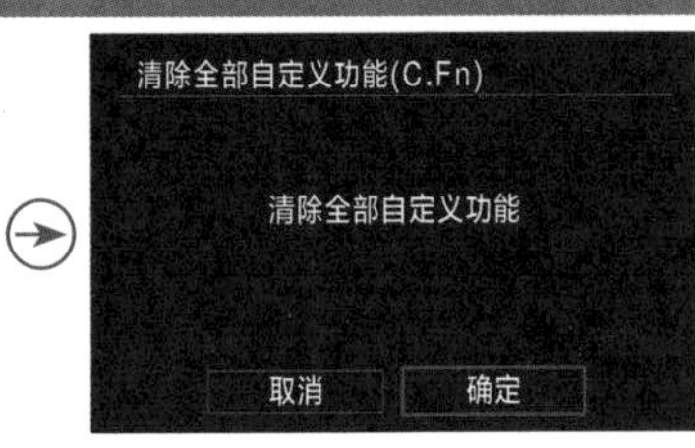

❷阅读提示内容后，点击选择**确定**选项

利用多功能锁避免误操作

在拍摄时，为了避免误操作主拨盘、速控转盘、多功能控制钮、控制环及触摸面板等而意外更改相机设置，可以在此处指定要锁定的对象，然后将电源/多功能锁开关置于LOCK位置，即可锁定在此菜单中选定的项目。

设定步骤

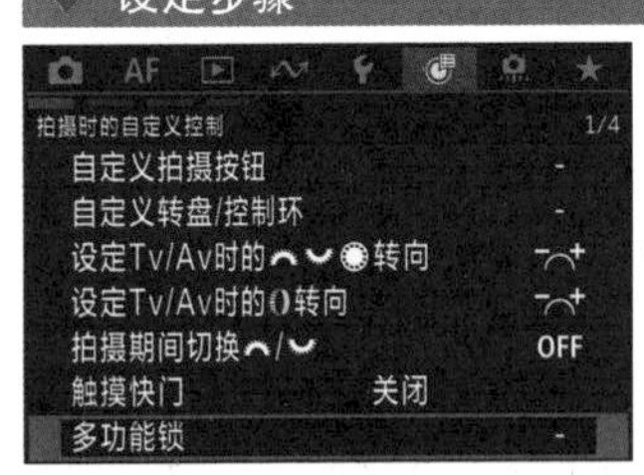

❶在**自定义控制菜单1**中选择**多功能锁**选项

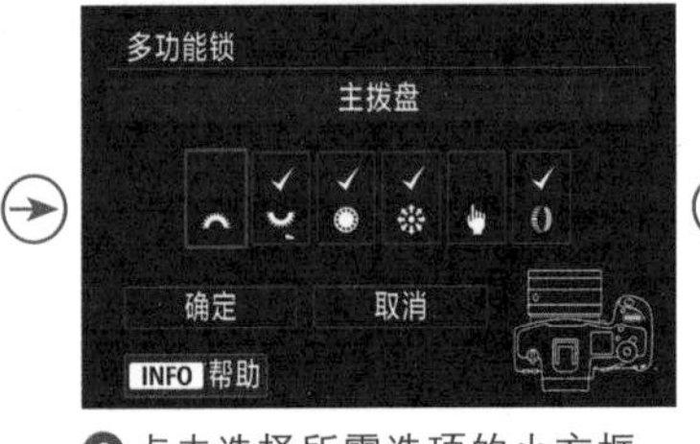

❷点击选择所需选项的小方框，添加勾选标记，选择完成后点击选择**确定**选项

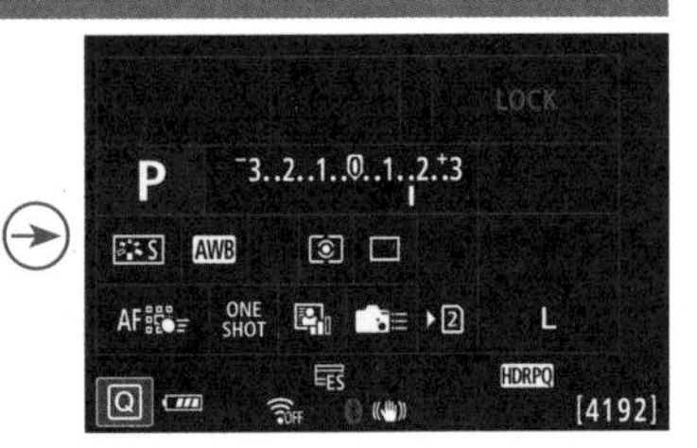

▲ 当将开关置于 LOCK 位置时，就会锁定在上一步菜单中所选择的项目，屏幕上会显示 LOCK 字样

自定义速控屏幕

佳能 EOS R5 Mark Ⅱ相机在速控屏幕界面中所显示的拍摄参数项目，可以在“自定义速控”菜单中进行自定义注册。在此菜单中，可以分别将自己在拍摄照片或视频时常用的拍摄参数注册到速控屏幕中，以便在拍摄时能够快速改变这些参数。

除了可以注册功能外，在“自定义速控”菜单中，用户还可以调整速控屏幕的布局。

设定步骤

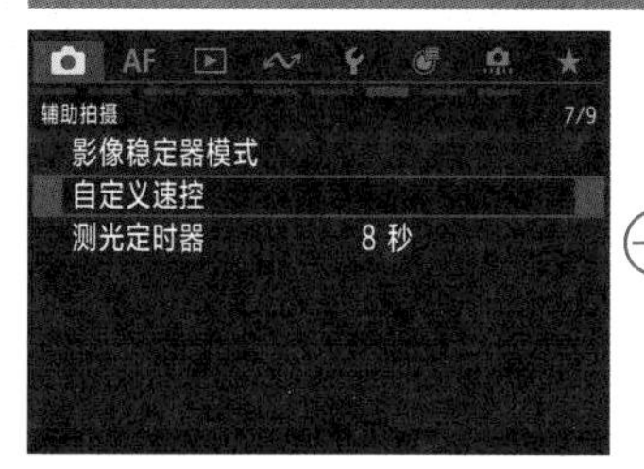

❶ 在**拍摄菜单 7** 中选择**自定义速控**选项

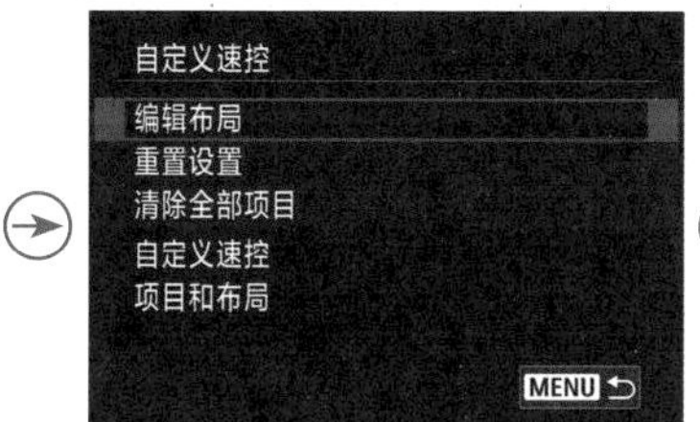

❷ 点击选择**编辑布局**选项

❸ 点击选择要删除的选项，以取消该选项上的对钩

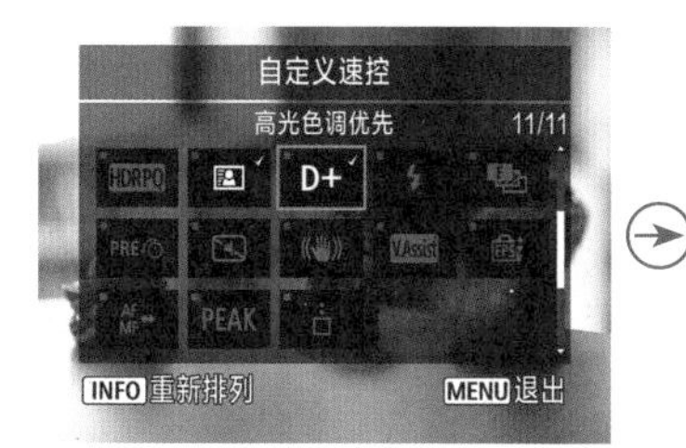

❹ 点击选择要注册的选项，使其右上角出现对钩图标

❺ 如果要更改布局，则按下 INFO 按钮，显示此界面

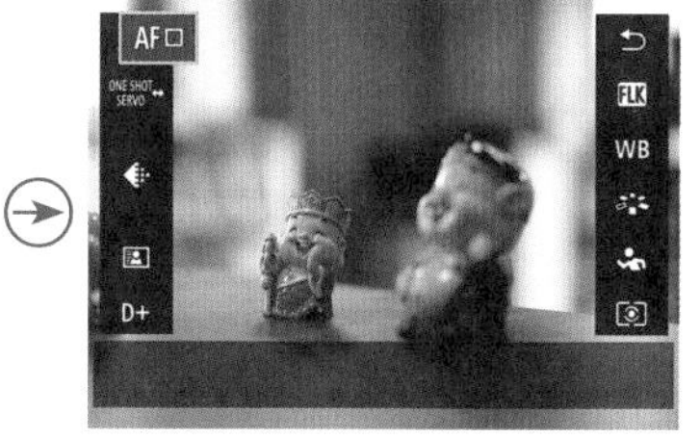

❻ 选择要移动的项目，垂直按下多功能控制钮将其选中

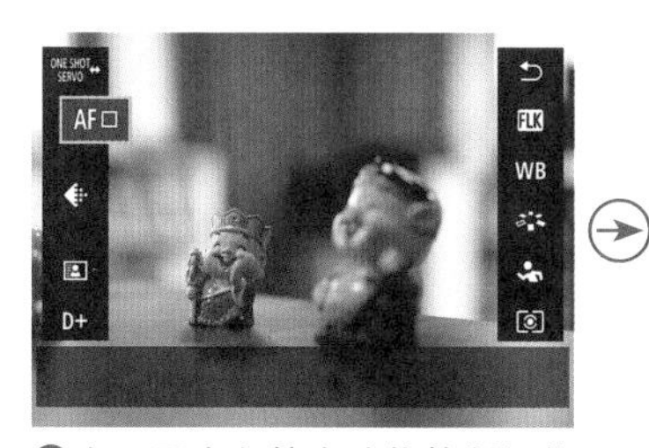

❼ 向不同方向按多功能控制钮将其移至目标位置，如此处是向下移动

❽ 垂直按下多功能控制钮确认操作，然后按 MENU 按钮退出

设定 Tv/Av 时的主拨盘和速控转盘的转向

此菜单用于在控制设置快门速度、光圈或曝光补偿时，主拨盘、速控转盘 1 和速控转盘 2 的转动方向。

选择“正常”选项，在设置参数时，按照向左转动时是减少数值，向右转动时是增加数值的规律改变参数。选择“反方向”选项，在设置参数时，按照向左转动时是增加数值，向右转动时是减少数值的规律改变参数。

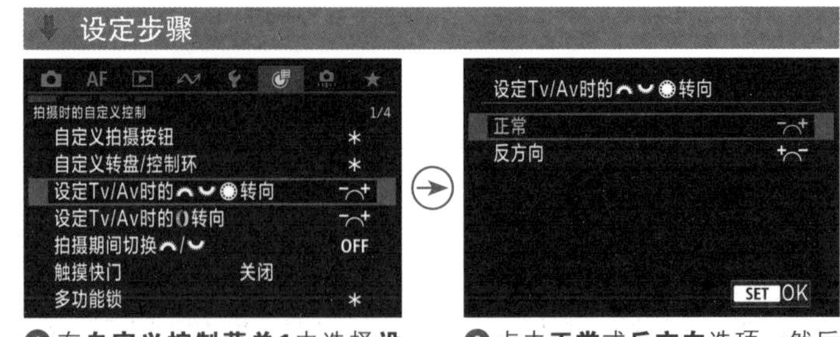

❶ 在**自定义控制菜单1**中选择**设定Tv/Av时的转向**选项

❷ 点击**正常**或**反方向**选项，然后点击 SET OK 图标确定

设定 Tv/Av 时控制环的转向

此菜单用于控制当使用RF、RF-S 镜头或卡口适配器的控制环设定快门速度和光圈值时的转动方向。

选择“正常”选项，按照向左转动控制环时是减少数值，向右转动控制环时是增加数值的规律改变参数。

选择“反方向”选项，在设置参数时，按照向左转动控制环时是增加数值，向右转动控制环时是减少数值的规律改变参数。

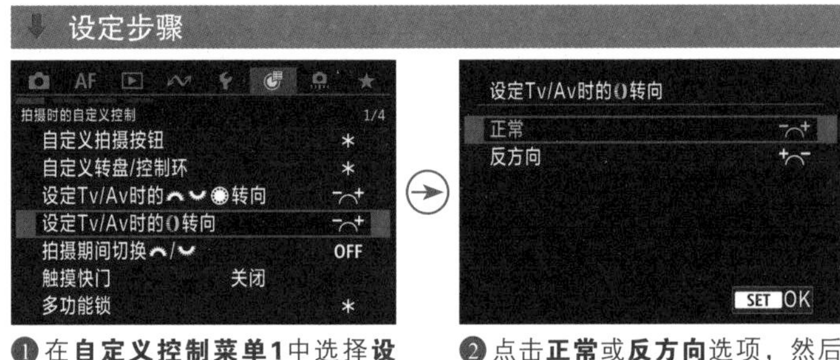

❶ 在**自定义控制菜单1**中选择**设定Tv/Av时的转向**选项

❷ 点击**正常**或**反方向**选项，然后点击 SET OK 图标确定

拍摄期间切换 /

在此菜单中选择“启用”选项，可以在拍摄期间反转分配给主拨盘和速控转盘 2 的功能。

设定步骤

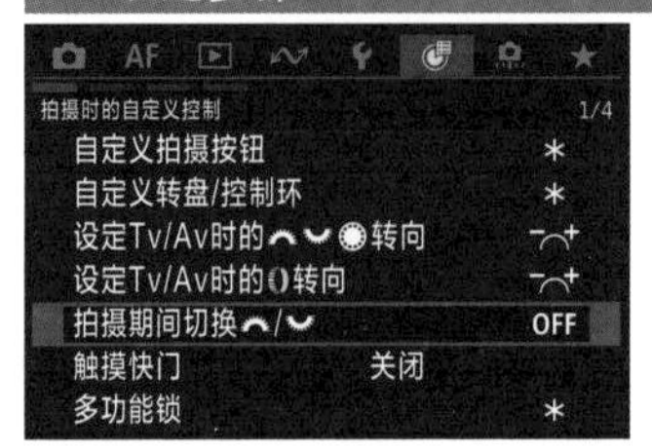

❶ 在**自定义控制菜单1**中选择**拍摄期间切换 /** 选项

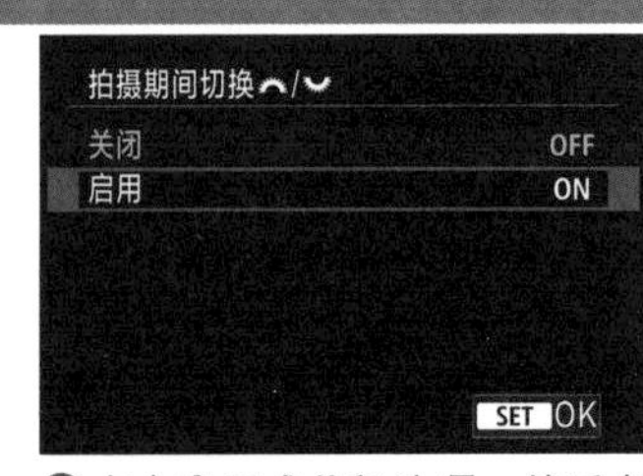

❷ 点击**启用**或**关闭**选项，然后点击 SET OK 图标确定

自定义转盘 / 控制环

在此菜单中，用户可以根据自己的拍摄习惯或需求，将常用的功能分配给主拨盘、速控转盘 1 、速控转盘 2 或控制环。

例如，在默认设置下，转动速控转盘 1 为设置曝光补偿，用户觉得自己曝光补偿功能用得少，那么可以在此菜单中将速控转盘 1 的功能指定为白平衡，在拍摄时转动速控转盘就可以设置白平衡了。

当一段时间后或拍摄完成时，不再需要自定义设定的转盘功能，可以通过“清除全部自定义控制”菜单来恢复到默认设置。

设定步骤

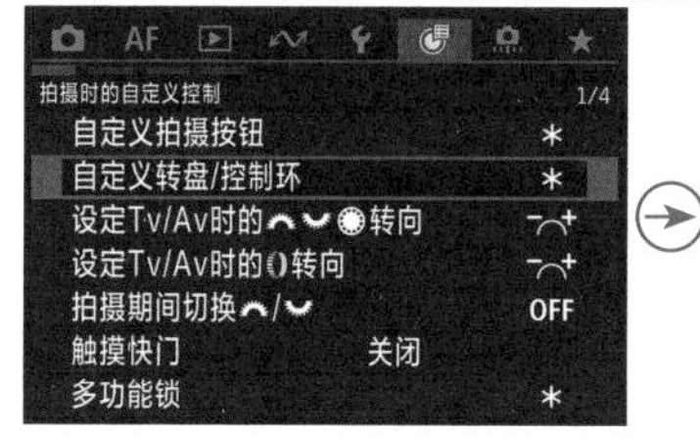

❶在**自定义控制菜单1**中选择**自定义转盘/控制环**选项

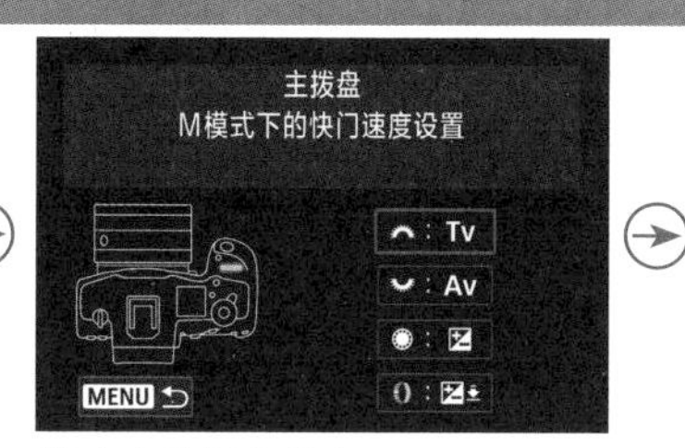

❷点击选择主拨盘

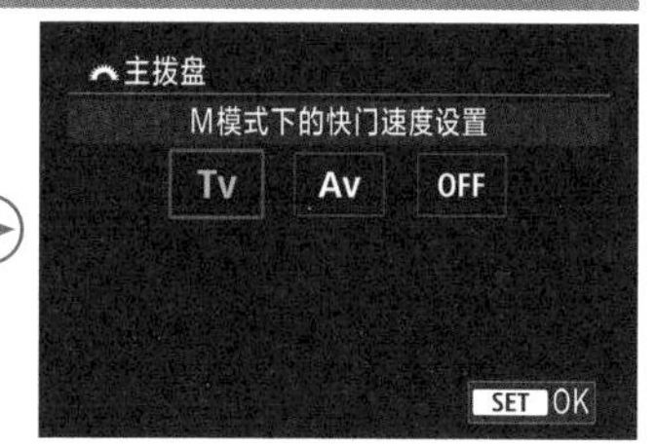

❸点击选择所需功能选项，然后点击SET OK图标确定

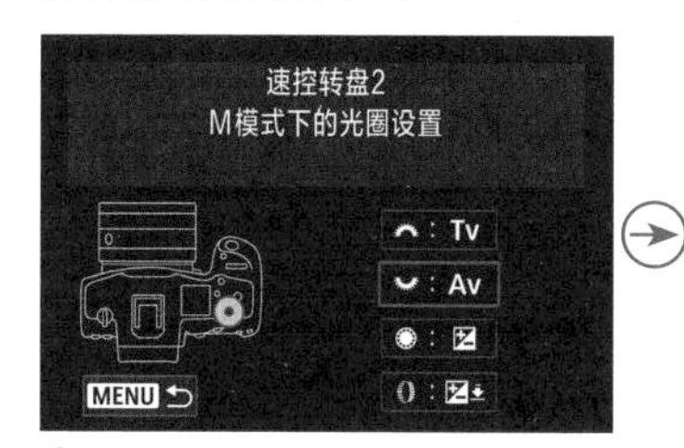

❹点击选择**速控转盘2**

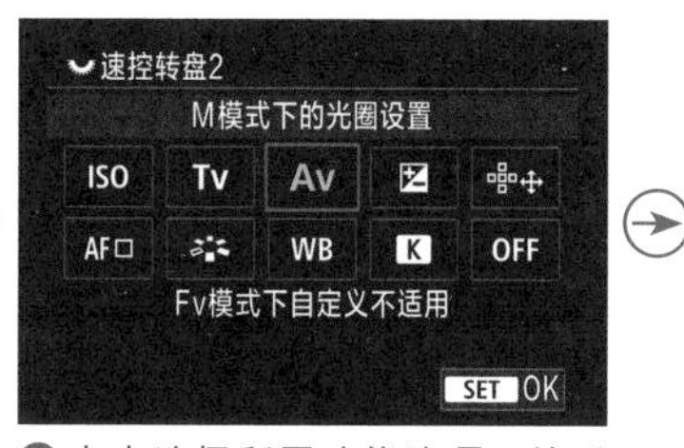

❺点击选择所需功能选项，然后点击SET OK图标确定

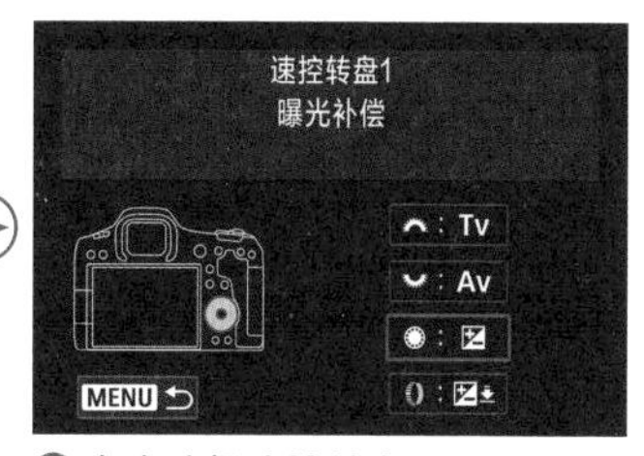

❻点击选择**速控转盘1**

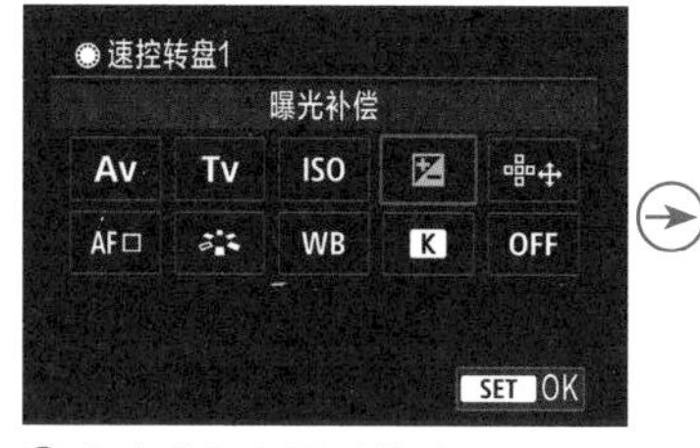

❼点击选择所需功能选项，然后点击SET OK图标确定

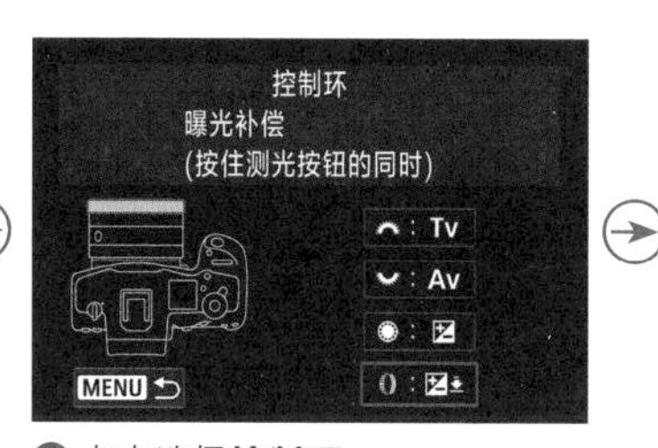

❽点击选择**控制环**

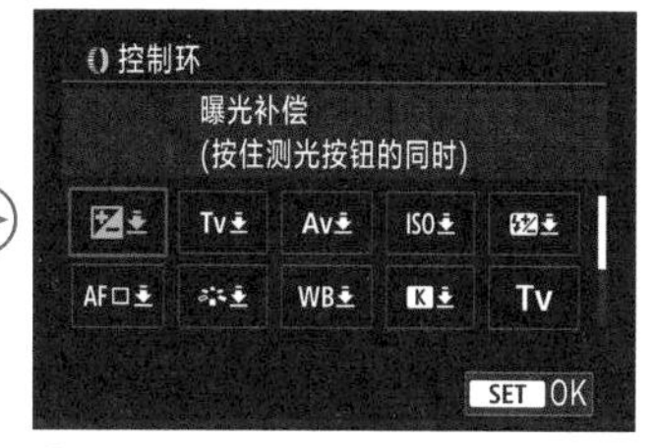

❾点击选择所需功能选项，然后点击SET OK图标确定

高手点拨：以上讲解的4个自定义菜单，在设置一次后，基本就不用再调整了。而当其他人使用自己的相机后，如果感觉到在相机中调整参数的方式与自己的常规方式有异，要第一时间想到使用上述菜单进行恢复性调整。

设置相机通用参数

自动旋转

当使用相机竖拍时，可以使用“自动旋转”功能将显示的图像旋转到所需要的方向。

- 开：选择此选项，回放照片时，竖拍图像会在屏幕和计算机上自动旋转。
- 开：选择此选项，竖拍图像仅在计算机上自动旋转。
- 关：照片不会自动旋转。

设定步骤

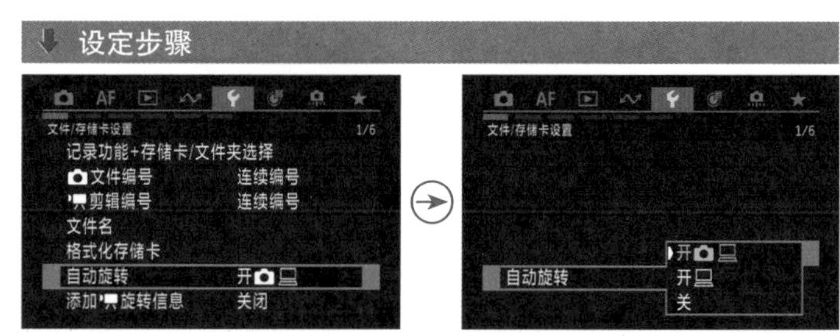

❶在**设置菜单 1** 中选择**自动旋转**选项

❷点击选择是否开启自动旋转功能

▲竖拍时的状态

▲选择第一个选项后，浏览照片时竖拍照片自动旋转至竖直方向

▲选择第 2 个和第 3 个选项时，浏览照片时竖拍照片仍然保持拍摄时的方向

用户界面放大

相比单反相机而言，佳能 EOS R5 Mark Ⅱ微单相机体积较小，屏幕也较小，屏幕上的菜单图标有些显示比较小。考虑到有些用户视力不佳，佳能 EOS R5 Mark Ⅱ微单相机提供了“用户界面放大”功能，启用此功能后，用两个手指双击屏幕可以放大菜单显示，再次双击则恢复原始显示大小。需要注意的是，在放大显示期间，不支持触摸操作，设定菜单操作需按相应的按钮。

设定步骤

❶在**设置菜单 3** 中选择**用户界面放大**选项

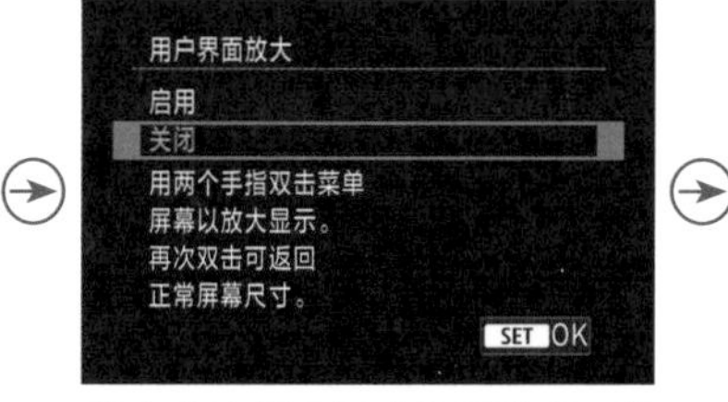

❷点击选择**启用**或**关闭**选项，然后点击 SET OK 图标确定

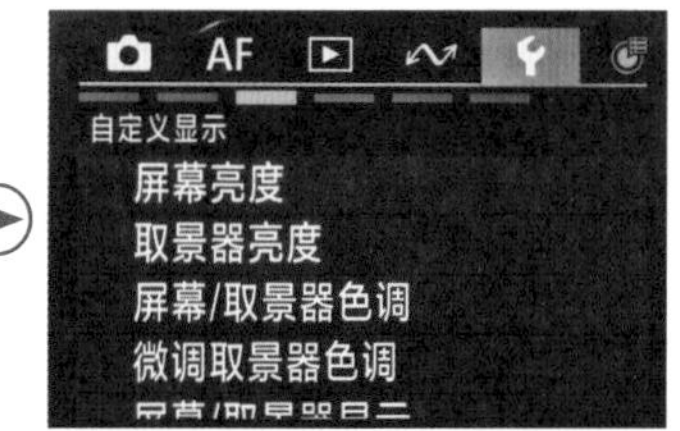

❸启用此功能后，可以看出界面中的文字与图标都变大了

调整屏幕亮度或取景器亮度

佳能 EOS R5 Mark Ⅱ通过“屏幕亮度”和“取景器亮度”菜单，可以分别调整屏幕和取景器的显示亮度。

通常情况下，应将屏幕或取景器的明暗调整到与最后的画面效果接近的亮度，以便于查看所拍摄照片的效果，并可随时调整相机设置，从而得到曝光合适的画面。

在环境光线较暗的地方拍摄时，为了方便查看，还可以将屏幕或取景器的显示亮度调得低一些，这样不仅能够保证清晰显示照片，还能够节电。同理，在光线较强的白天，也可以将亮度调高一些。

设定步骤

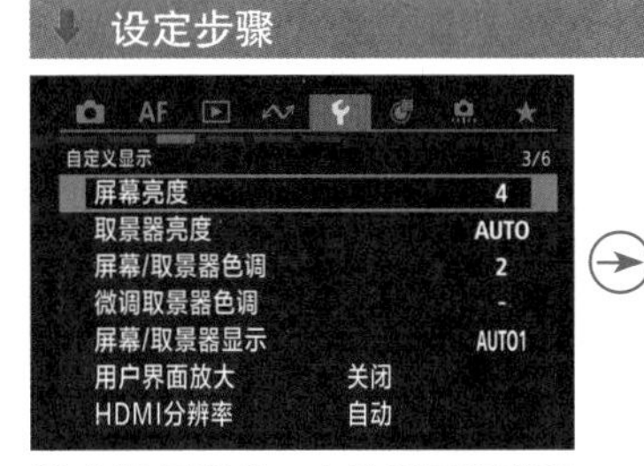

❶ 在**设置菜单 3** 中选择**屏幕亮度**选项

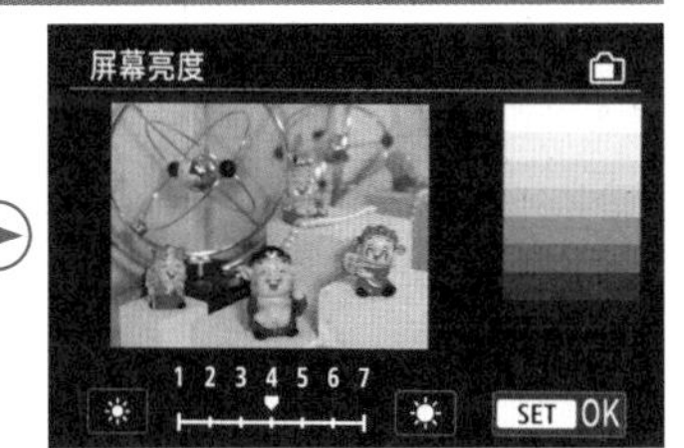

❷ 点击亮度图标选择所需的亮度级别进行微调，然后点击 SET OK 图标确定

高手点拨：屏幕的亮度可以根据个人喜好及环境光线进行设置。为了避免曝光错误，建议不要过分依赖屏幕的显示，要养成查看直方图的习惯。

设置照片预览时长

为了方便拍摄后立即查看拍摄结果，可在“图像确认”菜单中设置拍摄后屏幕显示图像的时间长度。

设定步骤

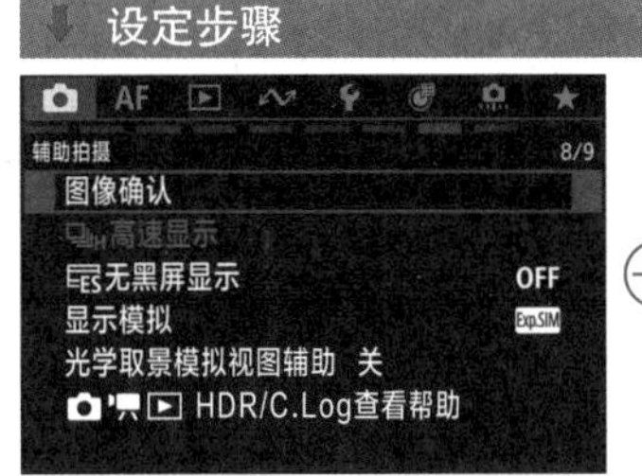

❶ 在**拍摄菜单 8** 中选择**图像确认**选项

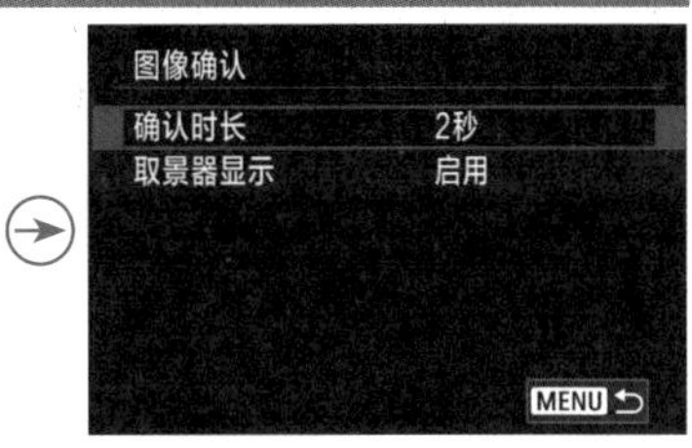

❷ 点击选择**确认时长**选项

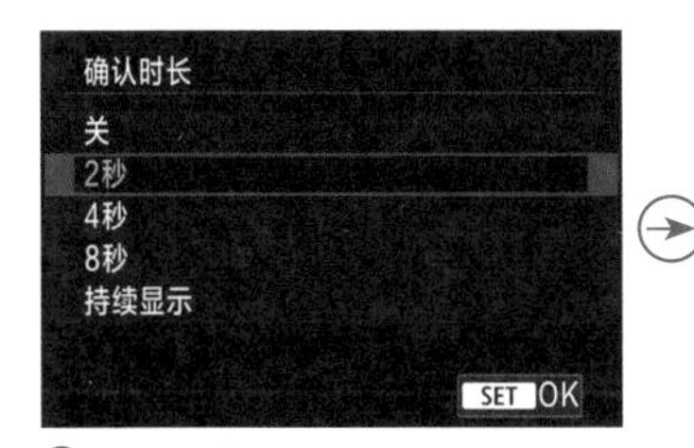

❸ 点击选择所需时间选项，然后点击 SET OK 图标确定

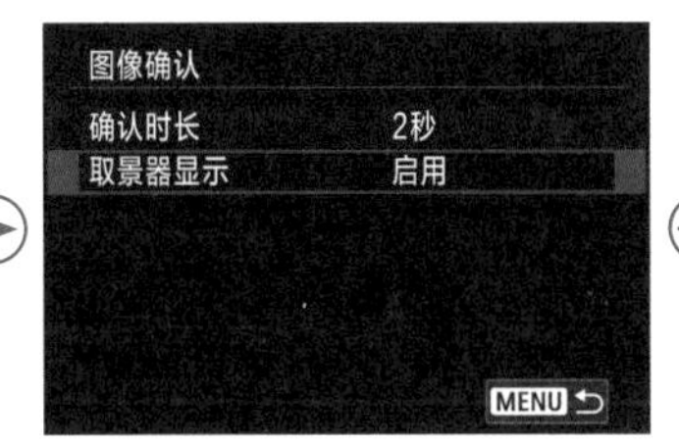

❹ 点击选择**取景器显示**选项

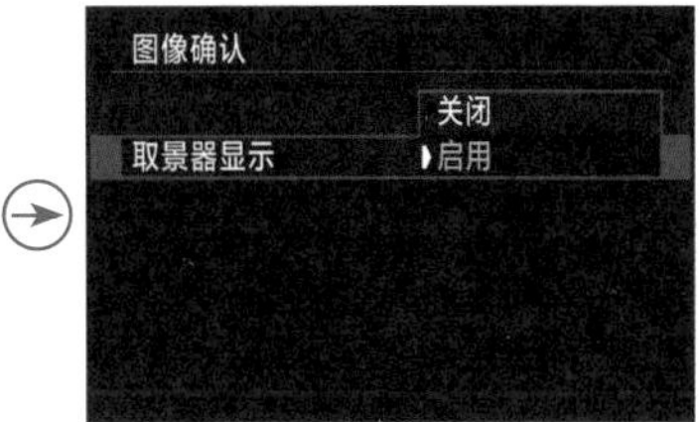

❺ 点击选择**启用**或**关闭**选项

- 确认时长：选择“关”选项，拍摄完成后相机不会自动显示图像。选择“持续显示”选项，相机会在拍摄完成后保持图像的显示，直到自动关闭电源为止。选择“2 秒”“4 秒”“8 秒”不同的时间选项，可以控制相机显示图像的时长。
- 取景器显示：选择“启用”选项，在拍摄后立即在取景器中显示照片，选择“关闭”选项，则不会在取景器中显示照片。

高手点拨：一般情况下，2秒已经足够做出曝光准确与否的判断。在光线恒定、拍摄参数固定的情况下可以选择“关”选项。

设置节电选项

在“节电”菜单中可以控制屏幕、相机及取景器自动关闭的时间。

如果不操作相机，那么相机将会在设定的时间后自动关闭屏幕、取景器的显示，或关闭相机电源，以减少电池的电能消耗。

设定步骤

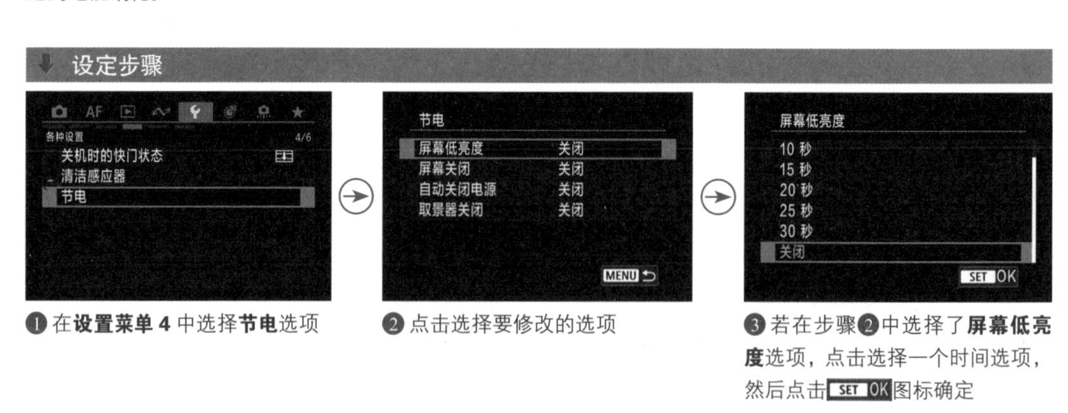

❶ 在**设置菜单 4** 中选择**节电**选项

❷ 点击选择要修改的选项

❸ 若在步骤❷中选择了**屏幕低亮度**选项，点击选择一个时间选项，然后点击 SET OK 图标确定

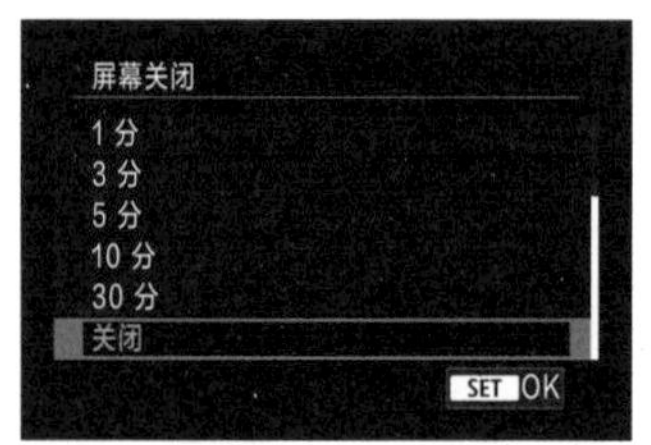

❹ 若在步骤❷中选择了**屏幕关闭**选项，点击选择一个时间选项，然后点击 SET OK 图标确定

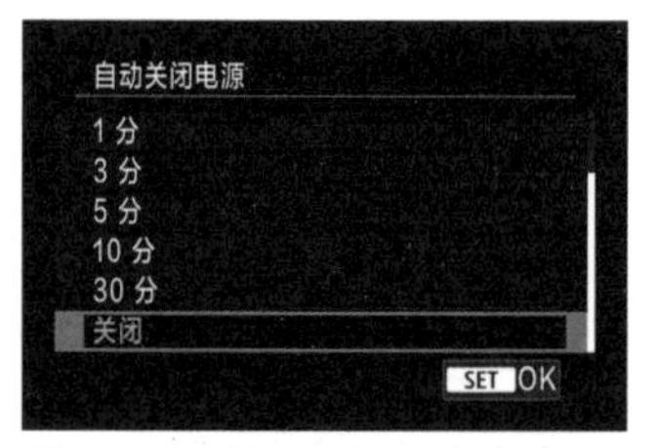

❺ 若在步骤❷中选择了**自动关闭电源**选项，点击选择一个时间或**关闭**选项，然后点击 SET OK 图标确定

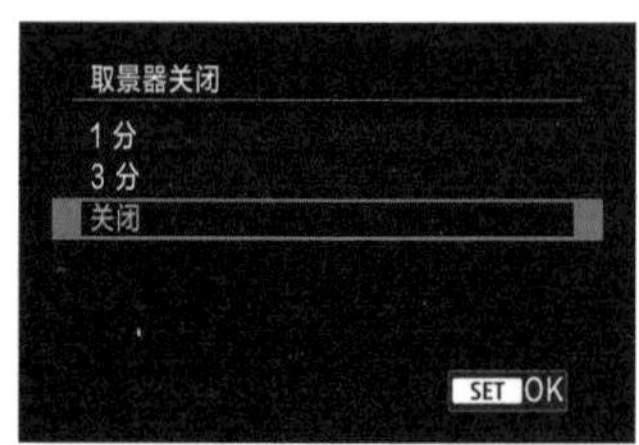

❻ 若在步骤❷中选择了**取景器关闭**选项，点击选择一个时间或**关闭**选项，然后点击 SET OK 图标确定

- 屏幕低亮度：可以选择一个时间选项，当在设定的时间后没有操作相机，相机将会降低屏幕的亮度。
- 屏幕关闭：可以选择一个时间选项，当在设定的时间后没有操作相机，相机将会自动关闭屏幕。
- 自动关闭电源：可以选择 1 分、3 分、5 分、10 分、30 分及“关闭”选项，当在设定的时间后没有进行相机操作，相机将会自动关闭电源。如果选择“关闭”选项，则不会启用自动关闭电源功能，不过当相机闲置的时间超过“屏幕关闭”设定的时间时，显示屏也将关闭，但相机电源保持开启。
- 取景器关闭：可以选择 1 分、3 分或关闭选项，当在设定的时间后没有操作相机，相机将会自动关闭取景器。

高手点拨：在实际拍摄中，可以将“自动关闭电源”选项设置为3～5分钟，这样既可以保证抓拍的即时性，又可以最大限度地节电。

设置拍摄时显示的信息

在拍摄状态下按INFO按钮，可在液晶屏幕或取景器中切换显示不同的拍摄信息。在“拍摄菜单9”的“拍摄信息显示”菜单中，用户可以自定义设置显示的拍摄信息。

在拍摄时，浏览这些拍摄信息，可以快速判断是否需要调整拍摄参数。下面展示了选择所有拍摄信息选项时，多次按INFO按钮，依次显示的不同信息显示屏幕。

设定步骤

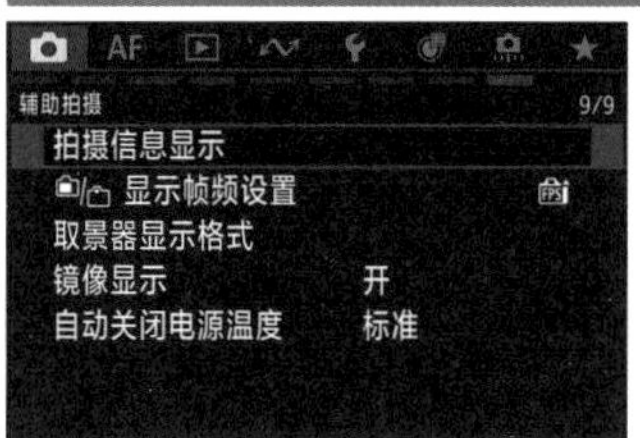

❶ 在**拍摄菜单9**中选择**拍摄信息显示**选项

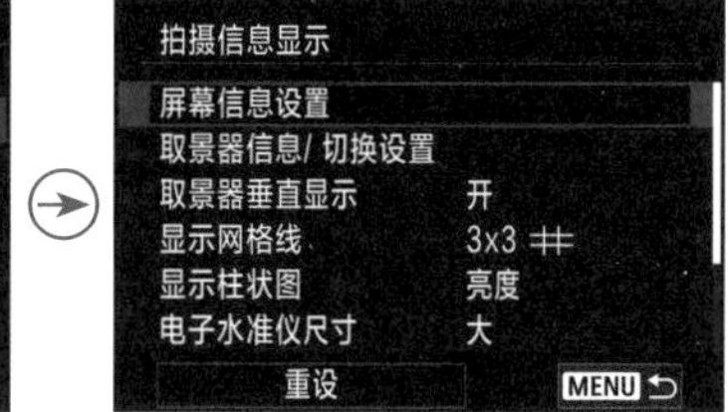

❷ 点击选择**屏幕信息设置**选项

❸ 选择要显示的屏幕序号，点击以添加勾选标志。点击INFO 编辑屏幕图标则可以进一步编辑

❹ 在此界面中，可以选择当前屏幕上所要显示的项目，完成后点击“确定”按钮以返回上一级界面

序号1 显示拍摄模式、快门速度、光圈、感光度、曝光补偿等基本信息

序号2 选择此选项，将显示完整的拍摄信息

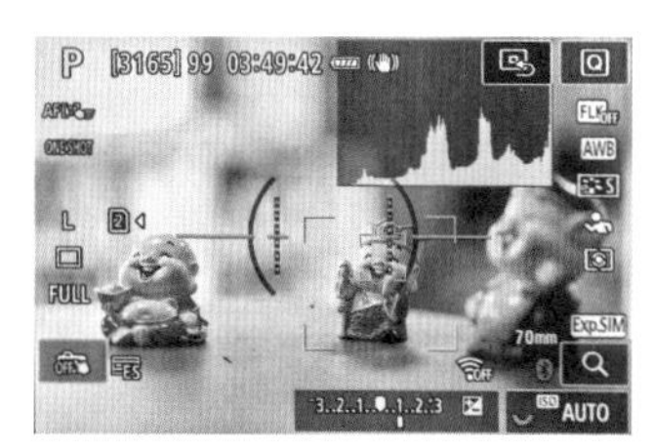

序号3 在显示完整拍摄信息的基础上，再增加显示直方图和数字水平量规，以确定照片是否曝光合适，以及确认相机是否处于水平状态

序号4 屏幕上仅显示图像，不显示拍摄参数

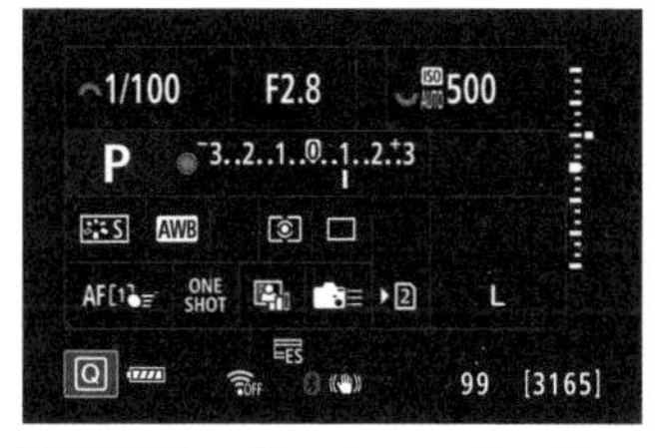

序号5 屏幕上仅显示拍摄信息（没有影像）。此时，按Q按钮，可以直接进入参数设置界面

序号6 屏幕上不显示图像

高手点拨： 建议在第3步时，只保留两个选项，一个用于显示全部信息、图标，类似于序号2所示，另一个用于显示拍摄信息，如序号5所示。

设置取景器显示格式

此菜单用于设定在取景器中图像与参数的显示格式。

选择“显示 1”选项，则图像充满画面；选择“显示 2”选项，则图像略微缩小，四周留有空白。不管选择哪种显示格式，都不会对成片造成影响。

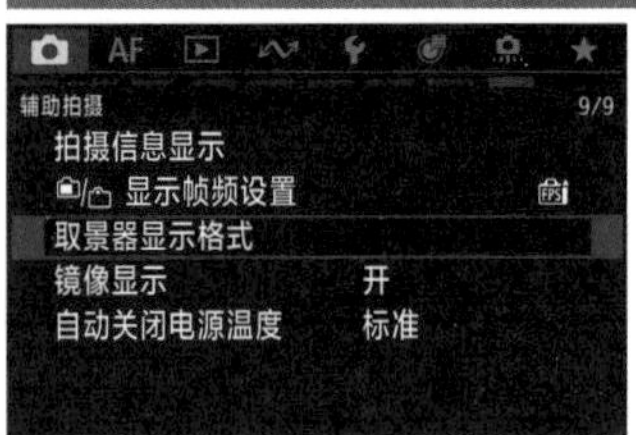

❶ 在**拍摄菜单 9** 中选择**取景器显示格式**选项

❷ 点击选择所需选项，然后点击 SET OK 图标确定

设置取景器中显示的信息

与液晶屏幕一样，在使用取景器拍摄时，也可以在“拍摄信息显示”的“取景器信息/切换设置”中，自定义设置取景器的信息显示模式。有三种模式可供选择，当选择第二、三种模式时，可以按 INFO 按钮进入详细编辑界面。

设定步骤

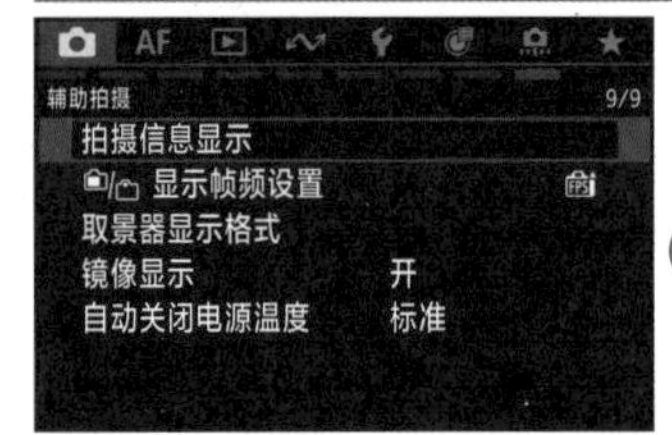

❶ 在**拍摄菜单 9** 中选择**拍摄信息显示**选项

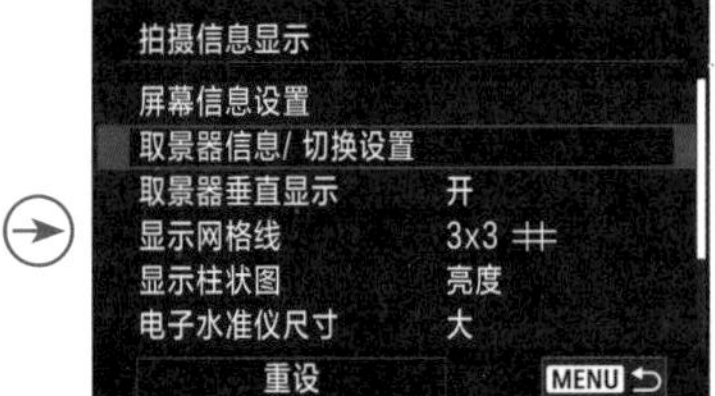

❷ 点击选择**取景器信息/切换设置**选项

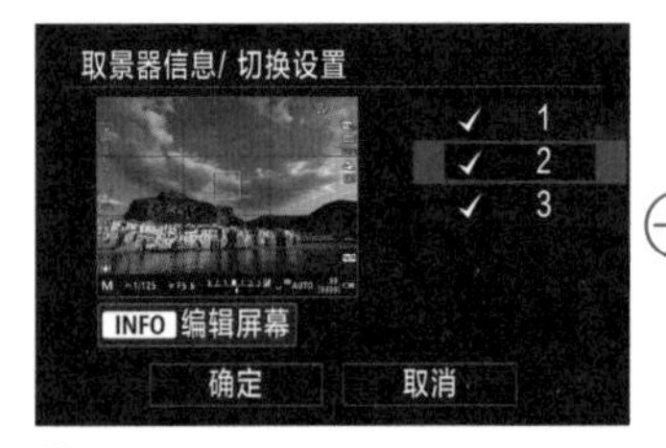

❸ 选择要显示的屏幕序号，点击以添加勾选标志，点击 INFO 编辑屏幕 图标可以进一步编辑

❹ 在此界面中，可以选择当前屏幕上所要显示的项目，完成后点击“确定”按钮以返回上一级界面

▶ 取景器尺寸较小，可以设置简单的信息显示，避免过多的信息干扰摄影师构图『焦距：20mm ┆ 光圈：F14 ┆ 快门速度：1/500s ┆ 感光度：ISO200』

显示网格线辅助构图

佳能 EOS R5 Mark Ⅱ相机的“显示网格线”功能可以帮助摄影师进行较为精确的构图，如严格的水平线或垂直线构图等。另外，3×3 的网格结构也可以帮助摄影师进行较准确的 3 分法构图，这在拍摄时是非常实用的。

该菜单用于设置是否在屏幕和取景器中显示网格线，包含“关”“3×3 #”“6×4 #”和“3×3+对角 ⋇”4 个选项，用户可以根据拍摄需求选择不同的网格线以辅助构图。

设定步骤

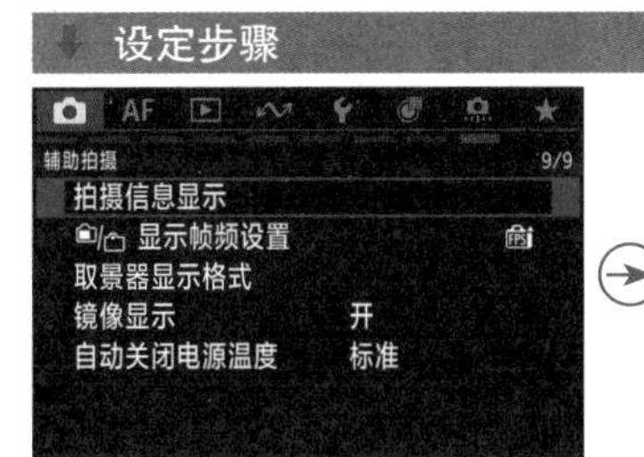

❶ 在**拍摄菜单 9** 中选择**拍摄信息显示**选项

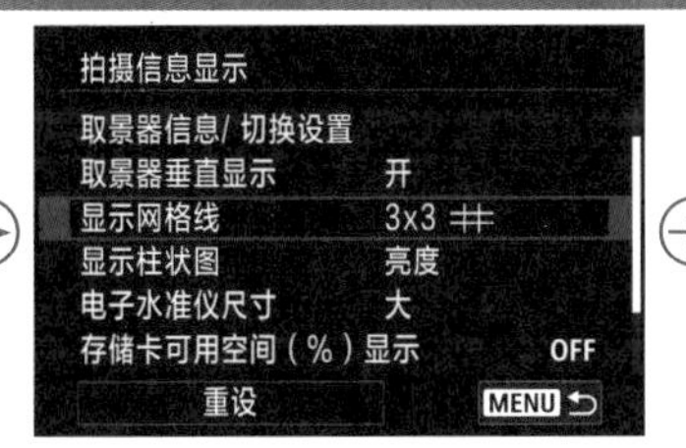

❷ 点击选择**显示网格线**选项

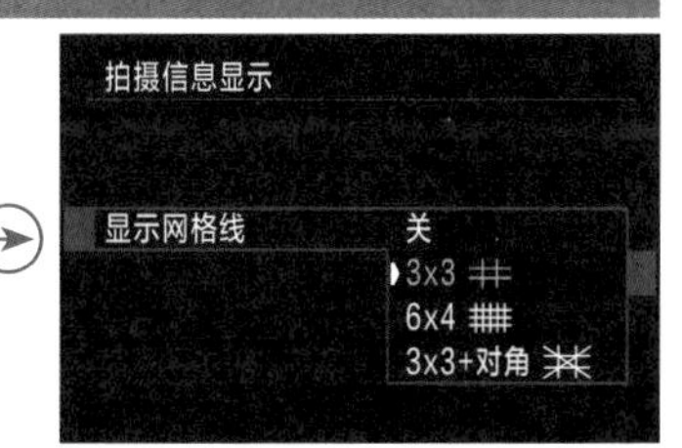

❸ 点击选择要显示的网格线类型

▲ 3×3 网格显示效果

▼ 拍摄有水平线的场景时，启用网格线，可以帮助摄影师更好地构图『焦距：18mm ┆ 光圈：F9 ┆ 快门速度：3.2s ┆ 感光度：ISO100』

将取景器中的信息垂直显示

此菜单用于设置使用取景器垂直拍摄时，拍摄信息是否变为垂直显示。选择“开”选项，拍摄信息会自动旋转，以方便摄影师观看；选择“关”选项，则拍摄信息不会旋转，仍然会水平显示。

设定步骤

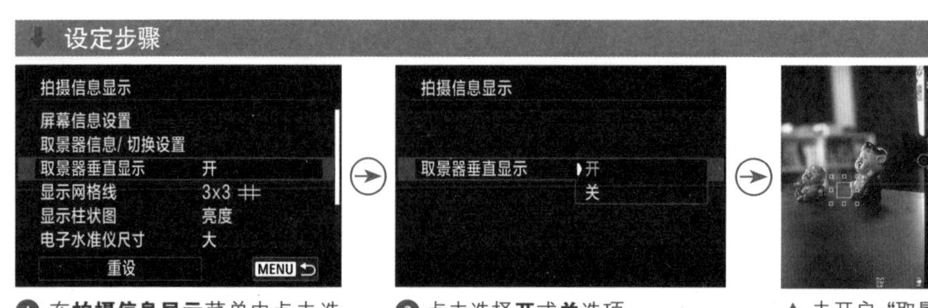

❶ 在**拍摄信息显示**菜单中点击选择**取景器垂直显示**选项

❷ 点击选择**开**或**关**选项

▲ 未开启“取景器垂直显示”的效果

▲ 开启“取景器垂直显示”的效果

显示直方图

佳能EOS R5 Mark Ⅱ相机提供了亮度和RGB两种柱状图（直方图），分别表示曝光情况和色彩分布情况。通过“显示柱状图”菜单可以控制是显示亮度直方图还是显示RGB直方图，并能设置显示直方图的大小。

设定步骤

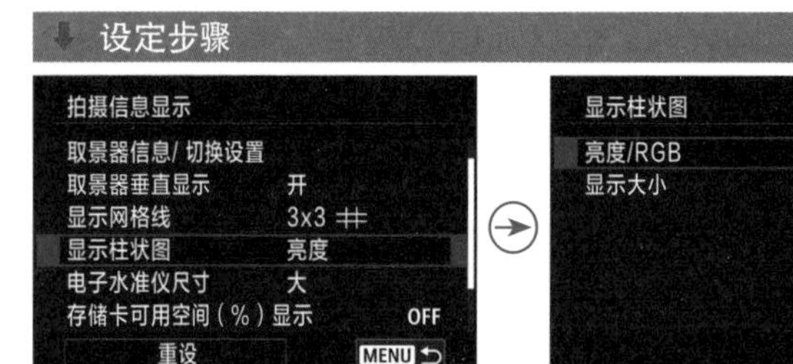

❶ 在**拍摄菜单9**中选择**拍摄信息显示**，然后选择**显示柱状图**选项

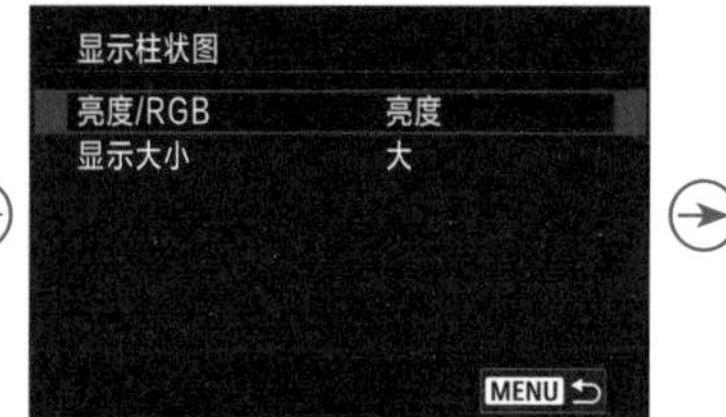

❷ 在此界面中可以对显示哪种柱状图及柱状图显示大小进行设置

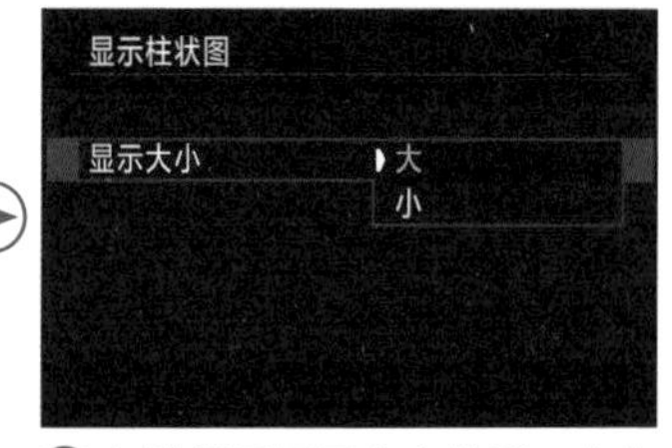

❸ 如选择了**显示大小**选项，在此界面中可以选择**大**或**小**选项

- 亮度：选择此选项，则显示亮度柱状图。其中横轴和纵轴分别代表亮度等级（左侧暗，右侧亮）和像素分布状况，两者共同反映出所拍图像的曝光量和整体色调情况。
- RGB：选择此选项，则显示RGB柱状图。此柱状图是显示图像中各三原色的亮度等级分布情况的图表。横轴表示色彩的亮度等级，纵轴表示每个色彩亮度等级上的像素分布情况。左侧分布的像素越多，色彩越暗淡；右侧分布的像素越多，则色彩越明亮、浓郁。如果左侧像素过多，相应的色彩会因明度不足而导致缺少细节；如果右侧像素过多，则色彩会因过于饱和而没有细节。
- 显示大小：选择“大”选项，显示柱状图的比例会大一点；选择“小”选项，则显示柱状图的比例会小一点。

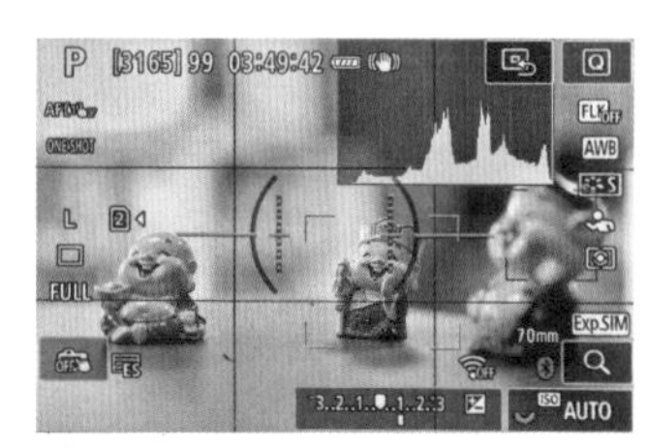

▲ 亮度柱状图显示效果

修改播放照片时显示的信息

通过“播放信息显示”菜单，可以设定在播放照片期间，按 INFO 按钮显示的屏幕信息。用户可以根据自己的习惯来自定义选择显示哪些拍摄信息。

高手点拨：对于初学者来说，选择序号1、2、3即可。

设定步骤

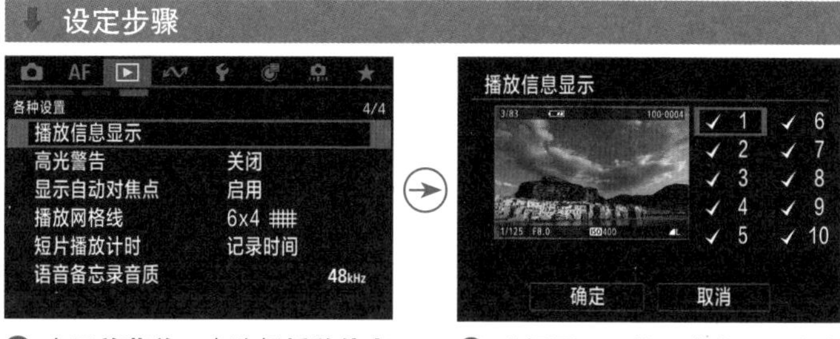

❶ 在**回放菜单 4** 中选择**播放信息显示**选项

❷ 选择要显示的屏幕序号，点击以添加勾选标志。选择完成后点击选择**确定**选项

开启显示模拟以正确曝光

“曝光模拟”菜单用于在液晶显示屏及取景器中模拟在当前曝光参数下照片的曝光及景深效果。

设定步骤

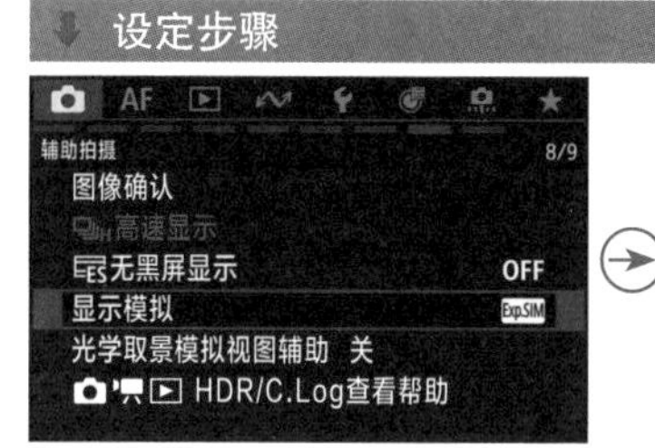

❶ 在**拍摄菜单 8** 中选择**显示模拟**选项

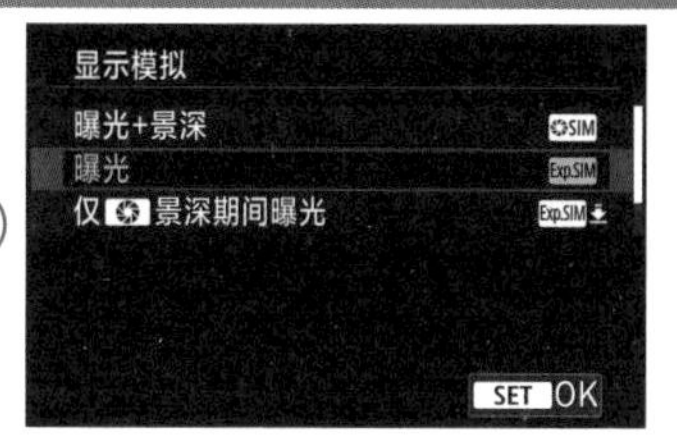

❷ 点击选择所需选项

▲佳能 EOS R5 Mark Ⅱ相机的景深预览按钮

- 曝光＋景深：选择此选项，显示的图像亮度和景深将接近于最终图像的实际亮度（曝光）及前景背景虚化程度（景深），如果设置曝光补偿，画面的亮度会随之变化。同样地，如果改变光圈值，景深也会改变。对于初学者，笔者建议始终保持选择此选项。
- 曝光：选择此选项，显示的图像亮度将接近于最终图像的实际亮度(曝光)，如果设置曝光补偿，画面的亮度会随之变化。
- 仅 景深期间曝光：选择此选项，平时会以标准亮度显示以便观看，只有在按住景深预览按钮期间，会进行曝光模拟。
- 关闭：选择此选项，屏幕会以标准亮度显示以便观看，即使设置曝光补偿，画面也不会有变化。

▲ 日常拍摄时，可以开启此功能来辅助了解画面的曝光情况『焦距：50mm ┆ 光圈：F5 ┆ 快门速度：1/50s ┆ 感光度：ISO100』

随拍随赏——拍摄后查看照片

回放照片的基本操作

在回放照片时，可以进行放大、缩小、显示信息、前翻、后翻及删除照片等多种操作。下面通过图示来讲解回放照片的基本操作方法。

在播放照片模式下，按下Q按钮，逆时针旋转速控转盘2可显示4张缩略图，再次逆时针旋转速控转盘2，可以显示9张缩略图（也可以用张开的两个手指触摸屏幕，然后在屏幕上将手指合拢，以触摸的方式缩小播放照片）

顺时针旋转速控转盘2可以放大照片（也可以用合拢的两个手指触摸屏幕，然后在屏幕上将手指张开，以触摸的方式放大显示照片）

使用多功能控制钮查看放大的照片局部（也可以直接用手指触摸屏幕，滑动图像查看局部）

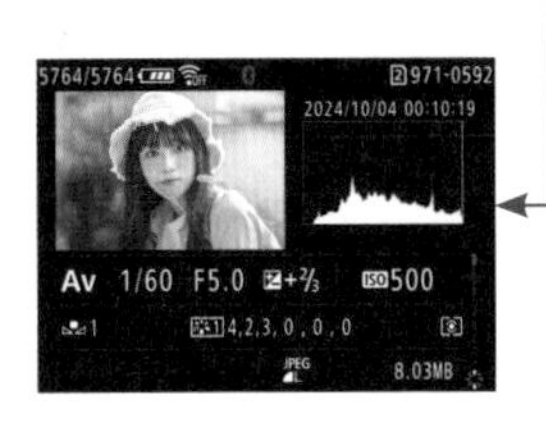

连续按INFO按钮，可以循环显示拍摄信息。在详细信息界面中，按多功能控制钮的上下方向，可切换显示信息

按▶按钮，可开始浏览照片

按🗑按钮，可删除当前浏览的照片

Q：出现“无法回放图像”消息提示时应该怎么办?

A：在相机中回放图像时，如果出现“无法回放图像”消息提示，可能有以下几方面原因。

- 存储卡中的图像已导入计算机并进行了编辑处理，然后又写回了存储卡。
- 正在尝试回放非佳能相机拍摄的图像。
- 存储卡出现故障。

模糊 / 失焦图像检测

开启“模糊 / 失焦图像检测”功能后，使用 JPEG/HEIF 格式拍摄的人像照片，相机基于画面中的面部，自动检测图像的模糊或失焦程度，用户可以通过此菜单设定模糊或失焦的级别，从而实现对该级别的所有图像进行排序、保护或评分。

高手点拨：如果想在拍摄时使用此功能，需要将JPEG/HEIF格式的图像大小设置为L或M

设定步骤

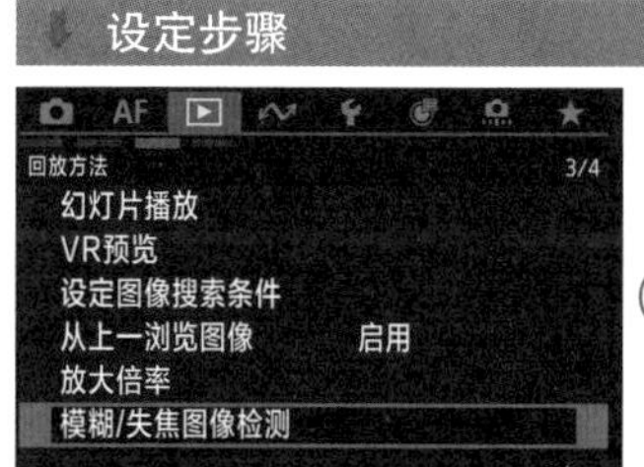

❶ 在**回放菜单3**中选择**模糊/失焦图像检测**选项

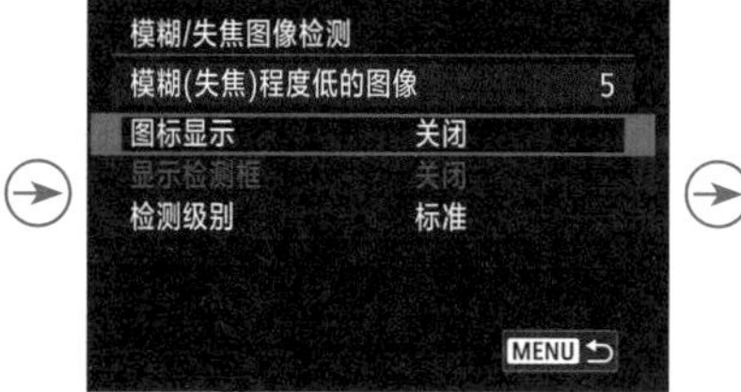

❷ 点击选择**图标显示**选项

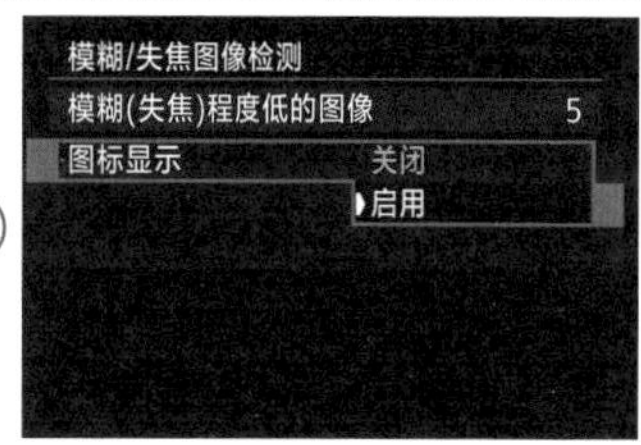

❸ 点击选择**启用**或**关闭**选项

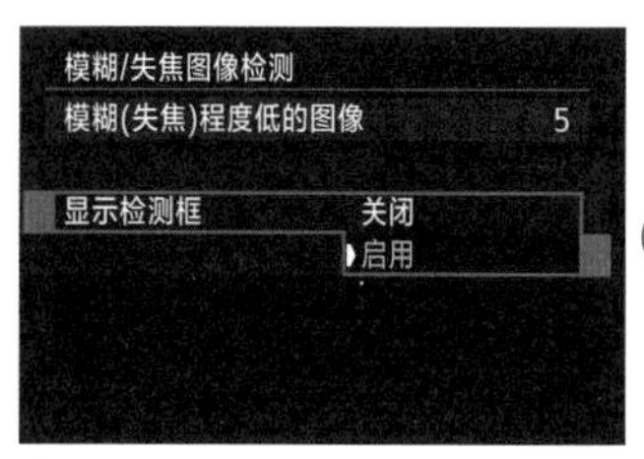

❹ 若在步骤❷中选择了**显示检测框**选项，在此可以选择**启用**或**关闭**选项

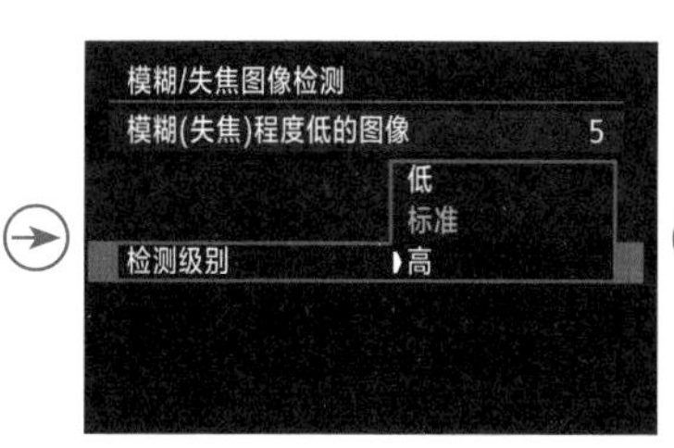

❺ 若在步骤❷中选择了**检测级别**选项，在此可以选择**低**、**标准**或**高**选项

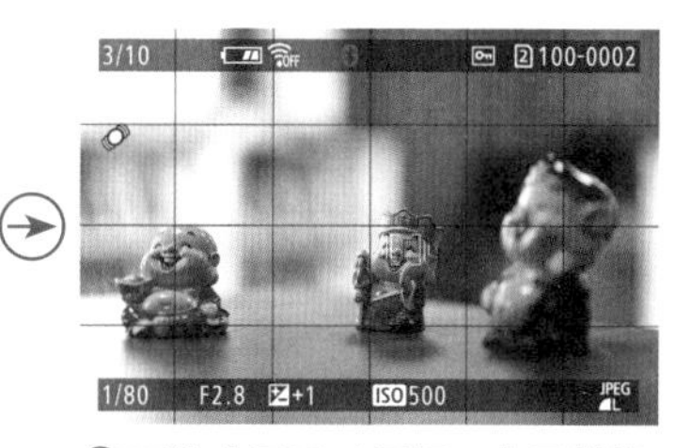

❻ 图像中显示图标，表示模糊/失焦程度低

▲ 拍摄人像类照片时，可以开启此功能『焦距：35mm ┆ 光圈：F4.5 ┆ 快门速度：1/250s ┆ 感光度：ISO100』

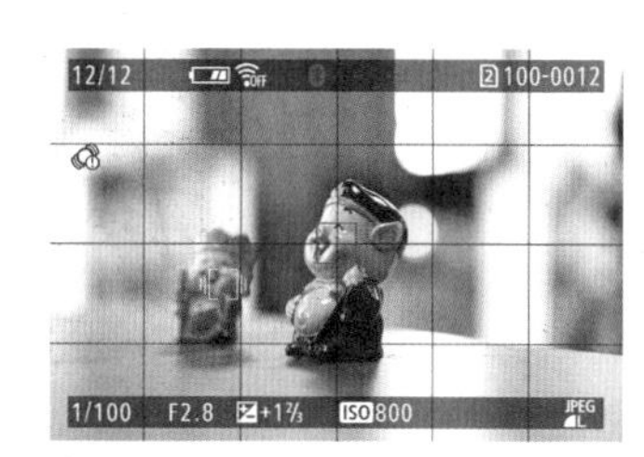

❼ 图像中显示图标，表示模糊/失焦程度高

显示播放状态的网格线

佳能 EOS R5 Mark Ⅱ 相机提供了“播放网格线”功能，以便在回放照片时检查照片的构图。根据不同情况，可以选择 3 种不同的网格线。

- 关：选择此选项，在回放照片时将不显示网格线。
- 3×3 #：选择此选项，将显示 3×3 的网格线。
- 6×4 ###：选择此选项，将显示 6×4 的网格线。
- 3×3+ 对角 ⋇：选择此选项，在显示 3×3 的网格线时，还会显示两条对角网格线。

设定步骤

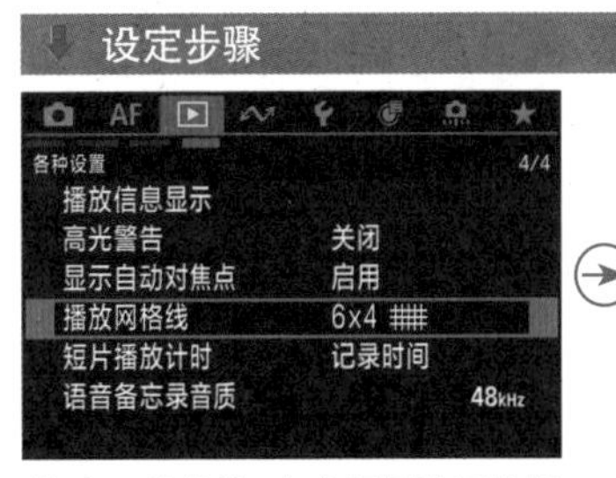

❶ 在**回放菜单4**中选择**播放网格线**选项

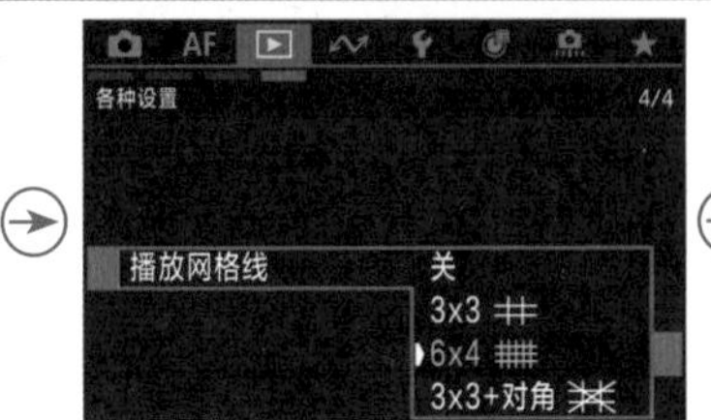

❷ 点击选择不同的网格线类型

❸ 启用“播放网格线”功能后，可以在回放照片时显示网格线，以便于校正构图

显示自动对焦点

在“显示自动对焦点”菜单中选择“启用”选项，则回放照片时对焦点将以红色小方框显示，这时如果发现焦点不准确可以重新拍摄。

设定步骤

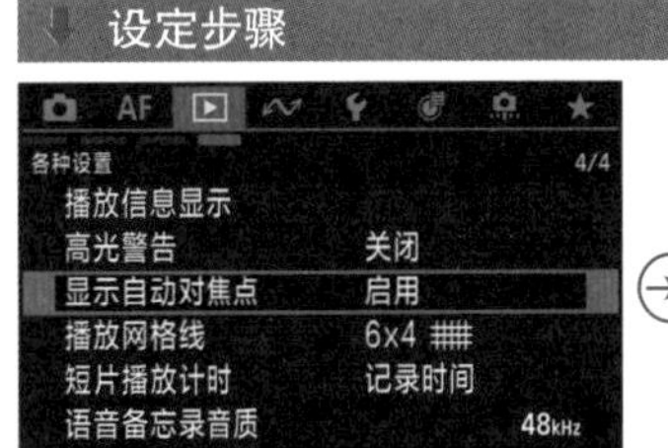

❶ 在**回放菜单4**中选择**显示自动对焦点**选项

❷ 点击选择是否在回放照片时显示对焦点

❸ 启用显示自动对焦点功能后，在回放照片时会显示红色对焦点

▲ 拍摄背景虚化类的照片时，容易出现跑焦的情况，此时可以开启此功能来帮助了解对焦情况

利用高光警告避免照片过曝

选择“高光警告”菜单中的“启用”选项，可以帮助用户发现所拍摄照片中曝光过度的区域，在播放照片时，这些区域会以黑白交替闪烁的形式显示。在这种情况下，如果想要表现曝光过度区域的细节，就需要适当减少曝光。

设定步骤

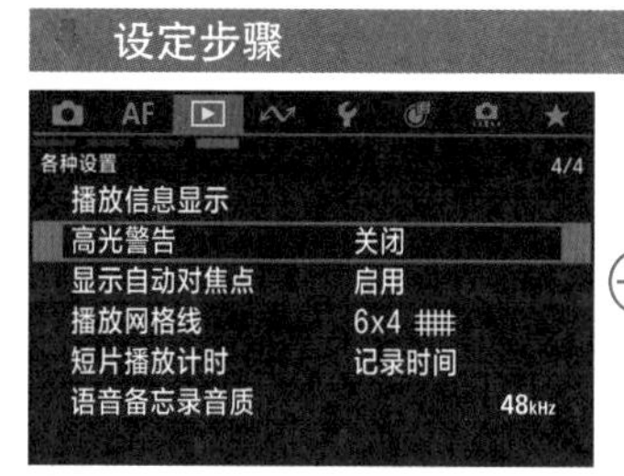

❶ 在**回放菜单4**中选择**高光警告**选项

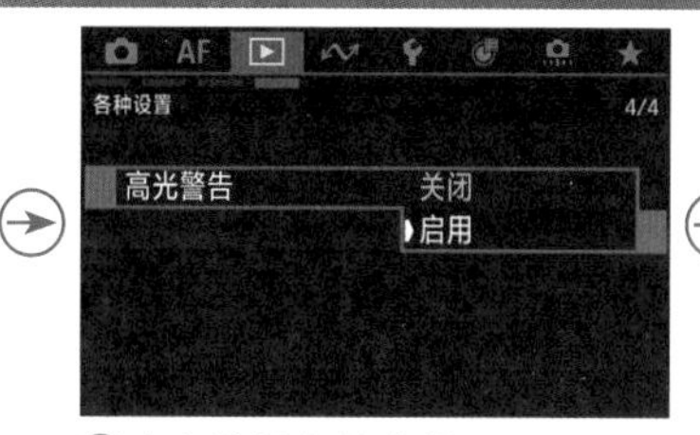

❷ 点击选择**启用**选项

❸ 在回放照片时，会以黑色的闪烁色块显示出曝光过度的高光区域

将 HEIF 图像转换为 JPEG 图像

通过“HEIF→JPEG 转换”菜单，可以将开启“HDR 拍摄（PQ）”选项后获得的 HEIF 格式照片转换为 JPEG 格式照片进行保存。

设定步骤

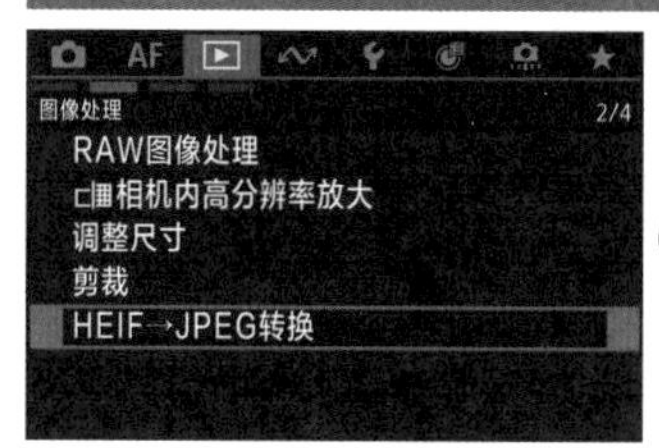

❶ 在**回放菜单2**中点击选择**HEIF→JPEG转换**选项

❷ 左右滑动点击选择要转换的图像，点击 SET ✓ 图标勾选，然后点击 OK 图标

❸ 点击选择**确定**按钮另存为新文件

高手点拨：由于转换后的图像色彩空间发生了变化，因此照片的色彩也会有一定程度的改变。

◀使用此功能将 HEIF 格式照片转成 JPEG 格式照片，就可以传输到手机进行分享了『焦距：20mm ┆ 光圈：F15 ┆ 快门速度：1/10s ┆ 感光度：ISO200』

相机内高分辨率放大

通过“相机内高分辨率放大”菜单，佳能 EOS R5 Mark Ⅱ相机能把照片的长和宽都放大二倍，整张照片的像素数量能达到原来的四倍。

佳能 EOS R5 Mark Ⅱ相机使用 L 尺寸所拍摄的照片有大约 4500 万像素，使用此功能放大后，像素数就能飙升到大约 1.79 亿像素，并且在放大照片的同时，还能保持照片的清晰度，让放大后的照片看起来和原图一样清晰、细腻，这样的高分辨率画面，即使后期再裁剪出局部画面，也能得到不错的画面效果。

高手点拨：此功能适用于JPEG或HEIF格式且图像大小为L的照片。RAW格式的照片，使用全画幅以外的长宽比拍摄的照片、不是佳能EOS R5 Mark Ⅱ相机拍摄的照片、已经在相机或软件中进行处理过的照片均不能进行高分辨率放大。已经高分辨率放大的照片也不能再次高分辨率放大。

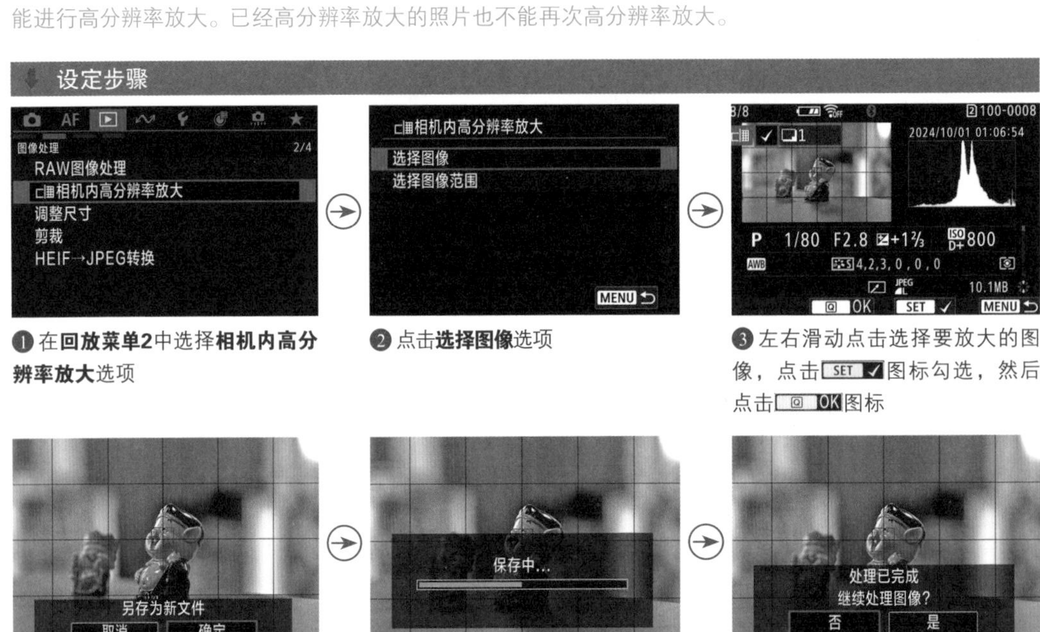

❶ 在**回放菜单2**中选择**相机内高分辨率放大**选项

❷ 点击**选择图像**选项

❸ 左右滑动点击选择要放大的图像，点击 SET ✓ 图标勾选，然后点击 OK 图标

❹ 点击选择**确定**选项另存为新文件

❺ 将显示此界面

❻ 点击选择**是**选项，可以继续处理其他图像，如果没有则选择**否**选项

❼ 在此界面中点击选择**已处理的图像**选项

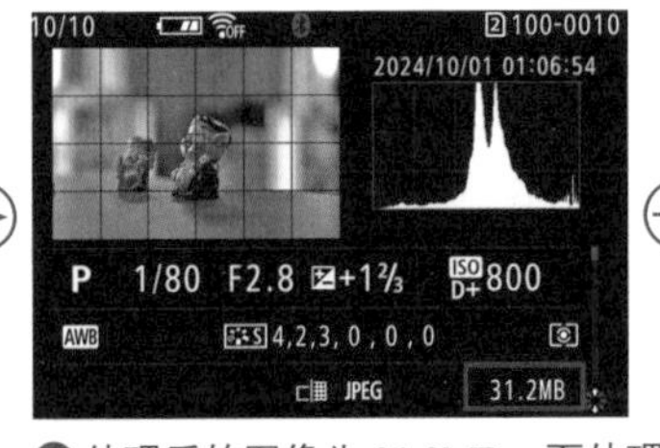

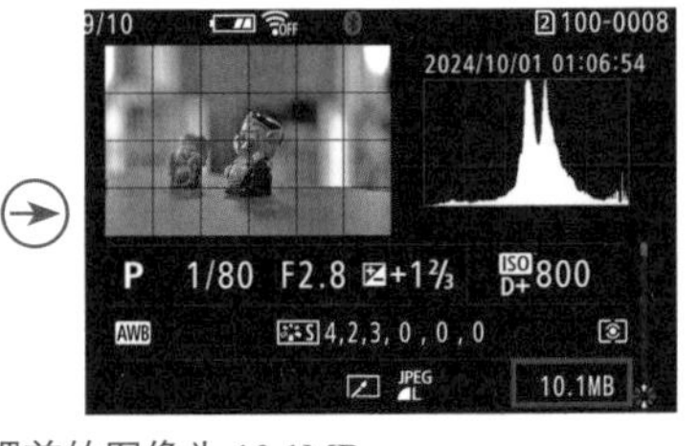

❽ 处理后的图像为 31.2MB，而处理前的图像为 10.1MB

第 3 章

必须掌握的基本曝光设置

调整光圈控制曝光与景深

光圈的结构

光圈是相机镜头内部的一个组件，它由许多金属薄片组成，金属薄片不是固定的，通过改变它的开启程度可以控制进入镜头光线的多少。光圈开启得越大，通光量就越多；光圈开启得越小，通光量就越少。摄影师可以仔细观察镜头在选择不同光圈时叶片大小的变化。

▲ 从镜头的底部可以看到镜头内部的光圈金属薄片

高手点拨： 虽然光圈数值是在相机上设置的，但其可调节的范围却是由镜头决定的，即镜头支持的最大及最小光圈，就是在相机上可以设置的上限和下限。镜头可支持的光圈越大，则在同一时间内就可以吸收更多的光线，从而允许摄影师在更暗的环境中进行拍摄——当然，光圈越大的镜头，其价格也越贵。

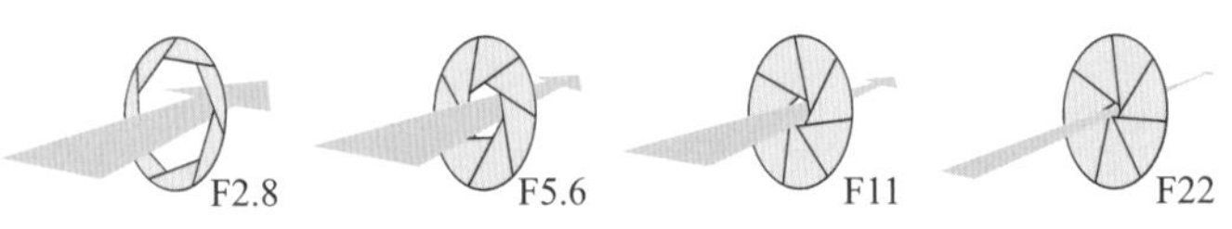

▲ 光圈是控制相机通光量的装置，光圈越大（F2.8），通光量越多；光圈越小（F22），通光量越少。

▲佳能 RF 50mm F1.2 L USM

▲佳能 RF 28-70mm F2 L USM

▲佳能 RF 24-105mm F4-7.1 IS STM

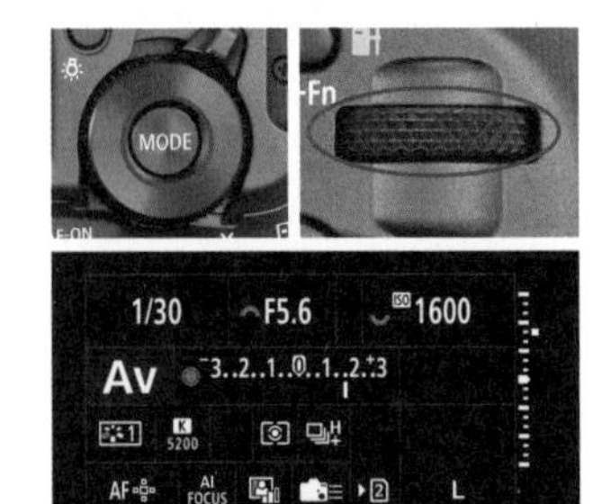

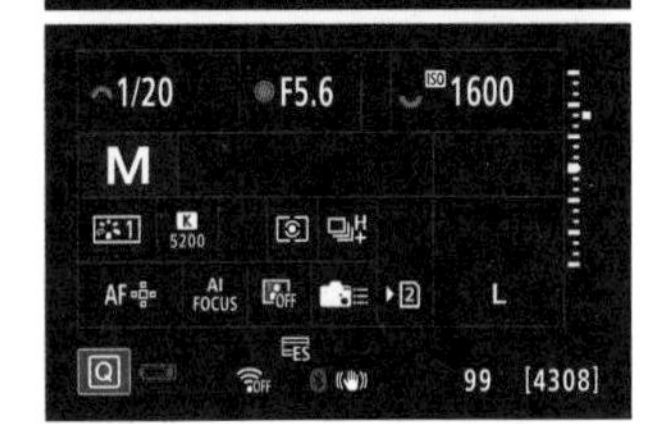

设定方法

按 MODE 按钮，然后转动主拨盘选择 Av 挡光圈优先或 M 手动拍摄模式。在使用 Av 挡光圈优先拍摄模式拍摄时，通过转动主拨盘来调整光圈；在使用 M 挡手动拍摄模式拍摄时，可通过转动速控转盘 1 来调整光圈

在上面展示的 3 款镜头中，佳能 RF 50mm F1.2 L USM 是定焦镜头，其最大光圈为 F1.2；佳能 RF 28-70mm F2 L USM 为恒定光圈的变焦镜头，无论使用哪个焦段进行拍摄，其最大光圈都能够达到 F2；佳能 RF 24-105mm F4-7.1 IS STM 是浮动光圈的变焦镜头，当使用镜头的广角端（24mm）拍摄时，最大光圈可以达到 F4，而当使用镜头的长焦端（105mm）拍摄时，最大光圈只能够达到 F7.1。

同样，上述 3 款镜头也均有最小光圈值，例如，佳能 RF 28-70mm F2 L USM 的最小光圈为 F22，佳能 RF 24-105mm F4-7.1 IS STM 的最小光圈同样是一个浮动范围（F22 ~ F40）。

光圈值的表现形式

光圈值用字母 F 或 f 表示，如 F8（或 f/8）。常见的光圈值有 F1.4、F2、F2.8、F4、F5.6、F8、F11、F16、F22、F32、F36 等，光圈每递进一挡，光圈口径就会缩小一部分，通光量也随之减半。例如，F5.6 光圈的进光量是 F8 的两倍。

常见的光圈数值还有 F1.2、F2.2、F2.5、F6.3 等，但这些数值不包含在光圈正级数之内，这是因为各镜头厂商都在每级光圈之间插入了 1/2（如 F1.2、F1.8、F2.5、F3.5 等）和 1/3（如 F1.1、F1.2、F1.6、F1.8、F2、F2.2、F2.5、F3.2、F3.5、F4.5、F5.0、F6.3、F7.1 等）变化的副级数光圈，以便更加精确地控制曝光程度，从而使画面的曝光更加准确。

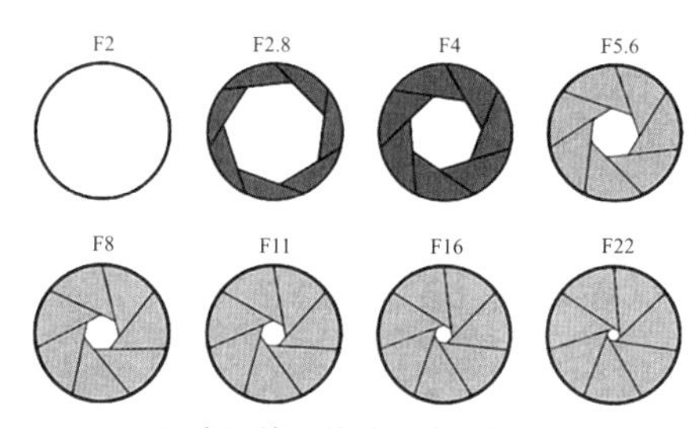

▲ 不同光圈值下镜头通光口径的变化

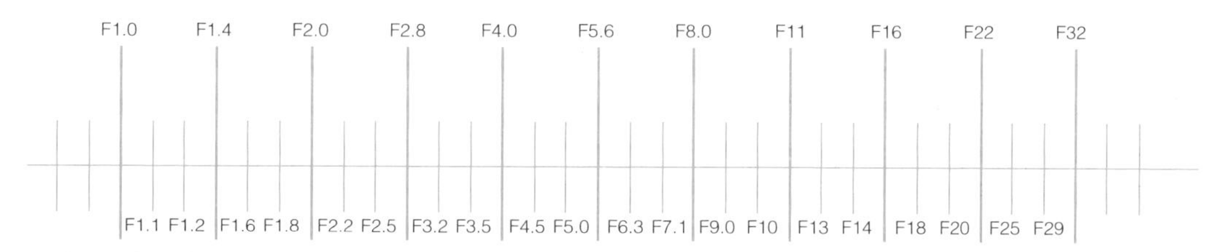

▲ 光圈级数刻度示意图，上排为光圈正级数，下排为光圈副级数

光圈对成像质量的影响

通常情况下，摄影师都会选择比镜头最大光圈小一至二挡的中等光圈，因为大多数镜头在中等光圈下的成像质量最佳，照片的色彩和层次都能有更好的表现。例如，一只最大光圈为 F2.8 的镜头，其最佳成像光圈为 F5.6～F8。另外，也不能使用过小的光圈，因为过小的光圈会使光线在镜头中产生衍射效应，导致画面质量下降。

Q：什么是衍射效应？

A：衍射是指当光线穿过镜头光圈时，光在传播的过程中发生弯曲的现象。光线通过的孔隙越小，光的波长越长，这种现象就越明显。因此在拍摄时，光圈收得越小，在被记录的光线中衍射光所占的比例就越大，画面的细节损失就越多，画面越不清楚。衍射效应对 APS-C 画幅数码相机和全画幅数码相机的影响程度稍有不同，通常 APS-C 画幅数码相机在光圈缩小到 F11 时，就能发现衍射效应对画质产生了影响；而全画幅数码相机在光圈缩小到 F16 时，才能够看到衍射效应对画质产生的影响。

▲ 使用镜头最佳光圈拍摄时，所得到的照片画质最理想『焦距：18mm ┆ 光圈：F11 ┆ 快门速度：1/250s ┆ 感光度：ISO200』

光圈对曝光的影响

如前所述，在其他参数不变的情况下，光圈增大一挡，则曝光量增加一倍。例如，光圈从 F4 增大至 F2.8，即可增加一倍的曝光量；反之，光圈减小一挡，则曝光量也随之减少一半。换言之，光圈开得越大，通光量就越多，所拍摄出来的照片也越明亮；光圈开得越小，通光量就越少，所拍摄出来的照片也越暗淡。

下面是一组在焦距为 35mm、快门速度为 1/20s、感光度为 ISO200 的特定参数下，只改变光圈值所拍摄的照片。

▲ 光圈：F10

▲ 光圈：F7.1

▲ 光圈：F5.6

▲ 光圈：F2.8

通过这组照片进行对比可以看出，在其他曝光参数不变的情况下，随着光圈逐渐变大，进入镜头的光线不断增多，因此所拍摄出来的画面也逐渐变亮。

景深

简单来说，景深即指对焦位置前后的清晰范围。清晰范围越大，表示景深越大；反之，清晰范围越小，则表示景深越小，画面的虚化效果就越好。

景深的大小与光圈、焦距及拍摄距离这 3 个要素密切相关。当拍摄者与被摄对象之间的距离非常近时，或者使用长焦距或大光圈拍摄时，都能得到对比强烈的背景虚化效果；反之，当拍摄者与被摄对象之间的距离较远，或者使用小光圈或较短焦距拍摄时，画面的虚化效果就会较差。

另外，被摄对象与背景之间的距离也是影响背景虚化的重要因素。例如，当被摄对象距离背景较近时，即使使用 F1.8 的大光圈也不能得到很好的背景虚化效果；当被摄对象距离背景较远时，即使使用 F8 的小光圈，也能获得较明显的虚化效果。

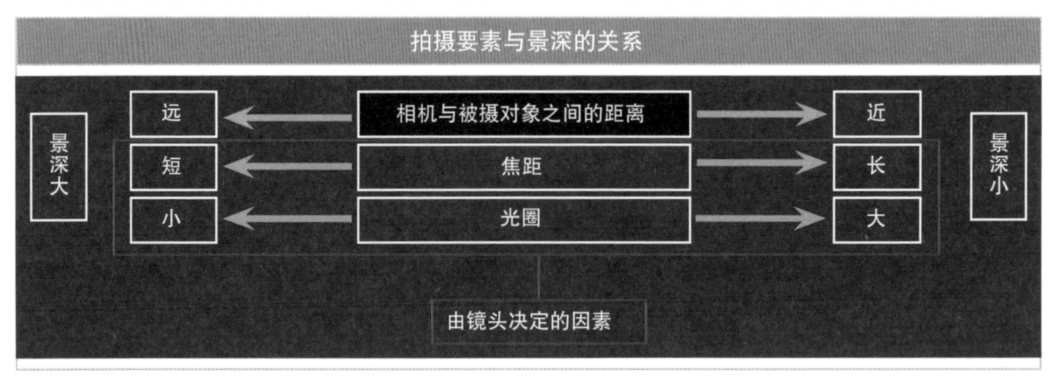

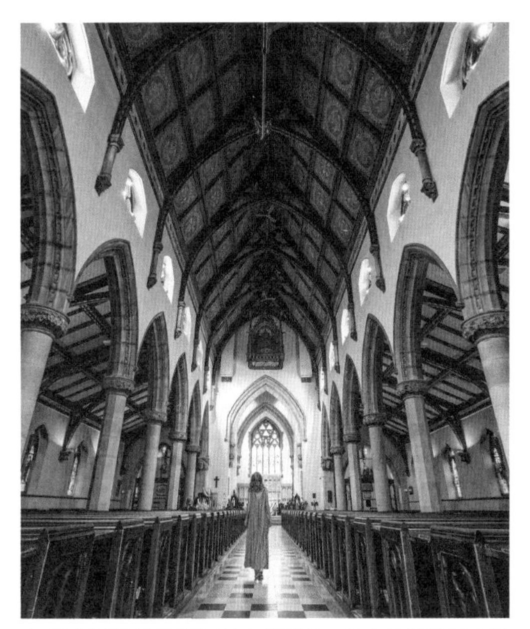

▲ 这张图前景和背景都非常清晰，是大景深效果『焦距：17mm ┆ 光圈：F14 ┆ 快门速度：1/40s ┆ 感光度：ISO200』

▲ 这张图人物清晰而背景虚化，是小景深效果『焦距：85mm ┆ 光圈：F2.5 ┆ 快门速度：1/250s ┆ 感光度：ISO100』

Q：什么是景深？

A：景深是指照片中某个景物清晰的范围。即当摄影师将镜头对焦于某个点并拍摄后，在照片中与该点处于同一平面的景物都是清晰的，而位于该点前方和后方的景物则由于没有对焦，因此都是模糊的。但由于人眼不能精确地辨别焦点前方和后方出现的轻微模糊，因此这部分图像看上去仍然是清晰的，这种清晰会一直在照片中向前、向后延伸，直至景物看上去变得模糊到不可接受，那么这个可接受的清晰范围，就是景深。

Q：什么是焦平面？

A：如前所述，当摄影师将镜头对焦于某个点拍摄时，在照片中与该点处于同一平面的景物都是清晰的，而位于该点前方和后方的景物则都是模糊的，这个清晰的平面就是成像焦平面。如果摄影师的相机位置不变，当被摄对象在可视区域内向焦平面做水平运动时，成像始终会是清晰的；但如果其向前或向后移动，则由于脱离了成像焦平面，因此会出现一定程度的模糊，景物模糊的程度与其距焦平面的距离成正比。

▲ 对焦点在中间的财神爷玩偶上，但由于另外两个玩偶与其在同一个焦平面上，因此三个玩偶都是清晰的

▲ 对焦点仍然在中间的财神爷玩偶上，但由于另外两个玩偶与其不在同一个焦平面上，因此另外两个玩偶是模糊的

光圈对景深的影响

光圈是控制景深（背景虚化程度）的重要因素。即在相机焦距不变的情况下，光圈越大，景深越小；反之，光圈越小，景深越大。在拍摄时，如果想通过控制景深来使自己的作品更有艺术效果，就要学会合理使用大光圈和小光圈。

在包括佳能 EOS R5 Mark Ⅱ在内的所有数码微单相机中，都有光圈优先拍摄模式，配合上面的理论，通过调整光圈数值的大小，即可拍摄出不同的对象或表现不同的主题。

例如，大光圈主要用于人像摄影、微距摄影，通过虚化背景来突出主体；小光圈主要用于风景摄影、建筑摄影、纪实摄影等，以便使画面中的所有景物都能清晰地呈现。

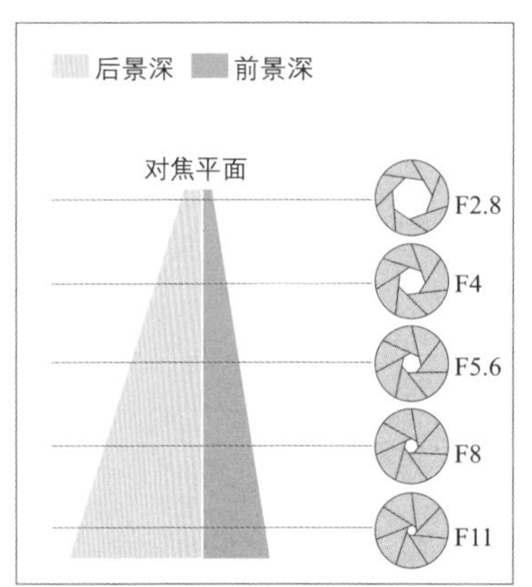

▲ 从示例图中可以看出，光圈越大，前、后景深越小；光圈越小，前、后景深越大，其中，后景深又是前景深的二倍

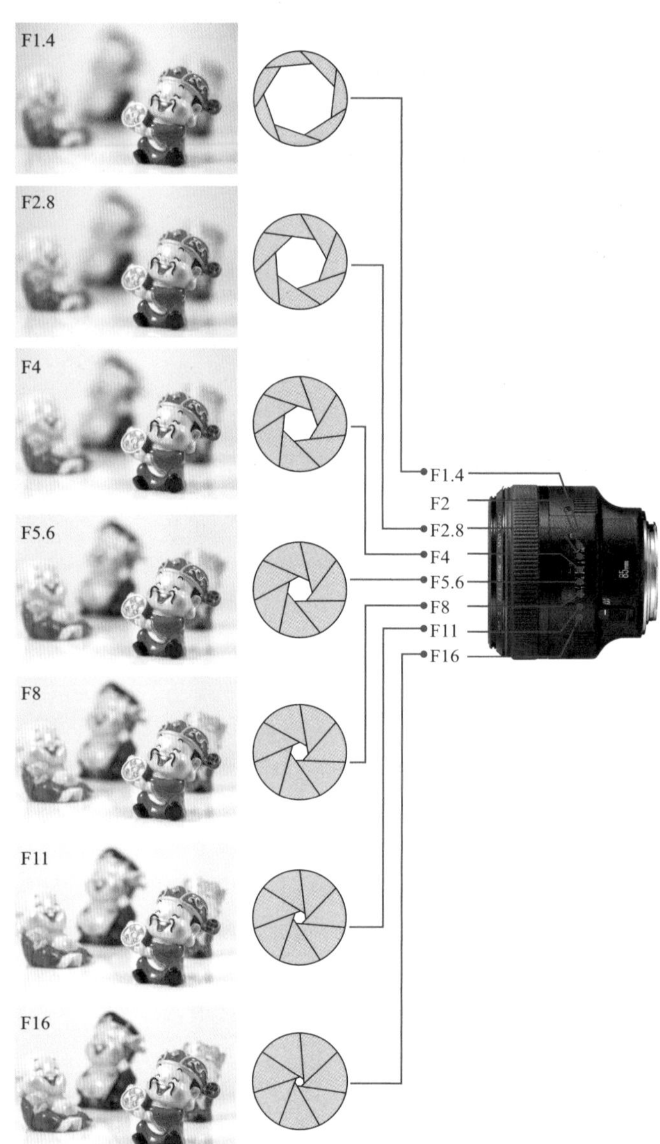

▲ 从示例图中可以看出，当光圈从 F1.4 逐渐缩小到 F16 时，画面的景深逐渐变大，画面背景处的玩偶就越清晰

焦距对景深的影响

在其他条件不变的情况下，拍摄时所使用的焦距越长，画面的景深越小，可以得到更强烈的虚化效果；反之，焦距越短，则画面的景深越大，越容易呈现前后都清晰的画面效果。

▲ 通过使用从广角到长焦的焦距拍摄的花卉照片对比可以看出，焦距越长，画面的景深越小，主体越清晰

高手点拨：焦距越短，视角越广，其透视变形也越严重，而且越靠近画面边缘，变形就越严重，因此在构图时要特别注意这一点。尤其在拍摄人像时，要尽可能地将肢体置于画面的中间位置，特别是人物的面部，以免发生变形而影响美观。另外，对于定焦镜头来说，只能通过前后移动来改变相对的“焦距”，即画面的取景范围，拍摄者越靠近被摄对象，就相当于使用了更长的焦距，此时同样可以得到更小的景深。

拍摄距离对景深的影响

在其他条件不变的情况下，拍摄者与被摄对象之间的距离越近，越容易得到小景深的虚化效果；反之，如果拍摄者与被摄对象之间的距离较远，则不容易得到虚化效果。

这一点在使用微距镜头拍摄时体现得更为明显，当镜头离被摄体很近时，画面中的清晰范围就变得非常小。因此，在人像摄影中，为了获得较小的景深，经常会采取靠近被摄者拍摄的方法。

下面为一组在所有拍摄参数都不变的情况下，只改变镜头与被摄对象之间的距离时拍摄得到的照片。

通过左侧展示的一组照片可以看出，当镜头距离前景位置的玩偶越远时，其背景的模糊效果也越差。

背景与被摄对象的距离对景深的影响

在其他条件不变的情况下，画面中的背景与被摄对象的距离越远，越容易得到小景深的虚化效果；反之，如果画面中的背景与被摄对象位于同一个焦平面上，或者非常靠近时，则不容易得到虚化效果。

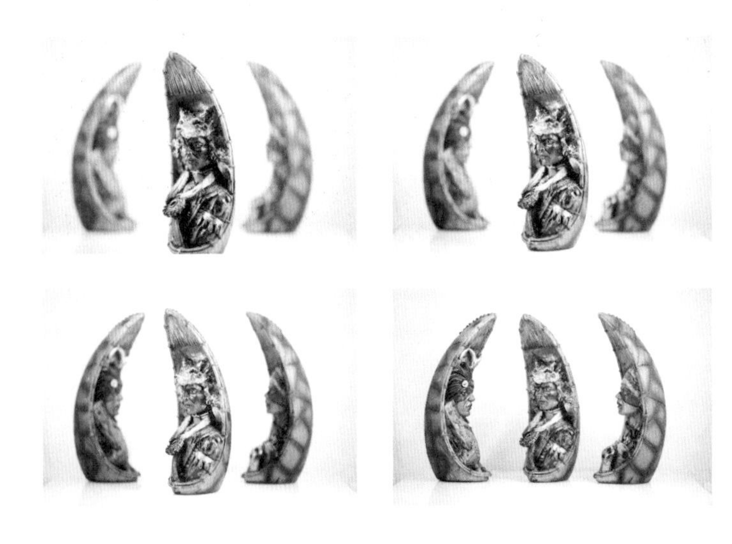

左图所示为在所有拍摄参数都不变的情况下，只改变被摄对象距离背景的远近而拍出的照片。

通过左侧展示的这组照片可以看出，在镜头位置不变的情况下，随着前面的木偶距离背景中的两个木偶越来越近，背景中木偶的虚化程度也越来越低。

设置快门速度控制曝光时间

快门与快门速度的含义

简单来说，快门的作用就是控制曝光时间的长短。在按动快门按钮时，从快门前帘开始移动到后帘结束所用的时间就是快门速度，这段时间实际上就是电子感光元件的曝光时间。所以快门速度决定曝光时间的长短，快门速度越快，曝光时间就越短，曝光量也就越少；快门速度越慢，则曝光时间就越长，曝光量也就越多。

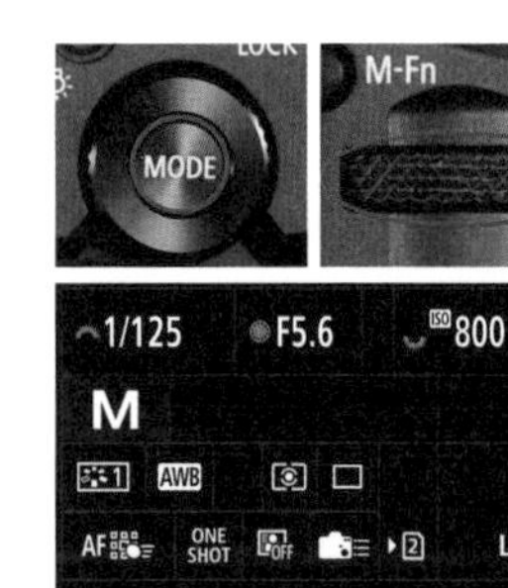

设定方法

按下MODE按钮，然后转动主拨盘选择M全手动或Tv快门优先拍摄模式。在使用M挡或Tv挡拍摄时，直接向左或向右转动主拨盘，即可调整快门速度数值

快门速度的表示方法

快门速度以秒为单位，佳能EOS R5 Mark Ⅱ作为全画幅数码微单相机，其机械快门/电子前帘快门速度范围为1/8000~30s，电子快门速度范围为1/32000~30s，可以满足几乎所有题材的拍摄要求。

常见的快门速度有30s、15s、8s、4s、2s、1s、1/2s、1/4s、1/8s、1/15s、1/30s、1/60s、1/125s、1/250s、1/500s、1/1000s、1/2000s、1/4000s等。

设置快门释放模式

佳能EOS R5 Mark Ⅱ提供了机械快门、电子前帘快门和电子快门3种快门模式，用户可以通过“快门模式”菜单来选择快门类型。

选择“机械”选项，可以激活机械快门，当使用大光圈进行拍摄时，建议使用此模式；选择“电子前帘”选项，拍摄时仅使用后帘快门，在高速连拍模式下，可以获得比机械快门更快的连拍速度；选择“电子ES”选项，可以在减弱快门音的情况下进行拍摄，且可以获得最高达到1/32000s的快门速度。

设定步骤

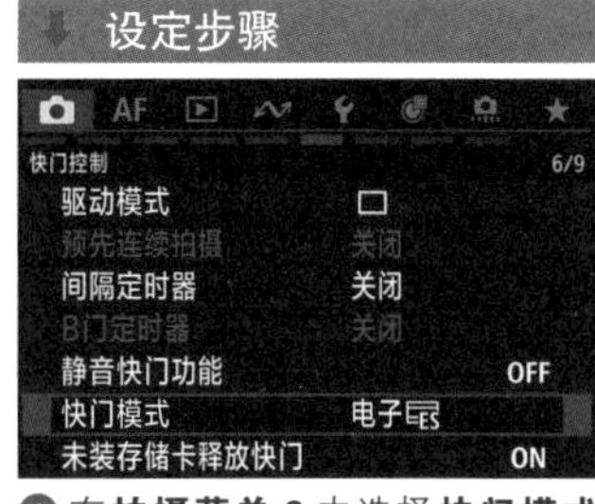

❶ 在**拍摄菜单6**中选择**快门模式**选项

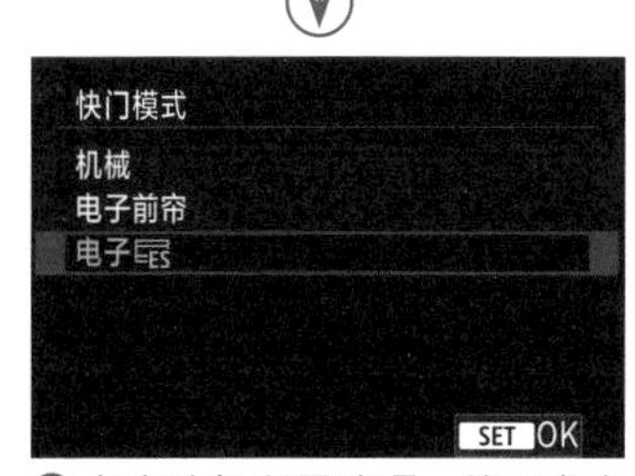

❷ 点击选择所需选项，然后点击SET OK图标确定

快门速度对曝光的影响

如前面所述，快门速度的快慢决定了曝光量的多少。在其他条件不变的情况下，快门速度每变化一倍，曝光量也会变化一倍。例如，当快门速度由 1/125s 变为 1/60s 时，由于快门速度慢了一半，曝光时间增加了一倍，因此总的曝光量也随之增加了一倍。从下面展示的一组照片中可以发现，在光圈与 ISO 感光度数值不变的情况下，快门速度越慢，曝光时间越长，画面感光就越充分，所以画面也越亮。

下面是一组在焦距为 100mm、光圈为 F5、感光度为 ISO100 的特定参数下，只改变快门速度所拍摄的照片。

▲ 快门速度：1/125s

▲ 快门速度：1/100s

▲ 快门速度：1/80s

▲ 快门速度：1/60s

▲ 快门速度：1/40s

▲ 快门速度：1/30s

▲ 快门速度：1/25s

▲ 快门速度：1/20s

通过这一组照片可以看出，在其他曝光参数不变的情况下，随着快门速度逐渐变慢，进入镜头的光线不断增多，因此所拍摄出来的画面也逐渐变亮。

影响快门速度的三大要素

影响快门速度的要素包括光圈、感光度及曝光补偿，它们对快门速度的具体影响如下。

- 感光度：感光度每增加一倍（如从 ISO100 增加到 ISO200），感光元件对光线的敏锐度会随之增加一倍，同时，快门速度也会随之提高一倍。
- 光圈：光圈每提高一挡（如从 F4 增加到 F2.8），快门速度则会提高一倍。
- 曝光补偿：曝光补偿数值每增加 1 挡，由于需要更长时间的曝光来提亮照片，因此快门速度将降低一半；反之，曝光补偿数值每降低 1 挡，由于照片不需要更多的曝光，因此快门速度可以提高一倍。

快门速度对画面效果的影响

快门速度不仅影响相机进光量，还会影响画面的动感效果。当表现静止的景物时，快门的快慢对画面不会有什么影响，除非摄影师在拍摄时有意摆动镜头；但当表现动态的景物时，不同的快门速度能够营造出不一样的画面效果。

右侧照片是在焦距和感光度都不变的情况下，将快门速度依次调慢所拍摄的。

对比这一组照片，可以看到当快门速度较快时，水流被定格成相对清晰的影像；但当快门速度逐渐降低时，流动的水流在画面中会渐渐产生模糊的效果。

由此可见，如果希望在画面中拍摄运动着的拍摄对象的精彩瞬间，应该使用高速快门。拍摄对象的运动速度越快，采用的快门速度也要越快，以便在画面中凝固运动对象，形成一种时间突然停滞的静止效果。

如果希望在画面中表现运动着的拍摄对象的动态模糊效果，可以使用低速快门，以使其在画面中形成动态模糊效果，能够较好地表现出生动的效果。按此方法拍摄流水、夜间的车流轨迹、风中摇摆的植物、流动的人群等，均能获得画面效果流畅、生动的照片。

▲ 光圈：F2.8 快门速度：1/80s 感光度：ISO50

▲ 光圈：F9 快门速度：1/8s 感光度：ISO50

▲ 光圈：F14 快门速度：1/3s 感光度：ISO50

▲ 光圈：F20 快门速度：0.8s 感光度：ISO50

▲ 光圈：F22 快门速度：1s 感光度：ISO50

▲ 光圈：F25 快门速度：1.3s 感光度：ISO50

▲ 采用高速快门定格住跳跃在空中的女孩『焦距：70mm ┆ 光圈：F4 ┆ 快门速度：1/500s ┆ 感光度：ISO200』

▲ 采用低速快门记录夜间的车流轨迹『焦距：24mm ┆ 光圈：F16 ┆ 快门速度：20s ┆ 感光度：ISO100』

依据对象的运动情况设置快门速度

在设置快门速度时，应综合考虑被拍摄对象的运动速度、运动方向，以及摄影师与被摄对象之间的距离这 3 个基本要素。

被拍摄对象的运动速度

不同照片的表现形式，拍摄时所需要的快门速度也不尽相同。例如，抓拍物体运动的瞬间，需要使用较高的快门速度；而如果是跟踪拍摄，对快门速度的要求就比较低了。

▲ 坐着的狗处于静止状态，因此无须太高的快门速度『焦距：85mm ┆ 光圈：F2.8 ┆ 快门速度：1/200s ┆ 感光度：ISO100』

▲ 奔跑中的狗的运动速度很快，因此需要较高的快门速度才能将其清晰地定格在画面中『焦距：200mm ┆ 光圈：F6.3 ┆ 快门速度：1/1000s ┆ 感光度：ISO320』

被拍摄对象的运动方向

如果从运动对象的正面拍摄（通常是角度较小的斜侧面），能够表现出对象从小变大的运动过程，此时需要的快门速度通常要低于从侧面拍摄；只有从侧面拍摄才会感受到被拍摄对象真正的速度，拍摄时需要的快门速度也就更高。

▶ 从正面或斜侧面角度拍摄运动对象时，速度感不强『焦距：70mm ┆ 光圈：F3.2 ┆ 快门速度：1/1000s ┆ 感光度：ISO400』

▲ 从侧面拍摄运动对象时，速度感很强『焦距：40mm ┆ 光圈：F2.8 ┆ 快门速度：1/1250s ┆ 感光度：ISO400』

摄影师与被拍摄对象之间的距离

无论是身体靠近运动对象，还是使用镜头的长焦端，只要画面中的运动对象越大、越具体，拍摄对象的运动速度就相对越高，拍摄时需要不停地移动相机。略有不同的是，如果是身体靠近运动对象，则需要较大幅度地移动相机；而使用镜头的长焦端，只需小幅度地移动相机，就能够保证被摄对象一直处于画面中。

从另一个角度来说，如果将视角变得更广阔一些，就不用为了将运动对象融入画面中而费力地紧跟着被摄对象，比如使用镜头的广角端拍摄，就更容易抓拍到被摄对象运动的瞬间。

▲ 使用广角镜头抓拍到的现场整体气氛『焦距：28mm ┆ 光圈：F9 ┆ 快门速度：1/200s ┆ 感光度：ISO200』

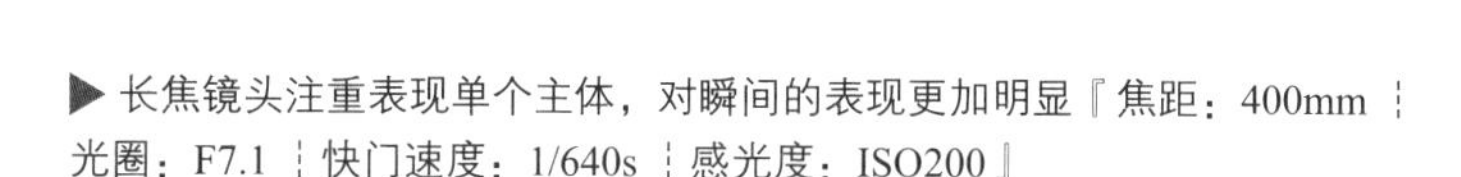

▶ 长焦镜头注重表现单个主体，对瞬间的表现更加明显『焦距：400mm ┆ 光圈：F7.1 ┆ 快门速度：1/640s ┆ 感光度：ISO200』

常见快门速度的适用拍摄对象

以下是一些常见快门速度适用拍摄对象，虽然在拍摄时并非一定要用快门优先拍摄模式，但首先对一般情况有所了解，才能找到最适合表现不同拍摄对象的快门速度。

快门速度（秒）	适用范围
B门	适合拍摄夜景、闪电、车流等。其优点是摄影师可以自行控制曝光时间，缺点是当不知道当前场景需要多长时间才能正常曝光时，容易出现曝光过度或不足的情况，此时需要摄影师多做尝试，直至达到满意的效果
1~30	在拍摄夕阳、天空仅有少量微光的日落后及日出前后时，都可以使用光圈优先拍摄模式或手动拍摄模式进行拍摄，很多优秀的夕阳作品都诞生于这个曝光区间。使用1s~5s的快门速度，也能够将瀑布或溪流拍摄出如同丝绸一般的梦幻效果
1 和 1/2	适合在昏暗的光线下，使用较小的光圈获得足够的景深，通常用于拍摄稳定的对象，如建筑、城市夜景等
1/15 ~ 1/4	1/4s的快门速度可以作为拍摄夜景人像时的最低快门速度。该快门速度区间也适合拍摄一些光线较强的夜景，如明亮的步行街和光线较好的室内等
1/30	在使用标准镜头或广角镜头拍摄风光、建筑室内时，该快门速度可以视为拍摄时最低的快门速度
1/60	对于标准镜头而言，该快门速度可以保证在各种场合进行拍摄
1/125	这一挡快门速度非常适合在户外阳光明媚时使用，同时也能够拍摄运动幅度较小的物体，如行走中的人
1/250	适合拍摄中等运动速度的拍摄对象，如游泳运动员、跑步中的人或棒球活动等
1/500	该快门速度已经可以抓拍一些运动速度较快的对象，如行驶的汽车、快速跑动中的运动员、奔跑的马等
1/1000~1/4000	该快门速度区间已经可以用于拍摄一些极速运动的对象，如赛车、飞机、足球运动员、飞鸟及瀑布飞溅出的水花等

安全快门速度

简单来说，安全快门是指人在手持拍摄时能保证画面清晰的最低快门速度。这个快门速度与镜头的焦距有很大关系，即手持相机拍摄时，快门速度应不低于焦距的倒数。

比如相机焦距为 70mm，拍摄时的快门速度不应低于 1/80s。这是因为人在手持相机拍摄时，即使被拍摄对象待在原处纹丝未动，也会因为拍摄者本身的抖动而导致画面模糊。

▼ 虽然是拍摄静态的玩偶，但由于光线较弱，导致快门速度低于安全快门速度，所以拍摄出来的玩偶是比较模糊的『焦距：100mm ┆ 光圈：F2.8 ┆ 快门速度：1/50s ┆ 感光度：ISO200』

▲ 拍摄时提高了感光度数值，因此能够使用更高的快门速度，从而确保拍出来的照片很清晰『焦距：100mm ┆ 光圈：F2.8 ┆ 快门速度：1/160s ┆ 感光度：ISO800』

高手点拨：要拍摄更清晰的影像，可以考虑使用后面将要讲到的“影像稳定器模式”功能。

防抖技术对快门速度的影响

佳能的防抖系统全称为 IMAGE STABILIZER，简写为 IS，可保证在使用低于安全快门 4 倍的快门速度拍摄时也能获得清晰的影像。在使用时要注意以下几点。

- 防抖系统成功校正抖动是有一定概率的，这还与个人的手持能力有很大关系。通常情况下，使用低于安全快门 2 倍以内的快门速度拍摄时，成功校正的概率会比较高。
- 当快门速度高于安全快门 1 倍以上时，建议关闭防抖系统，否则防抖系统的校正功能可能会影响原本清晰的画面，导致画质下降。
- 在使用三脚架保持相机稳定时，建议关闭防抖系统。因为在使用三脚架时，不存在手抖的问题，而开启了防抖功能后，其微小的振动反而会造成图像质量下降。值得一提的是，很多防抖镜头同时还带有三脚架检测功能，即它可以检测到三脚架细微振动造成的抖动并进行补偿，因此，在使用这种镜头拍摄时，不应关闭防抖功能。

▲ 有防抖标志的佳能镜头

Q：IS 功能是否能够代替较高的快门速度？

A：虽然在弱光条件下拍摄时，具有 IS 功能的镜头允许摄影师使用更低的快门速度，但实际上 IS 功能并不能代替较高的快门速度。要想得到出色的高清晰度照片，仍然需要用较高的快门速度来捕捉瞬间的动作。不管 IS 功能有多么强大，只有使用高速快门才能清晰地捕捉到快速移动的被摄对象，这一原则是不会改变的。

防抖技术的应用

虽然防抖技术会对照片的画质产生一定的负面影响，但是在拍摄光线较弱时，为了得到清晰的画面，它又是必不可少的。例如，在拍摄动物时常常会使用 400mm 的长焦镜头，此时如果手持相机进行拍摄，快门速度必须保持在 1/400s 的安全快门速度以上，这时使用防抖功能几乎就成了唯一的选择。

影像稳定器模式

当在佳能 EOS R5 Mark Ⅱ 相机上安装不具有 IS 功能的镜头时，可以启用相机的 IS 模式，这样即使镜头不具备防抖功能，也能实现稳定效果。

设定步骤

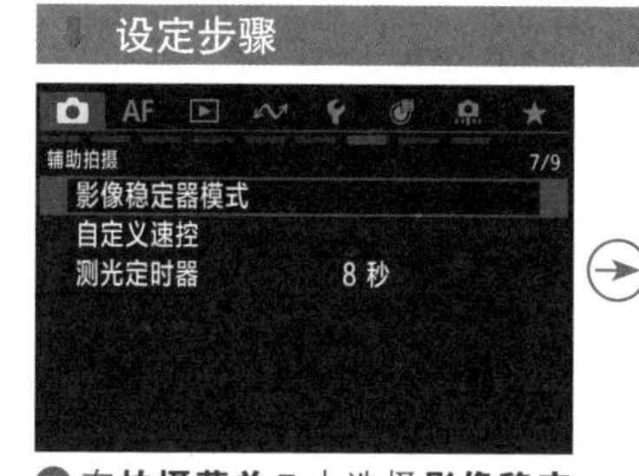

❶ 在**拍摄菜单 7** 中选择**影像稳定器模式**选项

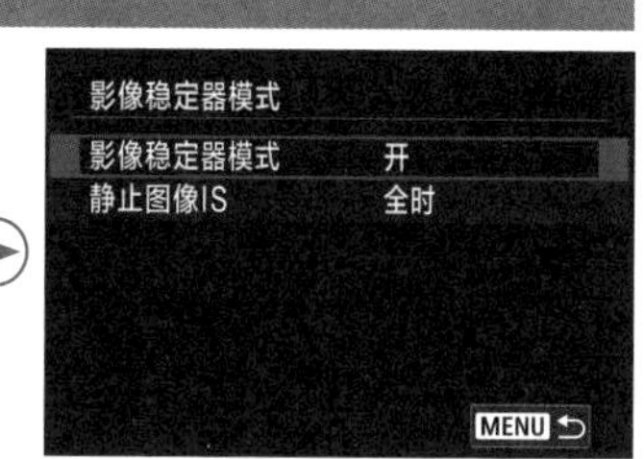

❷ 点击选择**影像稳定器模式**选项

❸ 点击选择**开**选项

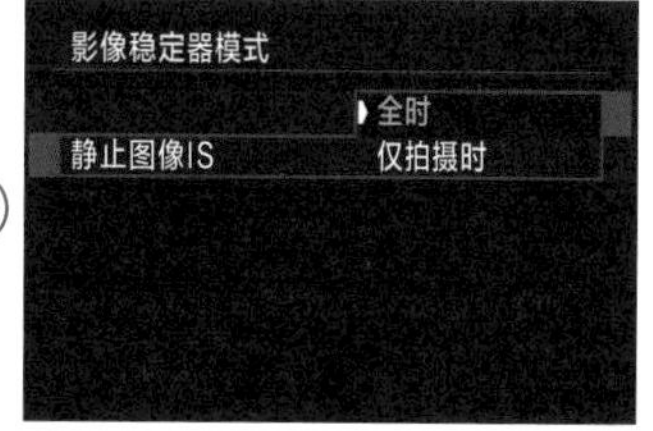

❹ 如果在步骤❷中点击选择**静止图像 IS**，然后点击选择**全时**或**仅拍摄时**选项

长时间曝光降噪功能

曝光的时间越长，产生的噪点就越多，此时，可以启用长时间曝光降噪功能消减画面中的噪点。

- 关闭：选择此选项，在任何情况下都不执行长时间曝光降噪功能。
- 自动：选择此选项，当曝光时间超过 1 秒，且相机检测到噪点时，将自动执行降噪处理。此设置在大多数情况下有效。
- 启用：选择此选项，在曝光时间超过 1 秒时即进行降噪处理，此功能适用于选择“自动”选项时无法自动执行降噪处理的情况。

设定步骤

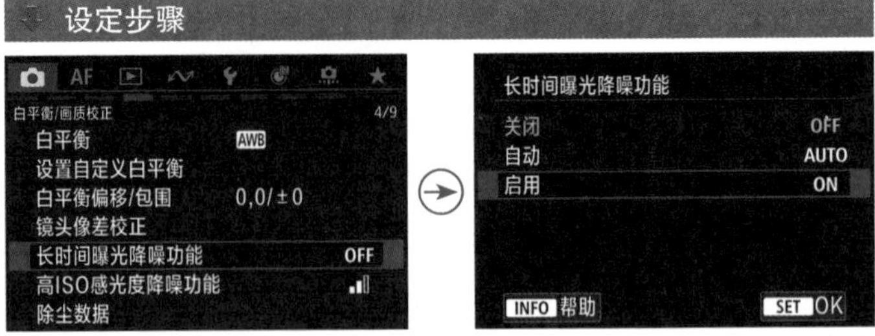

❶ 在**拍摄菜单 4** 中选择**长时间曝光降噪功能**选项

❷ 选择不同的选项，然后点击 SET OK 图标确定

高手点拨： 降噪处理需要时间，而这个时间可能与拍摄时间相同。在将“长时间曝光降噪功能”设置为“启用”或“自动”时，那么在降噪处理过程中将显示“BUSY”，直到降噪完成，在这期间将无法继续拍摄照片。因此，通常情况下建议将它关闭，在需要进行长时间曝光拍摄时再开启。

▲上面左图是未设置长时间曝光降噪功能时的局部画面，右图是启用了该功能后的局部画面，可以发现画面中的杂色及噪点都明显减少，但同时也损失了一定的细节

设置曝光等级增量控制调整幅度

在“曝光等级增量”菜单中可以设置光圈、快门速度、曝光补偿、包围曝光、闪光曝光补偿及闪光包围曝光等数值的变化幅度，可以选择“1/3 级”或“1/2 级”。选定之后相机将以选定的幅度增加或减少曝光量。

- 1/3 级：选择此选项，每调整一次，则曝光量以 +1/3EV 或 -1/3EV 的幅度发生变化。
- 1/2 级：选择此选项，每调整一次，则曝光量以 +1/2EV 或 -1/2EV 的幅度发生变化。

设定步骤

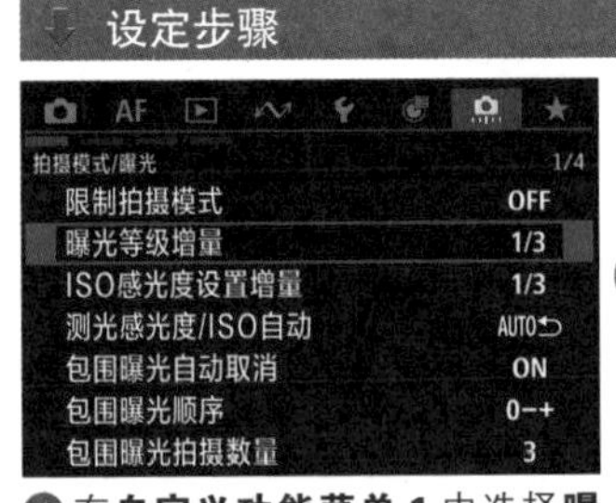

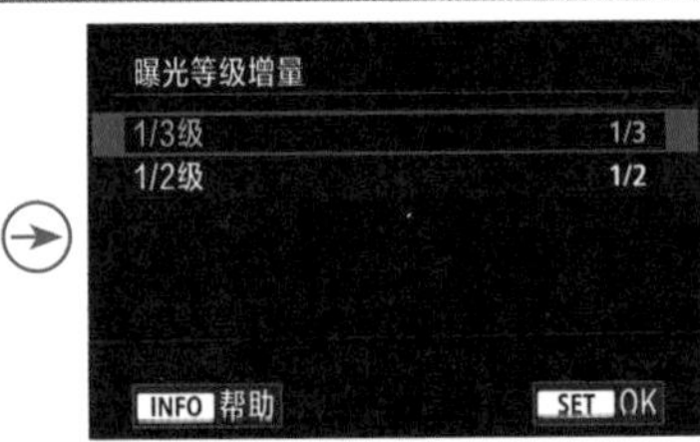

❶ 在**自定义功能菜单 1** 中选择**曝光等级增量**选项

❷ 点击选择 **1/3 级或 1/2 级**选项，然后点击 SET OK 图标确定

F1.4 F2.0 F2.8 F4.0 F5.6
F1.6 F1.8 F2.2 F2.5 F3.2 F3.5 F4.5 F5.0

▲ 选择“1/3 级”选项时，光圈值的变化示意图

F1.4 F2.0 F2.8 F4.0 F5.6
F1.7 F2.4 F3.4 F4.8

▲ 选择“1/2 级”选项时，光圈值的变化示意图

设置 ISO 控制照片品质

理解感光度

数码相机的感光度概念是从传统胶片感光度引入的，用于表示感光元件对光线的感光敏锐程度，即在相同条件下，感光度越高，获得光线的数量就越多。需要注意的是，感光度越高，产生的噪点就越多；而低感光度画面则清晰、细腻，细节表现较好。

佳能 EOS R5 Mark Ⅱ作为全画幅微单相机，在感光度的控制方面非常优秀。其常用感光度范围为 ISO100~ISO25600，并可以向下扩展至 L（相当于 ISO50），向上扩展至 H（相当于 ISO102400）。在光线充足的情况下，一般使用 ISO100 拍摄即可。

对于佳能 EOS R5 Mark Ⅱ相机来说，使用 RAW 格式拍摄，当感光度在 ISO6400 以下时，均能获得出色的画质；当感光度在 ISO6400 ~ ISO12800 时，佳能 EOS R5 Mark Ⅱ的画质比低感光度时略有降低，但仍可以用良好来形容；当感光度增至 ISO12800 以上时，虽然画面的细节还比较好，但已经有明显的噪点了，尤其在弱光环境下更为明显；当感光度增至 ISO25600 时，画面中的噪点和色散已经变得非常严重。

设定方法

在拍摄状态下，屏幕上显示图像时，直接转动速控转盘 2 选择所需 ISO 感光度值

感光度的设置原则

感光度除了对曝光产生影响外，对画质也有极大的影响，即感光度越低，画质越好；反之，感光度越高，就越容易产生噪点、杂色，画质就越差。

在条件允许的情况下，建议采用佳能 EOS R5 Mark Ⅱ相机基础感光度中的最低值，即 ISO100，这样可以最大限度地保证得到较高的画质。

需要特别指出的是，在光线充足与不足的情况下分别拍摄时，即使设置相同的 ISO 感光度，在光线不足时拍出的照片中也会产生更多噪点，如果此时再使用较长的曝光时间，那么就更容易产生噪点。因此，在弱光环境中拍摄时，更需要设置低感光度，并配合高 ISO 感光度降噪和长时间曝光降噪功能来获得较高的画质。

当然，低感光度的设置，尤其是在光线不足的情况下，可能会导致快门速度过低，在手持拍摄时很容易由于手的抖动而导致画面模糊。此时，应该果断提高感光度，即优先保证能够成功地完成拍摄，然后再考虑高感光度给画质带来的损失。因为画质损失可通过后期处理来弥补，而画面模糊则意味着拍摄失败，是无法补救的。

ISO 数值与画质的关系

对于佳能 EOS R5 Mark Ⅱ相机而言，使用ISO6400以下的感光度拍摄时，均能获得优秀的画质；使用ISO6400～ISO12800的感光度拍摄时，虽然画质要比低感光度时略有降低，但是仍然很优秀。

如果从实用角度来看，使用ISO6400和ISO12800拍摄的照片细节完整、色彩生动，如果不是放大到100%进行查看，与使用较低感光度拍摄的照片并无明显区别。但是对于一些对画质要求较为苛刻的用户来说，ISO6400是佳能 EOS R5 Mark Ⅱ能保证较好画质的最高感光度。使用高于ISO6400的感光度拍摄时，虽然整个照片依旧没有过多杂色，但是照片细节上的缺失通过大屏幕显示器观看时就能感觉到，因此除非处于极端环境中，否则不推荐使用。

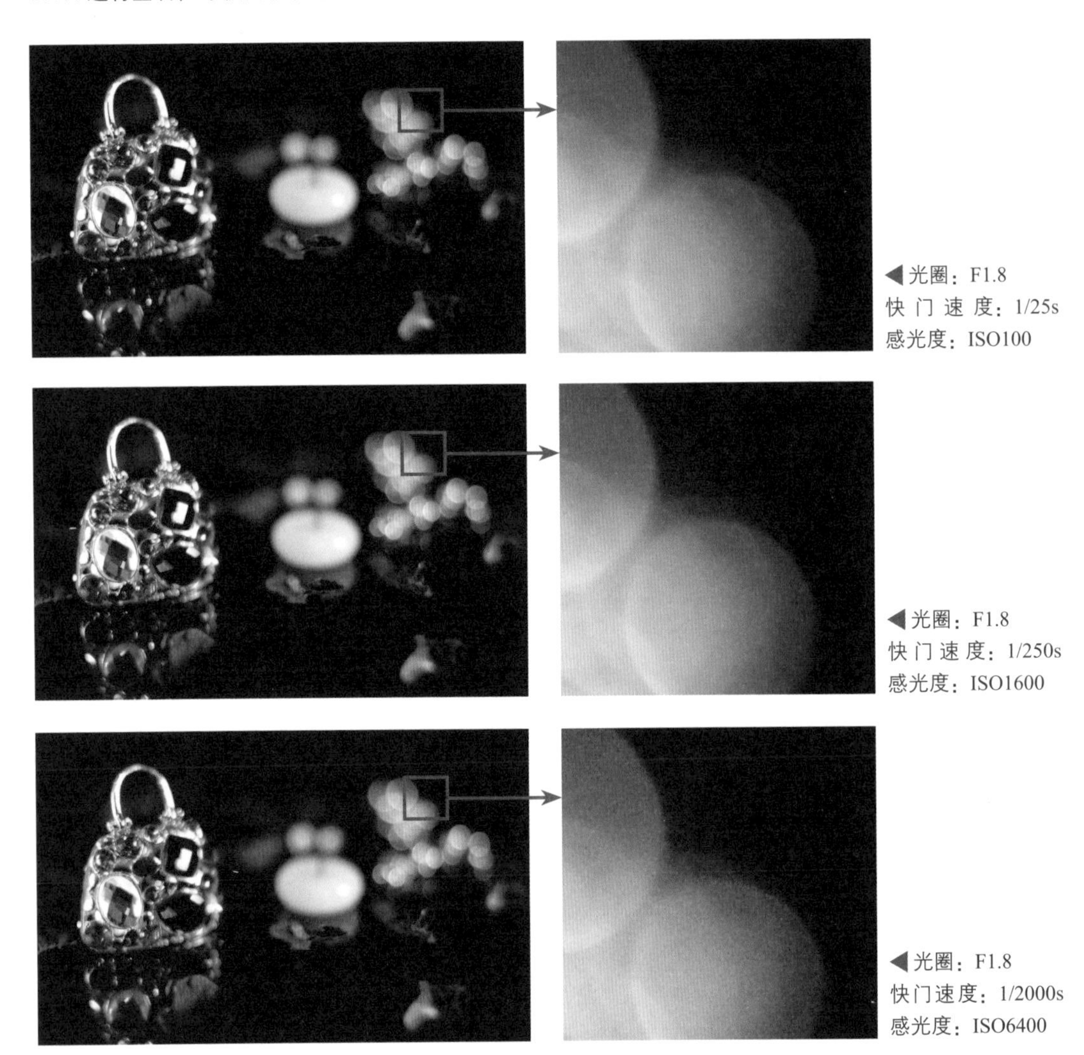

◀光圈：F1.8
快门速度：1/25s
感光度：ISO100

◀光圈：F1.8
快门速度：1/250s
感光度：ISO1600

◀光圈：F1.8
快门速度：1/2000s
感光度：ISO6400

从这一组照片中可以看出，在光圈优先拍摄模式下，当ISO感光度数值发生变化时，快门速度也发生了变化，因此照片的整体曝光量并没有改变。但仔细观察细节可以看出，照片的画质随着ISO数值的增大而逐渐变差。

感光度对曝光效果的影响

作为控制曝光的三大要素之一，在其他条件不变的情况下，感光度每增加一挡，感光元件对光线的敏锐度会随之提高一倍，即增加一倍的曝光量；反之，感光度每减少一挡，则会减少一半的曝光量。

更直观地说，感光度的变化直接影响光圈或快门速度的设置，以 F5.6、1/200s、ISO400 的曝光组合为例，在保证被摄体正确曝光的前提下，如果要改变快门速度并使光圈数值保持不变，可以通过提高或降低感光度来实现。快门速度提高一倍（变为 1/400s），则可以将感光度提高一倍（变为 ISO800）；如果要改变光圈值而保证快门速度不变，同样可以通过调整感光度数值来实现，例如要增加两挡光圈（变为 F2.8），则可以将 ISO 感光度数值降低两挡（变为 ISO100）。

下面是一组在焦距为 50mm、光圈为 F7.1、快门速度为 1/30s 的特定参数下，只改变感光度数值拍摄的照片。

从这一组照片中可以看出，当其他曝光参数不变时，ISO 感光度的数值越大，由于感光元件对光线变得更加敏感，因此所拍摄出来的照片也就越明亮。

ISO 感光度设置

佳能 EOS R5 Mark Ⅱ相机将 ISO 感光度的主要功能集成在了“ISO 感光度设置”菜单中，可以在其中选择 ISO 感光度的具体数值、设置静止图像的可用 ISO 感光度范围、设置自动 ISO 感光度的范围，以及使用自动 ISO 感光度时的最低快门速度等参数。

设定步骤

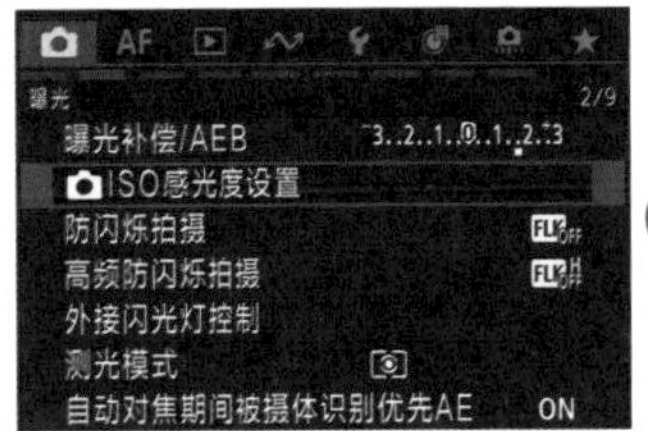

❶ 在**拍摄菜单 2** 中选择 **ISO 感光度设置**选项

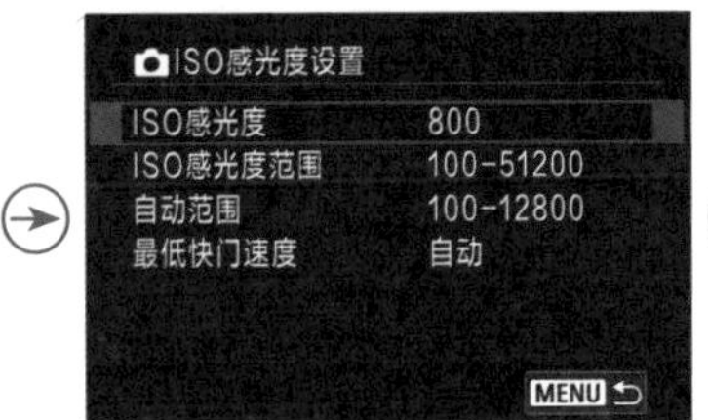

❷ 点击选择 **ISO 感光度**选项

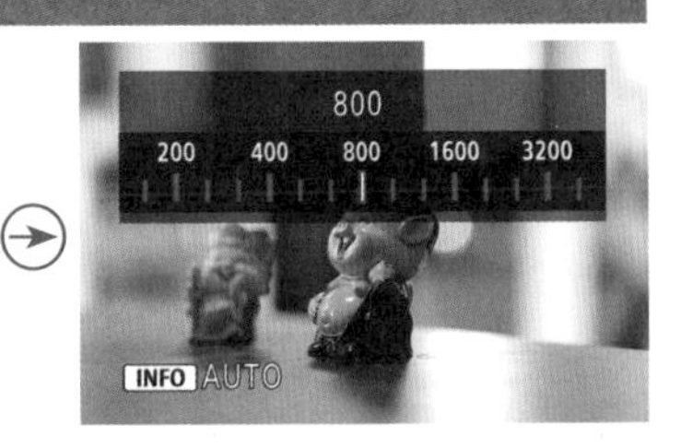

❸ 滑动列表点击选择不同的 ISO 感光度数值

在拍摄静止图像时，画质的好坏对于画面十分重要。鉴于每个摄影师能够接受的画质优劣程度不一致，因此佳能 EOS R5 Mark Ⅱ提供了“ISO 感光度范围”选项。

在“ISO 感光度范围”选项中，摄影师可以对常用感光度的范围进行设置。比如最大限度能够接受 ISO3200 拍摄的效果，那么就可以将最大感光度设置为 ISO3200。

当 ISO 感光度选择“AUTO”选项时，可以利用“自动范围”选项，设定自动感光度的下限和上限。

当使用自动感光度时，可以指定一个快门速度的最低数值，当快门速度低于此数值时，由相机自动提高感光度数值；反之，则使用“自动范围”中设置的最小感光度数值进行拍摄。

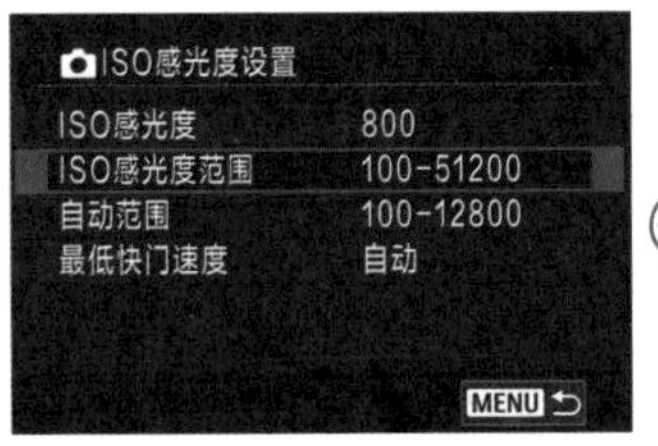

❹ 如果在步骤❷中选择 **ISO 感光度范围**选项

❺ 选择**最小**或**最大**选项，然后点击▲或▼图标选择 ISO 感光度的数值，完成后点击选择**确定**选项

❻ 如果在步骤❷中选择**自动范围**选项

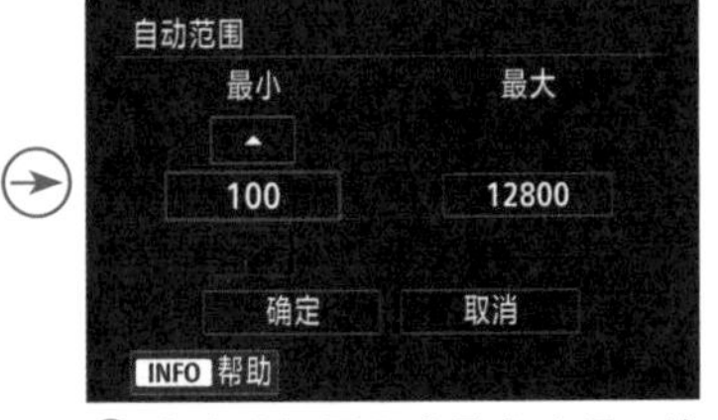

❼ 点击选择**最小**或**最大**选项，然后点击▲或▼图标选择 ISO 感光度的数值，完成后点击选择**确定**选项

❽ 如果在步骤❷中选择**最低快门速度**选项

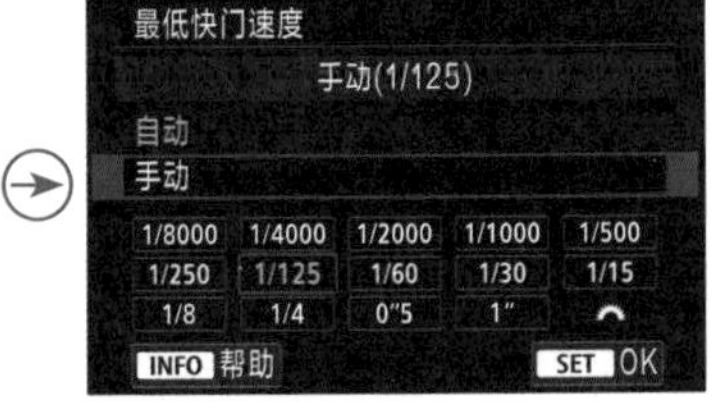

❾ 选择**自动**选项时可以选择自动最低快门速度的快与慢，选择**手动**选项时可以选择一个快门速度值。完成后点击 SET OK 图标保存

高 ISO 感光度降噪功能

利用高 ISO 感光度降噪功能能够有效地降低图像的噪点，在使用高 ISO 感光度拍摄时的效果尤其明显，而且即使使用较低的 ISO 感光度，也会使图像阴影区域的噪点有所减少。

在“高 ISO 感光度降噪功能”菜单中共有 4 个选项，可以根据噪点的多少来改变其设置。另外，当将“高 ISO 感光度降噪功能”设置为“强”时，将会使相机的连拍数量减少。

- 关闭：选择此选项，则不执行高 ISO 感光度降噪功能，适合用 RAW 格式保存照片的情况。
- 弱：选择此选项，则降噪幅度较弱，适合直接用 JPEG 格式拍摄且对照片不作调整的情况。
- 标准：选择此选项，则执行标准降噪幅度，照片的画质会略受影响，适合用 JPEG 格式保存照片的情况。
- 强：选择此选项，则降噪幅度较大，适合弱光拍摄的情况。

设定步骤

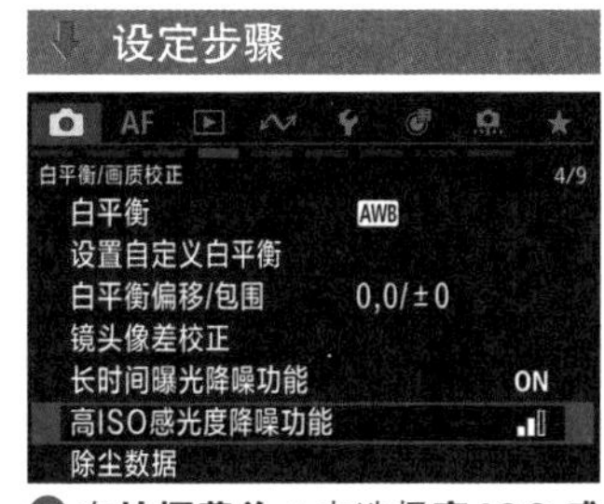

❶ 在**拍摄菜单 4** 中选择**高 ISO 感光度降噪功能**选项

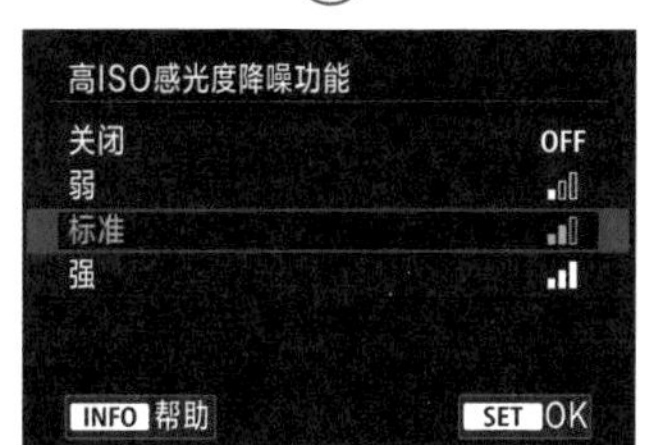

❷ 点击选择不同的选项，然后点击 SET OK 图标确定

▲ 上小图是未启用“高 ISO 感光度降噪”功能时拍摄的画面，下小图为启用此功能后拍摄的画面，对比两张图可以看出，降噪后的照片噪点明显减少，但同时也损失了一些细节

曝光四因素之间的关系

影响曝光的因素有四个：①照明的亮度（Light Value），简称 LV，大部分照片是以阳光为光源进行拍摄的，但无法控制阳光的亮度；②感光度，即 ISO 值，该值越高，相机所需的曝光量越少；③光圈，更大的光圈能让更多的光线通过；④曝光时间，也就是所谓的快门速度。下图为四个因素之间的联系。

影响曝光的这四个因素是一个互相牵引的四角关系，改变任何一个因素，均会对另外三个造成影响。例如，最直接的对应关系是“亮度—感光度”，当在较暗的环境中（亮度较低）拍摄时，就要使用较高的感光度值，以增加相机感光元件对光线的敏感度，来得到曝光正常的画面。

另一个直接的影响是“光圈—快门”，当用大光圈拍摄时，进入相机镜头的光量变多，因而快门速度便要提高，以避免照片过曝；反之，当缩小光圈时，进入相机镜头的光量变少，快门速度就要相应地变低，以避免照片欠曝。

下面进一步解释这四者之间的关系。

当光线较为明亮时，相机感光充分，因而可以使用较低的感光度、较高的快门速度或小光圈拍摄。

当使用高感光度拍摄时，相机对光线的敏感度增加，因此也可以使用较高的快门速度、较小光圈拍摄。

当降低快门速度做长时间曝光时，则可以通过缩小光圈、使用较低的感光度，或者加中灰镜来得到正确的曝光。

当然，在现场光环境中拍摄时，画面的亮度很难做出改变，虽然可以用中灰镜降低亮度，或提高感光度来增加亮度，但是仍然会带来一定的画质影响。因此，摄影师通常会先考虑调整光圈和快门速度，当调整光圈和快门速度都无法达到满意的效果时，才会调整感光度数值，最后考虑安装中灰镜或增加灯光为画面补光。

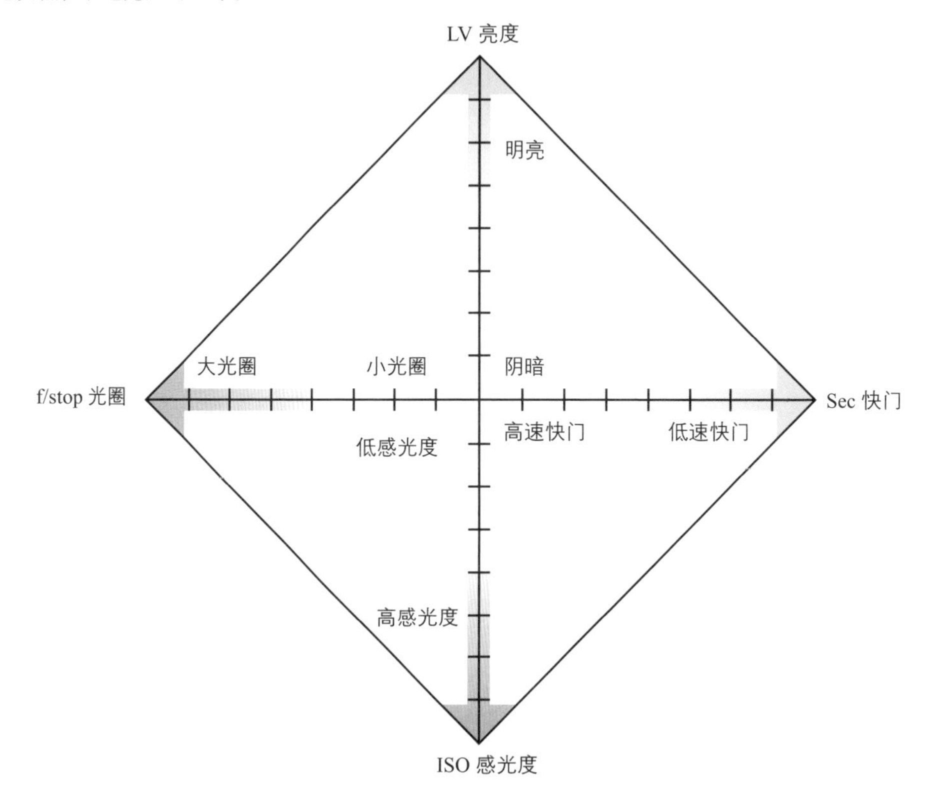

设置白平衡控制画面色彩

理解白平衡存在的重要性

无论是在室外的阳光下，还是在室内的白炽灯光下，人眼都将白色视为白色，将红色视为红色。之所以产生这种感觉是因为人的肉眼能够修正光源变化造成的着色差异。实际上，当光源改变时，作为这些光源的反射而被捕获的颜色也会发生变化，相机会精确地将这些变化记录在照片中，这样的照片在纠正之前看上去是偏色的。

相机具有的白平衡功能，可以纠正不同光源下色彩的变化，就像人眼的功能一样，使偏色的照片得到纠正。

值得一提的是，在实际应用时，也可以尝试使用“错误”的白平衡设置，从而获得特殊的画面色彩。例如，在拍摄夕阳时，如果使用白色荧光灯或阴影白平衡，则可以得到冷暖对比或带有强烈暖调色彩的画面，这也是白平衡的一种特殊应用方式。

佳能 EOS R5 Mark Ⅱ 相机共提供了三类白平衡设置，即预设白平衡、手调色温及自定义白平衡，下面分别讲解它们的作用。

预设白平衡

除了自动白平衡外，佳能 EOS R5 Mark Ⅱ相机还提供了日光、阴影、阴天、钨丝灯、白色荧光灯及闪光灯等 6 种预设白平衡，它们分别针对一些常见的典型环境，选择这些预设的白平衡可以快速获得需要的设置。

以下是使用不同预设白平衡拍摄同一场景时得到的结果。

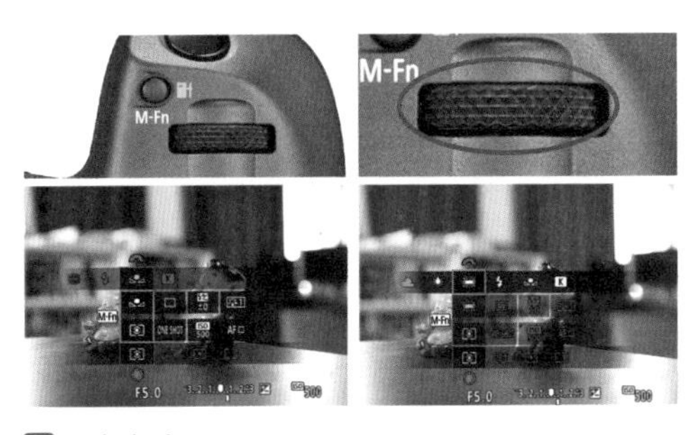

设定方法

按 M-Fn 按钮选中白平衡模式图标，然后转动主拨盘选择所需白平衡模式选项

▲ 日光白平衡

▲ 阴影白平衡

▲ 阴天白平衡

▲ 钨丝灯白平衡

▲ 白色荧光灯白平衡

▲ 闪光灯白平衡

灵活运用两种自动白平衡

佳能 EOS R5 Mark Ⅱ相机提供了两种自动白平衡模式，其中“自动：氛围优先”自动白平衡模式能够较好地表现出钨丝灯下拍摄的效果，即在照片中保留灯光下的红色色调，从而拍出具有温暖氛围的照片；而“自动：白色优先”自动白平衡模式可以抑制灯光中的红色色调，从而准确地再现白色。

高手点拨：“自动：氛围优先”与“自动：白色优先”自动白平衡模式的不同只有在色温较低的场景中才能表现出来，在其他条件下，使用两种自动白平衡模式拍摄出来的照片效果是一样的。

▲ 选择“自动：白色优先”自动白平衡模式可以抑制灯光中的红色，拍摄出来的照片中模特的皮肤会显得更白皙、好看一些『焦距：85mm ┆ 光圈：F3.2 ┆ 快门速度：1/40s ┆ 感光度：ISO400』

◀ 使用“自动：氛围优先”自动白平衡模式拍摄出来的照片暖色调更明显一些『焦距：85mm ┆ 光圈：F2.8 ┆ 快门速度：1/50s ┆ 感光度：ISO400』

设定步骤

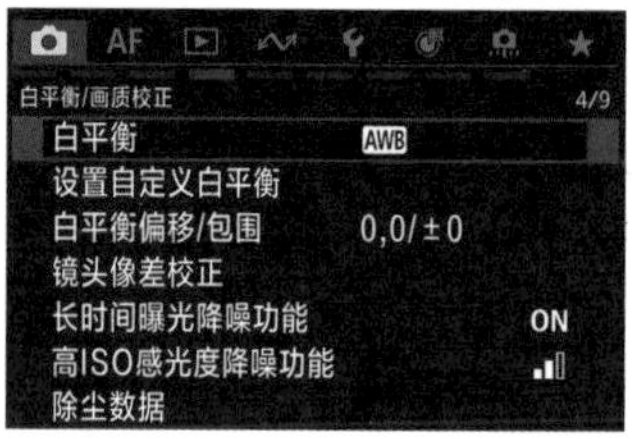

❶ 在**拍摄菜单 4** 中点击选择**白平衡**选项

❷ 点击选择自动白平衡选项，然后按下 INFO 按钮

❸ 点击选择**自动：氛围优先**或**自动：白色优先**选项

什么是色温

在摄影领域，色温通常用于说明光源的成分，单位为“K”。例如，日出日落时光的颜色为橙红色，这时色温较低，大约为3200K；太阳升高后，光的颜色为白色，这时色温较高，大约为5400K；阴天的色温还要高一些，大约为6000K。色温值越大，光源中所含的蓝色光越多；反之，当色温值越小，则光源中所含的红色光就越多。下图为常见场景的色温值。

低色温的光趋于红、黄色调，其能量分布中红色调较多，因此又通常被称为“暖光”；高色温的光趋于蓝色调，其能量分布较集中，也被称为“冷光”。通常在日落时，光线的色温较低，因此拍摄出来的画面偏暖，适合表现夕阳静谧、温馨的感觉，为了增强这样的画面效果，可以叠加使用暖色滤镜，或是将白平衡设置成阴天模式。晴天、中午时分的光线色温较高，拍摄出来的画面偏冷，通常此时空气的能见度也较高，可以很好地表现大景深场景。另外，冷色调的画面还可以很好地表现出冷清的氛围，在视觉上给人以开阔的感觉。

手调色温

为了应对复杂光线环境下的拍摄需要，佳能 EOS R5 Mark Ⅱ 相机在色温调整白平衡模式下提供了 2500～10000K 的色温调整范围，最小的调整幅度为 100K。用户可根据实际色温进行精确调整。

预设白平衡模式涵盖的色温范围比手调色温白平衡可调整的范围要小一些，因此当需要一些比较极端的效果时，预设白平衡模式就显得有些力不从心，此时可以进行手动调整。

在通常情况下，使用自动白平衡模式就可以获得不错的色彩效果。但在特殊光线条件下，使用自动白平衡模式有时可能无法得到准确的色彩还原，此时，应根据光线条件选择合适的白平衡模式。实际上，每一种预设白平衡都对应着一个色温值，以下是不同预设白平衡模式所对应的色温值。

显　示	白平衡模式	色　温（K）
AWB	自动（氛围优先）	3000～7000
AWB w	自动（白色优先）	
	日光	5200
	阴影	7000
	阴天（黎明、黄昏）	6000
	钨丝灯	3200
	白色荧光灯	4000
	使用闪光灯	6000
	用户自定义	2000~10000
K	色温	2500~10000

使用色温可以有效改变照片的色调，如果希望画面偏冷，可以把色温值设置为较低数值，如 3500K、4500K。反之，如果希望画面偏暖，则把色温值设置为较高的数值，如 8000K、9000K。

设定步骤

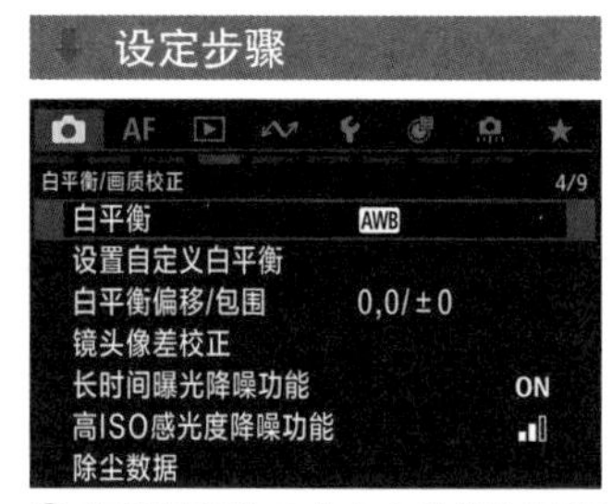

❶ 在**拍摄菜单 4** 中点击选择**白平衡**选项

❷ 点击选择**色温**选项，然后转动主拨盘选择色温值

自定义白平衡

自定义白平衡模式是各种白平衡模式中最精准的一种，是指在现场光照条件下拍摄纯白的物体，相机会认为这张照片是标准的“白色”，从而以此为依据对现场色彩进行调整，最终实现精准的色彩还原。

例如在室内使用恒亮光源拍摄人像或静物时，由于光源本身都会带有一定的色温倾向，因此，为了保证拍出的照片能够准确地还原色彩，此时就可以通过自定义白平衡的方法进行拍摄。

在佳能 EOS R5 Mark Ⅱ 相机中，可以先拍摄一张照片然后设置为自定义白平衡，也可以直接拍摄一张照片，注册为自定义白平衡，两者的操作步骤如下页展示。

设定步骤

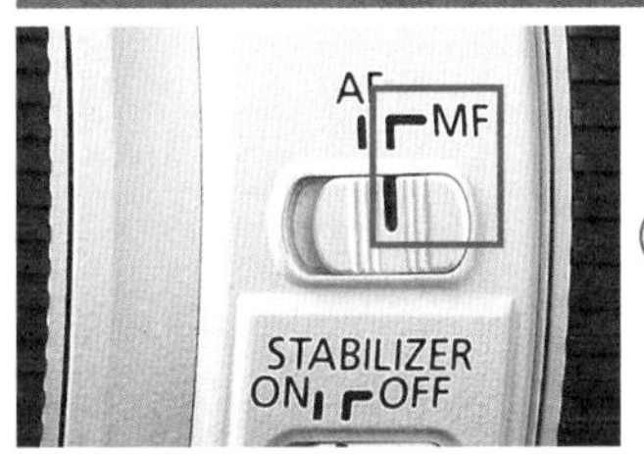

❶ 将对焦模式切换至手动对焦

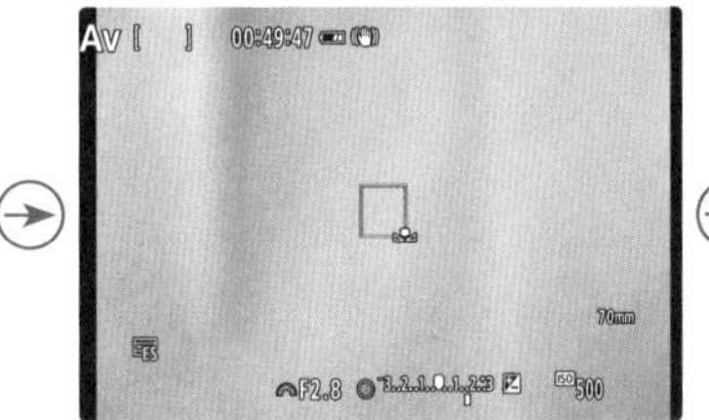

❷ 在被拍摄对象的周围找到一个白色物体，半按快门对白色物体进行测光，然后按下快门拍摄一张照片

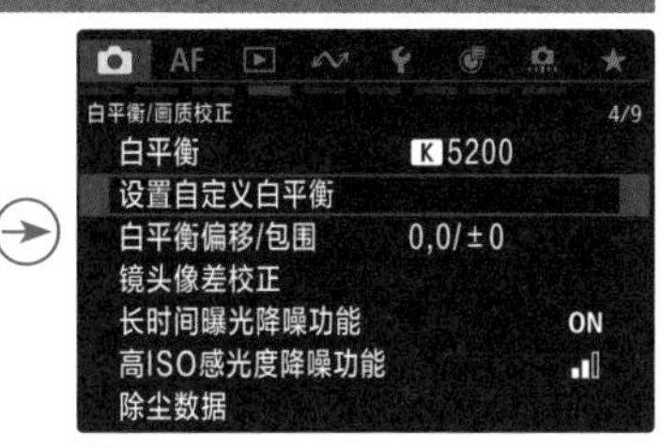

❸ 在**拍摄菜单 4** 中点击选择**设置自定义白平衡**选项

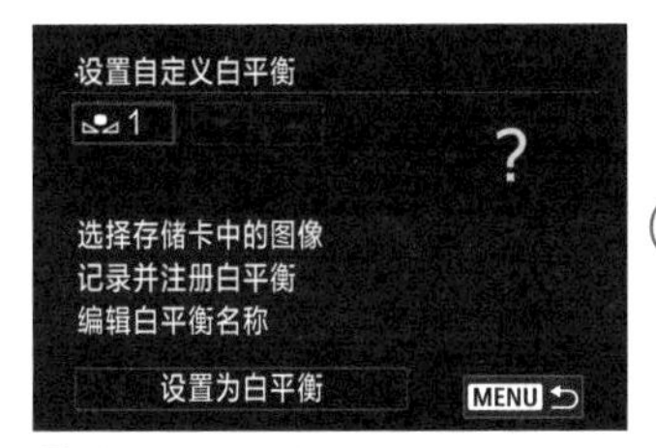

❹ 点击红框所在的图标

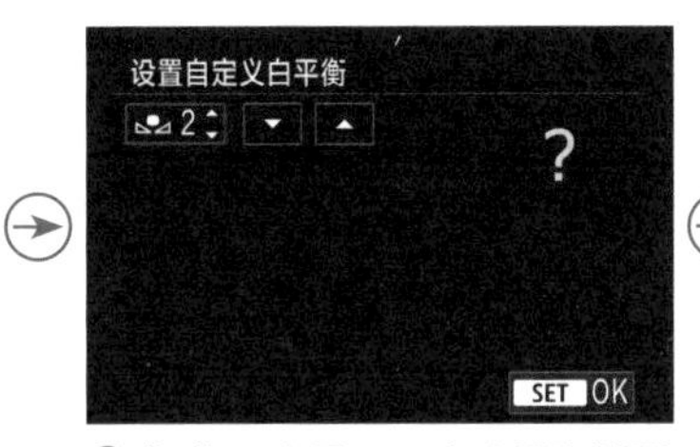

❺ 将进入此界面，点击▼或▲图标可以选择自定义 1～自定义 5 的一个选项，然后点击 SET OK 图标确定

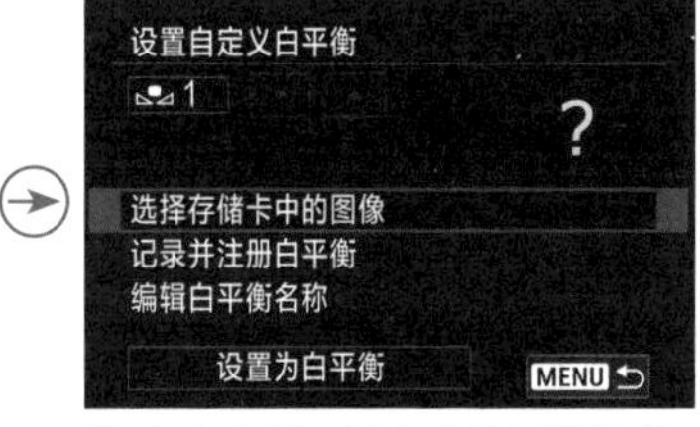

❻ 点击**选择存储卡中的图像**选项

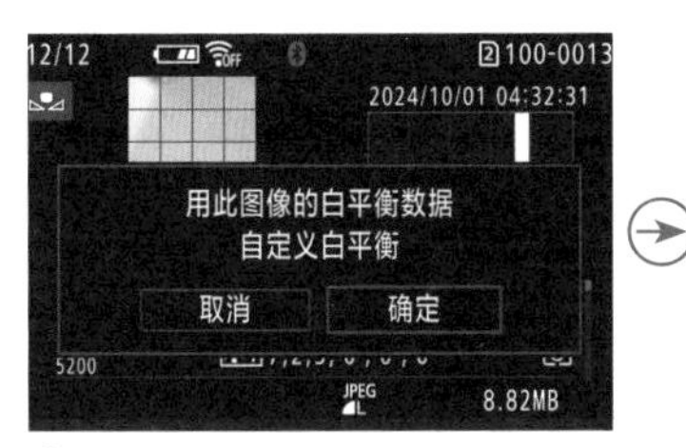

❼ 点击**确定**选项

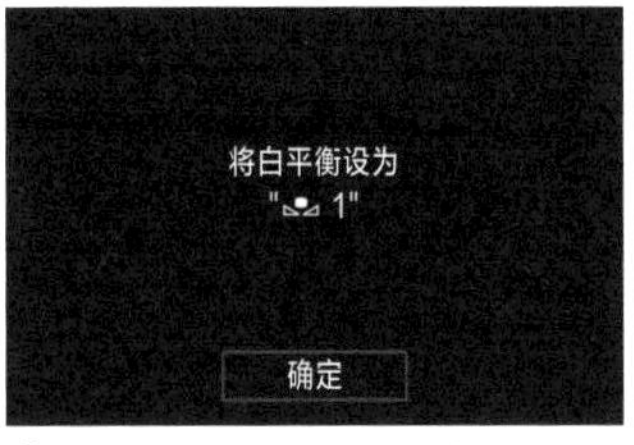

❽ 点击**确定**选项，即可成功注册

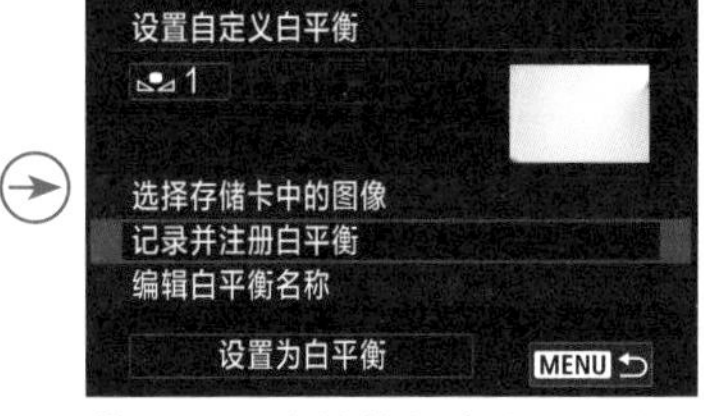

❾ 也可以直接拍摄来注册自定义白平衡，按步骤❸的操作进入此界面，然后点击**记录并注册白平衡**选项

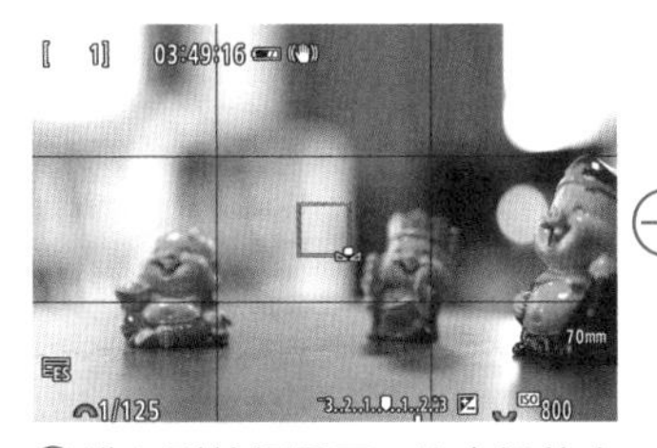

❿ 进入到拍摄界面，让中间的小框对准至白色区域，例如色卡或中间灰区域，半按快门测光，然后按下快门拍摄一张照片

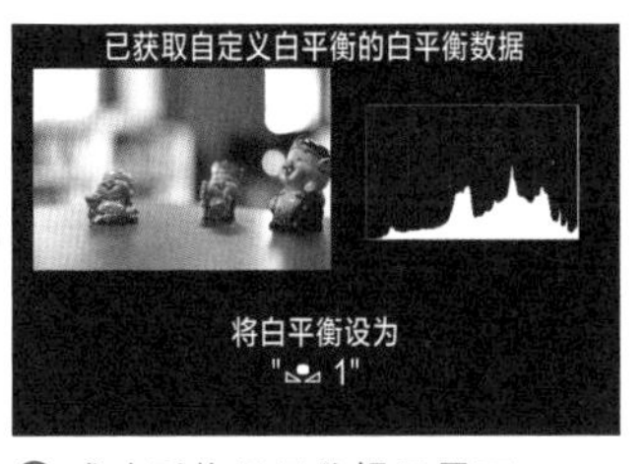

⓫ 成功后将显示此提示界面

白平衡偏移/包围

“白平衡偏移/包围”菜单实际上包含了两个功能，即白平衡偏移和白平衡包围，下面分别讲解它们的功能。

白平衡偏移

白平衡偏移是指通过设置对白平衡进行微调矫正，以获得与使用色温转换滤镜同等的效果。“白平衡偏移”功能可用于纠正镜头的偏色，例如，如果某一款镜头成像时会偏一点红色，此时利用此功能可以使照片稍偏蓝一点，从而得到颜色相对准确的照片。

每种色彩都有 1 ~ 9 级矫正。其中 B 代表蓝色，A 代表琥珀色，M 代表洋红色，G 代表绿色。

设置白平衡偏移时，按动多功能控制钮将“■”移至所需位置，即可让拍出的照片偏向所选择的色彩。

设定步骤

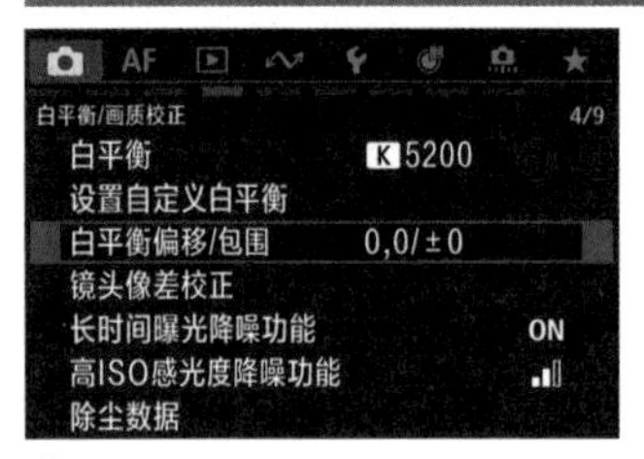

❶ 在**拍摄菜单 4** 中点击选择**白平衡偏移 / 包围**选项

❷ 按多功能控制钮向所需色彩方向偏移

❸ 如果设置白平衡包围，则转动速控转盘 1 使屏幕上出现“■ ■ ■”标记即可

白平衡包围

使用“白平衡包围”功能拍摄时，一次拍摄可同时得到3 张不同白平衡偏移效果的图像。在当前白平衡设置的色温基础上，图像将进行蓝色/琥珀色偏移或洋红色/绿色偏移。

操作时首先要通过点击确定白平衡包围的基础色调，其操作步骤与前面所述的设置白平衡偏移的步骤相同，在此基础上旋转速控转盘 1 ◎使屏幕上的■标记变成 ■ ■ ■ 。操作时可以尝试多次旋转速控转盘 1 ◎，以改变白平衡包围的范围。

▲ 拍摄雪地日出照片时，由于太阳跳出地平线的速度较快，无法慢慢地调整白平衡模式，因而使用“白平衡包围”功能，设置蓝色/琥珀色方向的偏移，以便拍摄完成后挑选色彩效果较好的照片

设置自动对焦模式以获得清晰锐利的画面

对焦是成功拍摄的重要前提之一，准确对焦可以让画面要表现的主体得以清晰呈现，反之则容易出现画面模糊的问题，也就是所谓的“失焦”。

佳能 EOS R5 Mark Ⅱ相机提供了 AF 自动对焦与 MF 手动对焦两种模式，而 AF 自动对焦又可以分为单次自动对焦和伺服自动对焦两类，使用这两种自动对焦模式一般都能够实现准确对焦，下面分别讲解它们的使用方法。

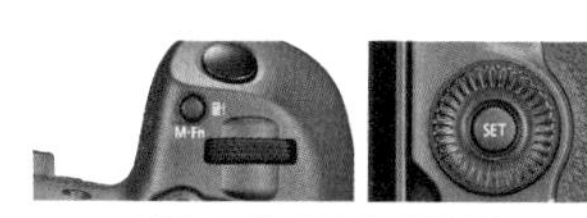

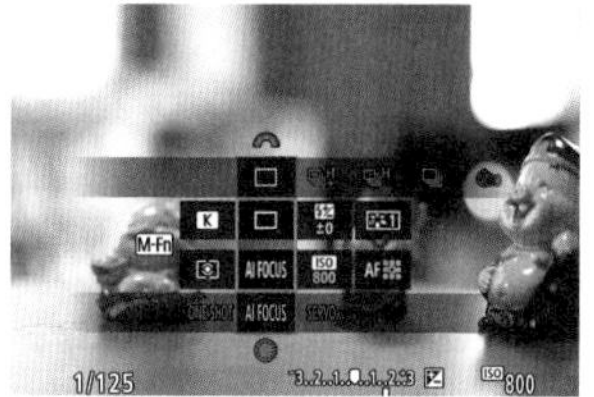

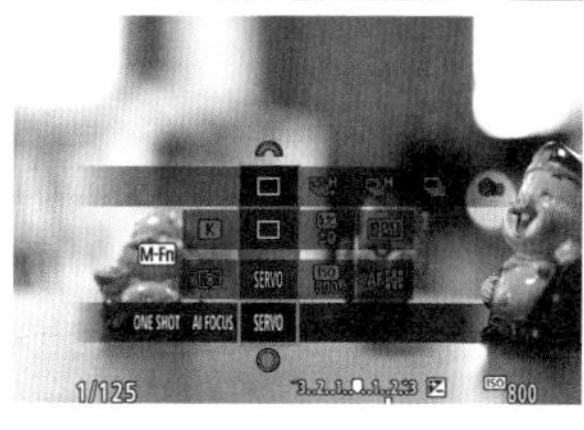

设定方法

先将镜头的对焦模式开关置于 AF 端，然后按 M-Fn 按钮选择自动对焦模式图标，转动速控转盘 1 ◎选择所需自动对焦模式

高手点拨：如果使用的是没有对焦模式开关的镜头，则需要先在“对焦菜单1”的“对焦模式”菜单中，选择“AF”选项。

单次自动对焦（ONE SHOT）

单次自动对焦在合焦（半按快门时对焦成功）之后即停止自动对焦，此时可以保持半按快门状态重新调整构图，这种对焦模式是风光摄影中最常用的自动对焦模式之一，特别适合拍摄静止的对象，如山峦、树木、湖泊、建筑等。当然，在拍摄人像和动物时，如果被摄对象处于静止状态，也可以使用这种自动对焦模式。

▲ 单次自动对焦模式非常适合拍摄静止的对象

Q：AF（自动对焦）不工作了怎么办?

A：检查镜头上的对焦模式开关，如果将镜头上的对焦模式开关设置为“MF”，将不能自动对焦，应将镜头上的对焦模式开关设置为“AF”；另外，还要确保稳妥地安装了镜头，否则有可能无法正确对焦。

伺服自动对焦（SERVO）

选择伺服自动对焦模式后，当摄影师半按快门合焦后，保持快门的半按状态，相机会在对焦点中自动切换以保持对运动对象的准确合焦状态。在此过程中，如果被摄对象的位置发生了较大变化，相机会自动做出调整，以确保主体清晰。这种对焦模式较适合拍摄运动中的鸟、昆虫、人等对象。

▲ 拍摄类似上图这样正在运动的人物与鸟儿时，使用伺服自动对焦模式可以获得焦点清晰的画面『焦距：200mm ┆ 光圈：F5.6 ┆ 快门速度：1/1000s ┆ 感光度：ISO400』

人工智能自动对焦（AI FOCUS）

人工智能自动对焦模式适用于无法确定被摄对象是静止还是运动的情况，此时相机会根据被摄对象是否运动来自动选择单次对焦还是人工智能伺服自动对焦。

例如，在动物摄影中，如果所拍摄动物暂时处于静止状态，但有突然运动的可能性，应该使用该对焦模式，以保证能够将被摄对象清晰地捕捉下来。在人像摄影中，如果模特不是处于摆拍状态，随时有可能从静止变为运动状态，也可以使用这种对焦模式。

▲ 面对一时安静一时调皮跑动的小朋友，使用人工智能自动对焦是再合适不过了『焦距：100mm ┆ 光圈：F5.6 ┆ 快门速度：1/1000s ┆ 感光度：ISO400』

Q：如何拍摄自动对焦困难的主体？

A：在主体与背景反差较小、主体在弱光环境中、主体处于强烈逆光环境中、主体本身有强烈的反光、主体的大部分被一个自动对焦点覆盖的景物覆盖或主体是重复的图案等情况下，佳能 EOS R5 Mark Ⅱ相机可能无法进行自动对焦。此时，可以按照下面的步骤使用对焦锁定功能进行拍摄。

1. 设置对焦模式为单次自动对焦，将自动对焦点移至另一个与希望对焦的主体距离相等的物体上，然后半按快门按钮。

2. 因为半按快门按钮时对焦已被锁定，因此可以在半按快门按钮的状态下，平移相机使自动对焦点覆盖到希望对焦的主体上，重新构图后再完全按下快门拍摄即可。

灵活设置自动对焦辅助功能

利用自动对焦辅助光辅助对焦

利用“自动对焦辅助光发光”菜单可以控制是否开启相机外置闪光灯的自动对焦辅助光。

在弱光环境下，由于对焦很困难，因此开启对焦辅助光照亮被摄对象，可以起到辅助对焦的作用。

需要注意的是，当外接闪光灯的“自动对焦辅助光发光”被设置为“关闭”时，无论如何设置此菜单，闪光灯都不会发出自动对焦辅助光。

- 启用：选择此选项，闪光灯将会发射自动对焦辅助光。
- 关闭：选择此选项，闪光灯将不发射自动对焦辅助光。
- 只发射 LED 自动对焦辅助光：由搭载 LED 的外接闪光灯发射 LED 自动对焦辅助光。如果外接闪光灯未搭载 LED，则发射相机的自动对焦辅助光。

高手点拨：如果拍摄的是会议或体育比赛等不能被打扰的拍摄对象，应该关闭此功能。在不能使用自动对焦辅助光照明时，如果难以对焦，应选择明暗反差较大的位置进行对焦。

设定步骤

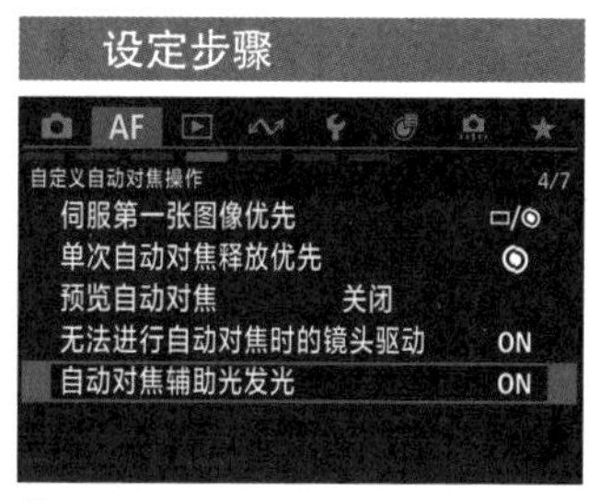

❶ 在**自动对焦菜单 4** 中选择**自动对焦辅助光发光**选项

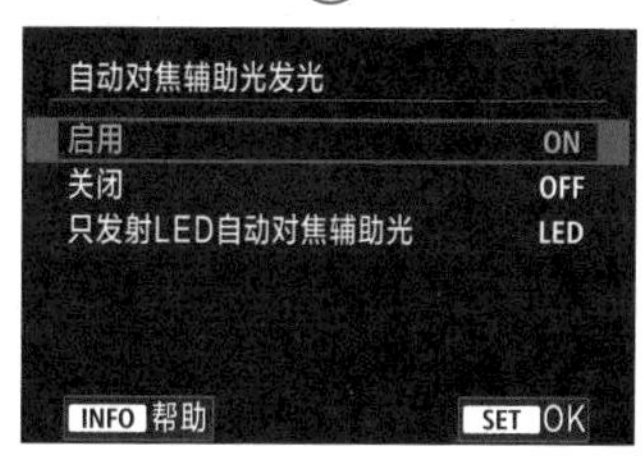

❷ 点击选择所需选项，然后点击 SET OK 图标确定

提示音

提示音最常见的作用就是在对焦成功时发出清脆的声音，以便确认是否对焦成功。

除此之外，提示音在自拍时还用于自拍倒计时提示。

- 启用：开启提示音后，在合焦或自拍时，相机会发出提示音提醒。
- 关闭：关闭提示音后，在合焦或自拍时，将不会发出提示音。

高手点拨：提示音对确认合焦而言很有帮助，同时在自拍时还能起到很好的提示作用，所以建议将其设置为“启用”。

设定步骤

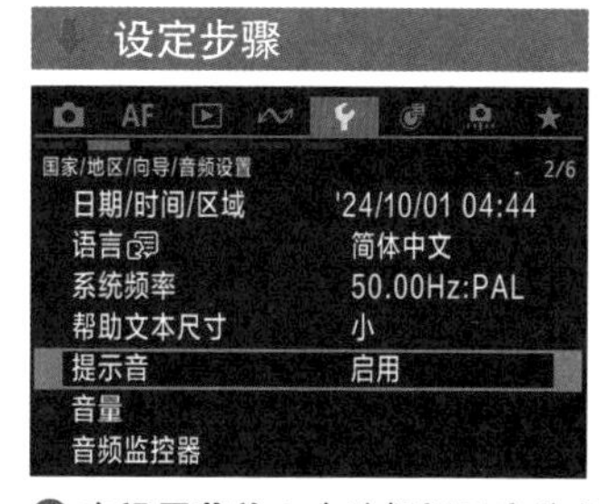

❶ 在**设置菜单 2** 中选择**提示音**选项

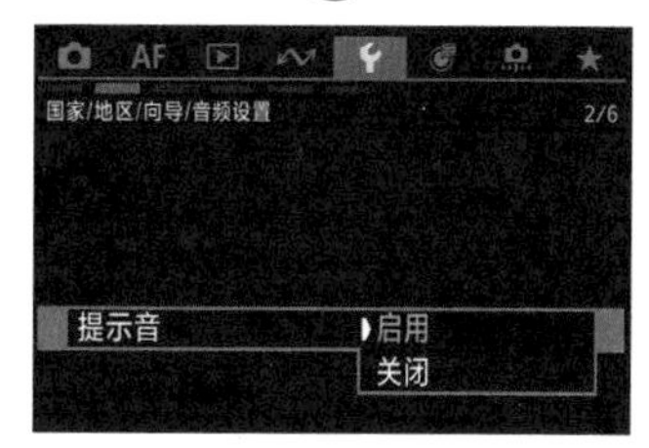

❷ 点击选择**启用**或**关闭**选项

设置伺服自动对焦特性

在使用伺服自动对焦模式时，可以在“伺服自动对焦特性”菜单中，设置由相机自动控制对焦速度，或是摄影师手动来改变“追踪灵敏度”和“加速/减速追踪”两个参数。

如在菜单左侧中选择了“AUTO”选项，用户可以在“Case 自动”特性界面中设置自动对焦时的对焦性能。

- 0：选择此选项，为标准对焦速度，适用于大部分拍摄场景。
- 锁定：选择此选项，即使被追踪对象前方暂时有物体，或者被摄体在突然移动后偏离自动对焦点，也会尽可能使被摄体保持合焦。
- 敏感：此选项适用于连续拍摄多个对象时使用，可以快速地切换被追踪对象。

设定步骤

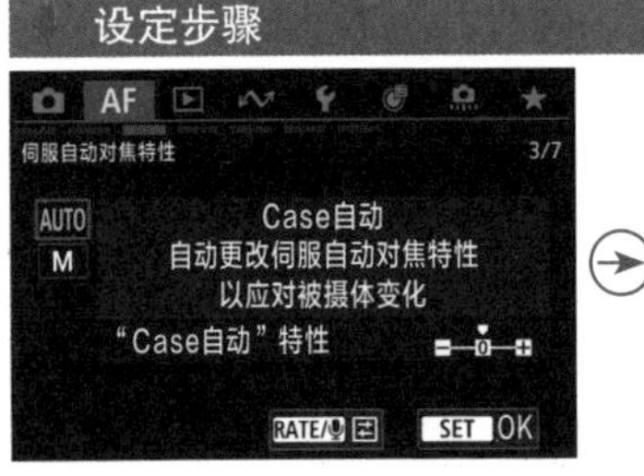

❶ 在**自动对焦菜单 3** 中选择 **Case 自动**选项，然后点击RATE图标进入其详细参数设置界面

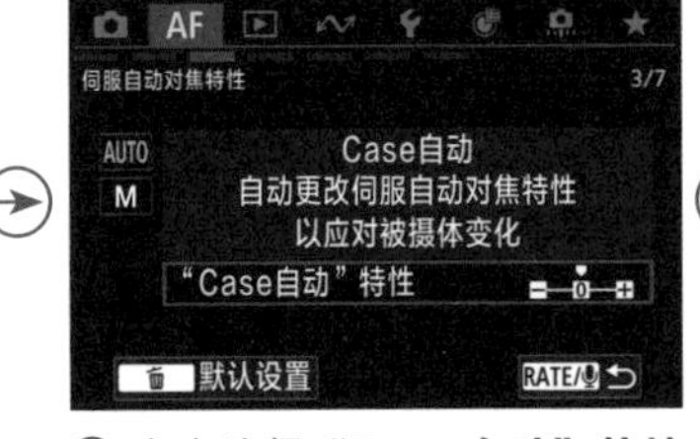

❷ 点击选择**“Case 自动”特性**选项

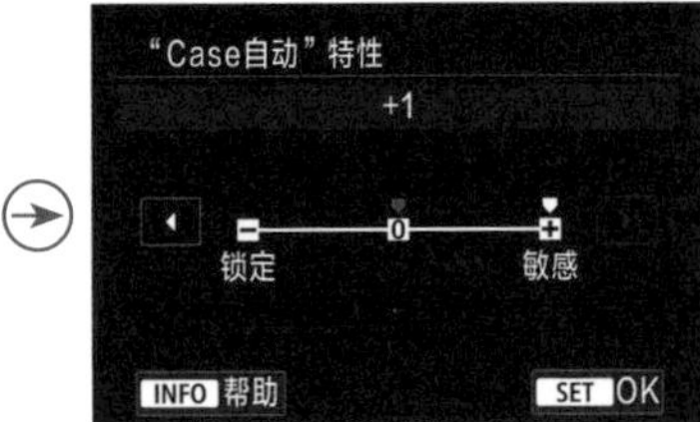

❸ 点击◀或▶图标可设定不同的灵敏度数值，设定完成后点击SET OK图标确定

- 追踪灵敏度：设置此参数的意义在于，当被摄对象前方出现障碍对象时，通过此参数使相机“明白”，是忽略障碍对象继续跟踪对焦被摄对象，还是切换至对新被摄体（即障碍对象）进行对焦拍摄。选择此选项后，可以向左边的“锁定”或右边的“敏感”拖动滑块进行参数设置。当滑块位置偏向于“锁定”时，即使有障碍物进入自动对焦点，或被摄对象偏移了对焦点，相机仍然会继续保持原来的对焦位置；反之，若滑块位置偏向于“敏感”方向，当障碍对象出现后，相机的对焦点就会从原被摄对象上脱开，马上对焦在新的障碍对象上。

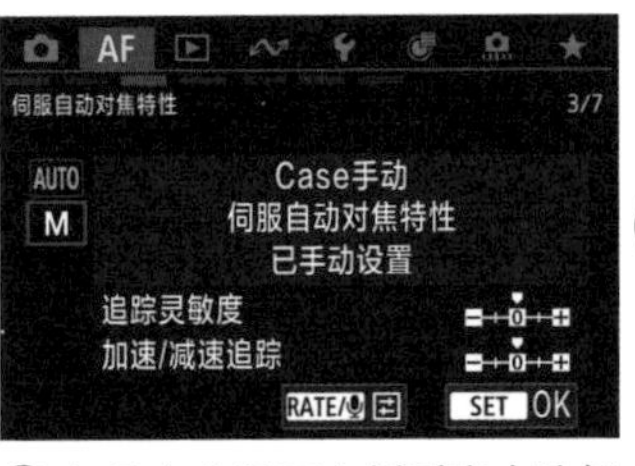

❹ 如果在此界面左侧列表中选择了 **M**，可点击RATE图标进入其详细参数设置界面

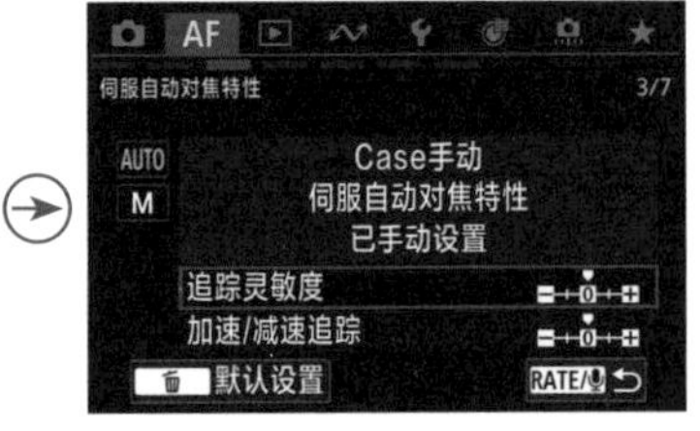

❺ 在此界面中可以选择**追踪灵敏度**和**加速 / 减速追踪**两个选项

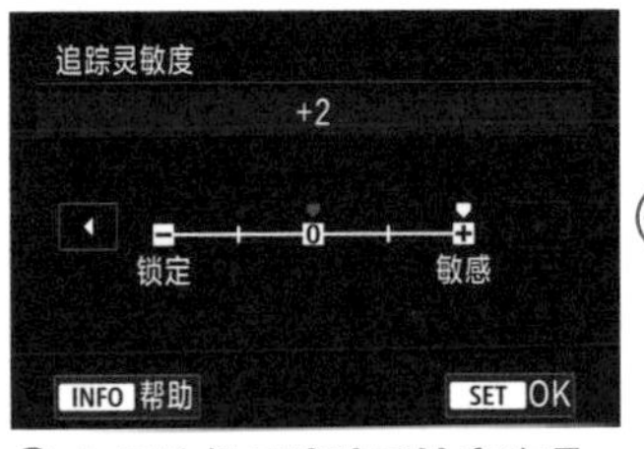

❻ 如果选择了**追踪灵敏度**选项，在此界面中点击◀或▶图标可设定不同的灵敏度数值，设定完成后点击SET OK图标确定

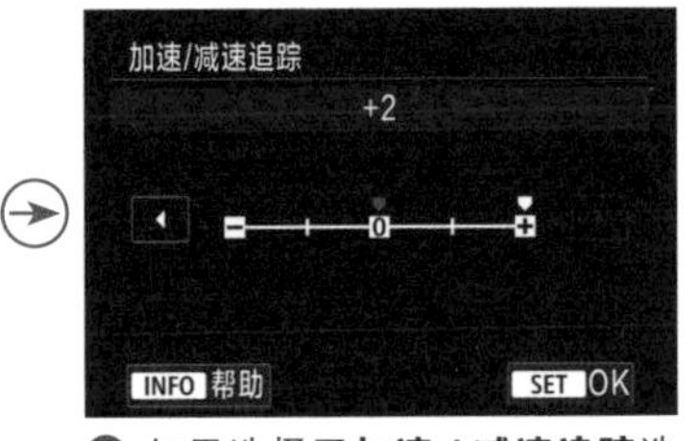

❼ 如果选择了**加速 / 减速追踪**选项，在此界面中点击◀或▶图标可设定不同的灵敏度数值，设定完成后点击SET OK图标确定

- 加速/减速追踪：此参数用于设置当被摄对象突然加速或突然减速时的对焦灵敏度，数值越大，则当被摄对象突然加速或减速时，相机对其进行跟踪对焦的灵敏度越高。此参数的默认设置为 0，适用于被摄体移动速度基本稳定或变化不大的拍摄情况。

伺服第一张图像优先

在使用智能伺服对焦模式拍摄动态的对象时，为了保证成功率，往往与连拍驱动模式组合使用，此时就可以根据个人的习惯来决定在拍摄第一张图像时，是优先进行对焦，还是优先保证快门释放。

- 释放优先：滑块在“释放”一侧，在拍摄第一张照片时相机将优先释放快门，适用于无论如何都想要抓住瞬间拍摄机会的情况。但可能会出现尚未精确对焦即释放快门，从而导致照片脱焦的问题。

设定步骤

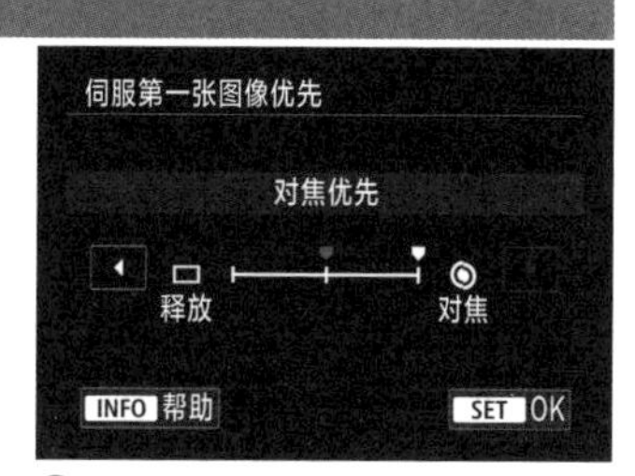

❶ 在**自动对焦菜单 4** 中选择**伺服第一张图像优先**选项面

❷ 点击◀或▶图标选择所需的选项，然后点击SET OK图标确定

- 同等优先：即将滑块移至中间位置，此时相机将采用对焦与释放均衡的拍摄策略，以尽可能拍摄到既清晰又能及时记录精彩瞬间的影像。
- 对焦优先：即将滑块移至“对焦”端，相机将优先进行对焦，直至对焦完成后，才会释放快门，因而可以清晰、准确地捕捉到瞬间影像。适用于要么不拍，要拍则必须拍清晰的题材。

单次自动对焦释放优先

在佳能 EOS R5 Mark Ⅱ 相机中，为单次自动对焦模式提供了对焦或释放优先设置选项，以满足用户多样化的拍摄需求。

例如，在一些弱光或不易对焦的情况下，使用单次自动对焦模式拍摄时，也可能会出现无法对焦而导致错失拍摄时机的情况出现，此时就可以在此菜单中进行设置。

高手点拨：此功能可以解决困扰摄影师的“先拍到还是先拍好”的问题。对于纪实摄影由于要“先拍到”决定性瞬间，因此应该设置为“释放”；对于其他不需要抓拍的摄影题材可以考虑选择“对焦”。

设定步骤

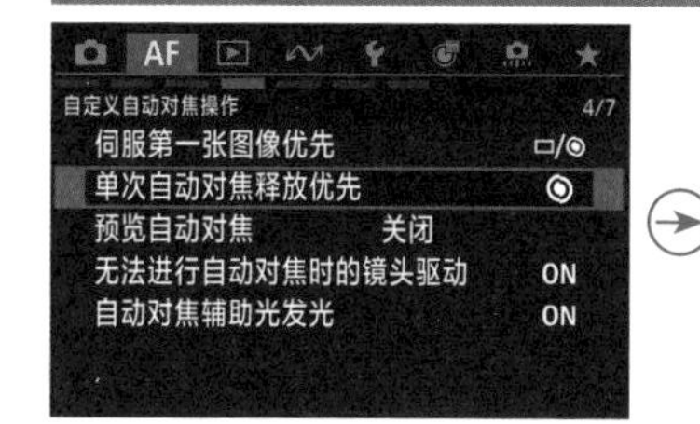

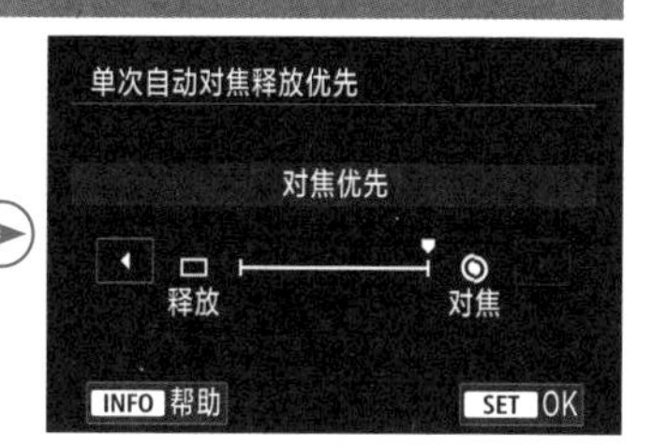

❶ 在**自动对焦菜单 4** 中选择**单次自动对焦释放优先**选项

❷ 点击◀或▶图标可以选择所需的选项，然后点击SET OK图标确定

- 对焦优先：选择此选项，相机将优先进行对焦，直至对焦完成后才会释放快门，因而可以清晰、准确地捕捉到瞬间影像。选择此选项的缺点是，可能会由于对焦时间过长而错失精彩的瞬间。
- 释放优先：选择此选项，将在拍摄时优先释放快门，以保证抓取到瞬间影像，但此时可能会出现尚未精确对焦即释放快门的情况，而导致照片变虚。

预览自动对焦

启用“预览自动对焦”功能后，相机的对焦系统始终处于激活状态，只要对焦点覆盖在被摄对象身上，无论摄影师是否半按快门按钮，相机都会合焦，此功能省去了摄影师半按快门对焦的操作，只需要在适当的时机完全按下快门拍摄即可。不过启用此功能后，由于会连续驱动镜头对焦，因此会增加电池电量的消耗。

设定步骤

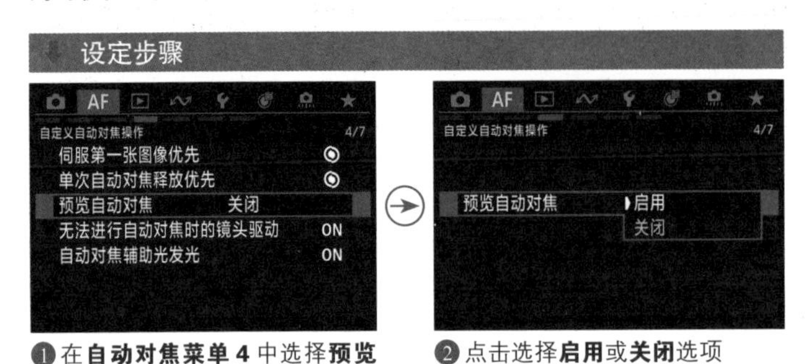

❶ 在**自动对焦菜单 4** 中选择**预览自动对焦**选项

❷ 点击选择**启用**或**关闭**选项

手动对焦实现准确对焦

如果在摄影中遇到下面的情况，相机的自动对焦系统往往无法准确对焦，此时应该使用手动对焦功能。但由于不同摄影师的拍摄经验不同，拍摄的成功率也有极大的差别。

- 画面主体处于杂乱的环境中，如拍摄杂草后面的花朵等。
- 画面属于高对比、低反差的画面，如拍摄日出、日落等。
- 在弱光环境下进行拍摄，如拍摄夜景、星空等。
- 拍摄距离太近的题材，如微距拍摄昆虫、花卉等。
- 主体被其他景物覆盖，如拍摄动物园笼子里面的动物、鸟笼中的鸟等。
- 对比度很低的景物，如拍摄蓝天、墙壁等。
- 距离较近且相似程度又很高的题材，如旧照片翻拍等。

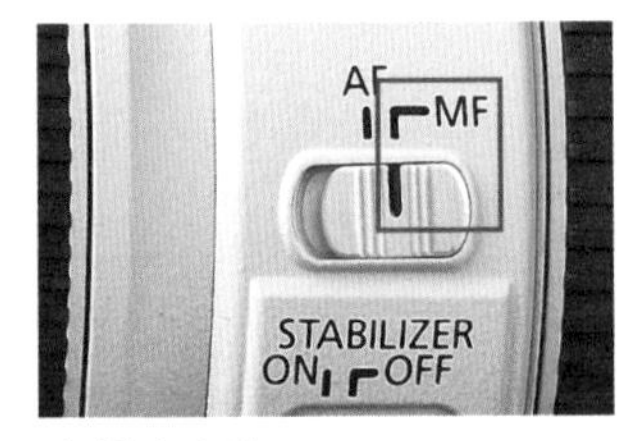

▲ 设定方法

将镜头上的对焦模式切换为MF，即可切换至手动对焦模式

Q：图像模糊不聚焦或锐度较低应如何处理？

A：出现这种情况时，可以从以下三方面进行检查。

1. 按快门按钮时相机是否产生了移动？按快门按钮时要确保相机稳定，尤其是拍摄夜景或在黑暗的环境中拍摄时，快门速度应高于正常拍摄条件下的快门速度。应尽量使用三脚架或遥控器，以确保拍摄时相机保持稳定。

2. 镜头和主体之间的距离是否超出了相机的对焦范围？如果超出了相机的对焦范围，应该调整主体和镜头之间的距离。

3. 取景器的自动对焦点是否覆盖了主体？相机会自动对焦取景器中被对焦点覆盖的主体，如果因为主体所处位置致使自动对焦点无法覆盖，可以利用对焦锁定功能来解决。

辅助手动对焦的菜单设置

手动对焦峰值设置

峰值是用于辅助对焦的一种独特的显示功能，开启此功能后，在使用手动对焦模式进行拍摄时，如果被摄对象对焦清晰，则其边缘会出现标示色彩（通过“颜色”进行设定）轮廓，以方便拍摄者辨识。

- 级别：用于设置峰值显示的强弱程度，包含“高”和“低”两个选项，分别代表不同的强度，等级越高，颜色标示就越明显。
- 颜色：用于设置在开启手动对焦峰值功能时，在被摄对象边缘显示标示峰值的色彩，有“红色”“黄色”和“蓝色”3种颜色选项。在拍摄时，需要根据被摄对象的颜色，选择与主体反差较大的色彩。

▲ 拍摄静物时通常使用手动对焦模式，此时可以启用峰值功能辅助对焦〖焦距：85mm ┆ 光圈：F4 ┆ 快门速度：1/125s ┆ 感光度：ISO100〗

设定步骤

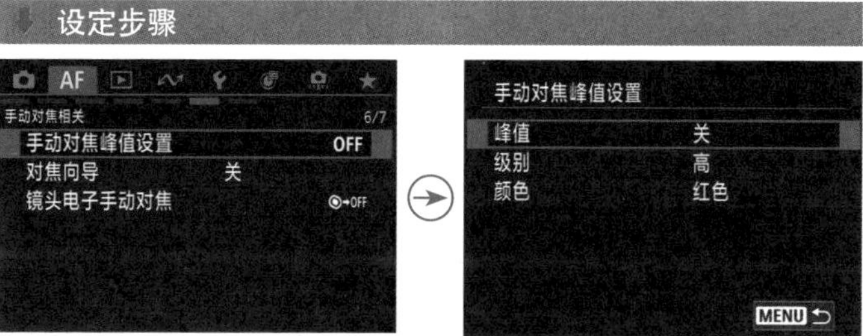

❶ 在**自动对焦菜单6**中选择**手动对焦峰值设置**选项

❷ 点击选择**峰值**选项

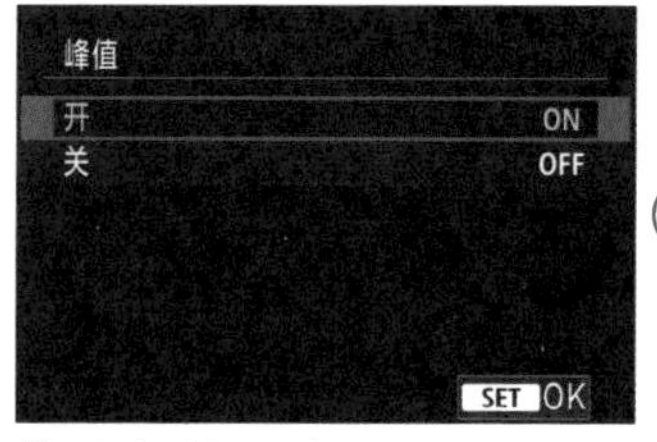

❸ 点击选择**开**或**关**选项，然后点击SET OK图标确定

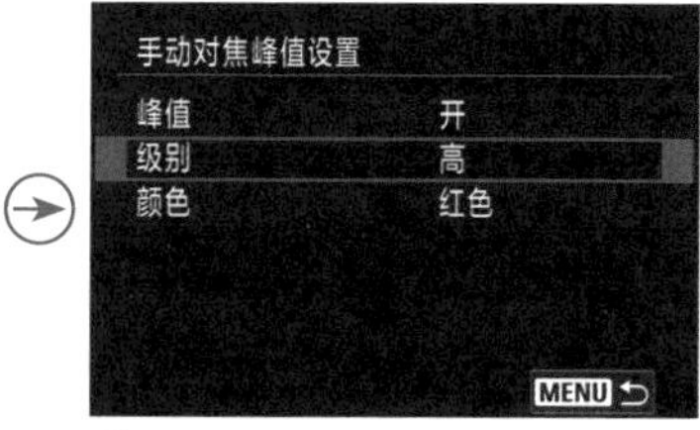

❹ 如果选择了**级别**选项

❺ 点击选择**高**或**低**选项

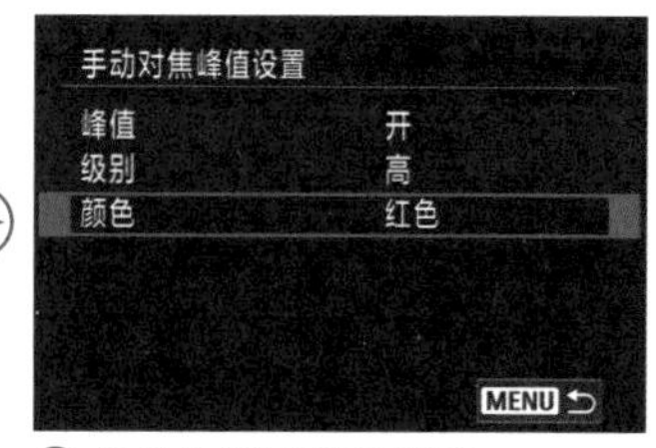

❻ 如果选择了**颜色**选项

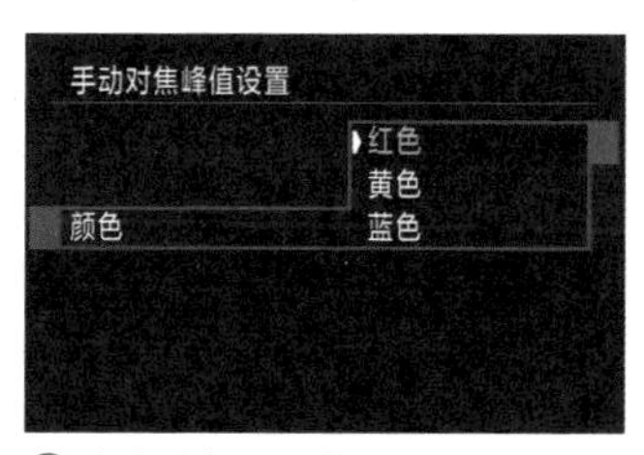

❼ 点击选择所需颜色选项

▲ 开启手动对焦峰值功能后，相机会用指定的颜色将准确合焦的主体边缘轮廓标示出来，如上方示例图所示为黄色显示的效果

高手点拨：使用此功能时，不可以按放大按钮在屏幕上放大观察被拍摄对象，否则峰值颜色将消失。

对焦向导

“对焦向导”是指示调整手动对焦的一种功能。开启该功能后，可以在屏幕上显示调整对焦的方向指示小箭头，以及一个合焦位置指示方框，操作时要首先将此方框通过多功能控制钮移至希望合焦的地方，然后观察方框上方的指示箭头，缓慢拧动对焦环，直至方框上方显示的小箭头成为绿色。

如果将“检测的被摄体”菜单设置为“无”以外的其他选项，开启了“眼睛检测”功能，向导框会显示在检测到的主被摄体的眼睛周围。

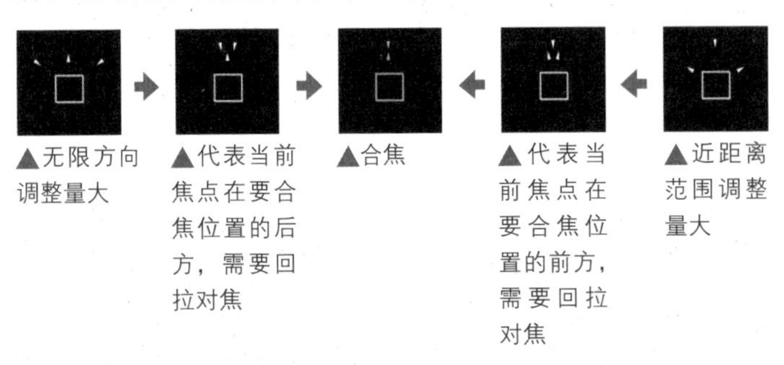

▲无限方向调整量大

▲代表当前焦点在要合焦位置的后方，需要回拉对焦

▲合焦

▲代表当前焦点在要合焦位置的前方，需要回拉对焦

▲近距离范围调整量大

高手点拨：在下列情况下不会显示向导框：①将镜头的对焦模式设置“AF”时；②放大显示时；③在偏移或倾斜TS-E镜头后，不会正确显示向导框。

设定步骤

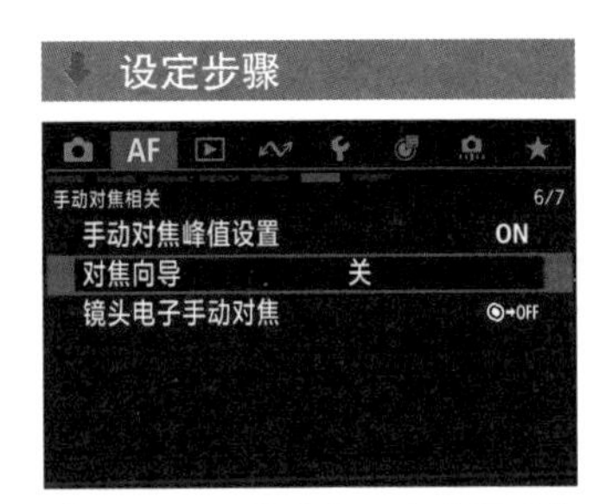

❶ 在**自动对焦菜单 6** 中选择**对焦向导**选项

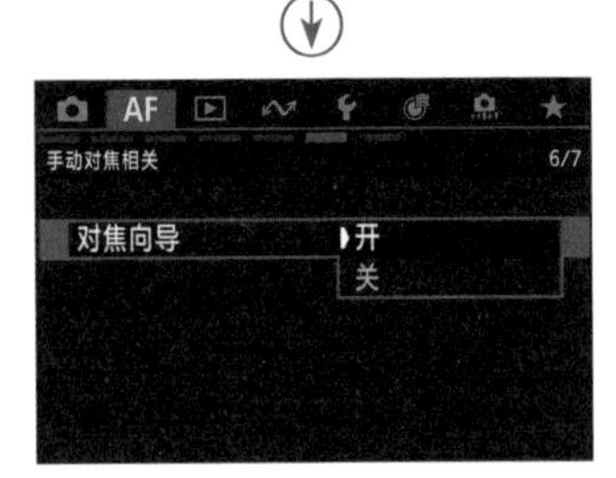

❷ 点击选择**开**或**关**选项

利用“对焦向导”功能辅助对焦，从而获得了清晰的微距照片『焦距：60mm ¦ 光圈：F6.3 ¦ 快门速度：1/320s ¦ 感光度：ISO800』

设置对焦点以满足不同的拍摄需求

选择及限定自动对焦区域模式

佳能 EOS R5 Mark Ⅱ相机可以用的自动对焦点共有 5850 个，相机自动选择对焦位置时，可以根据被摄体位置从 1053 个对焦区域中自动选择。相机提供了 12 种自动对焦区域模式，为更好地进行准确对焦提供了强有力的保障。

虽然佳能 EOS R5 Mark Ⅱ相机提供了 12 种自动对焦区域模式，但是每个人的拍摄习惯和拍摄题材不同，这些模式并非都是常用的，甚至有些模式几乎不会用到，因此可以在“限制自动对焦区域”菜单中自定义选择自动对焦区域选择模式，以简化拍摄时选择自动对焦区域模式的操作。

设定步骤

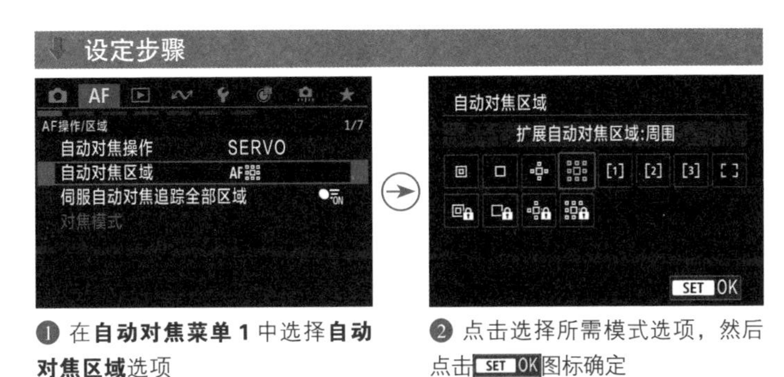

❶ 在**自动对焦菜单 1** 中选择**自动对焦区域**选项

❷ 点击选择所需模式选项，然后点击 SET OK 图标确定

设定步骤

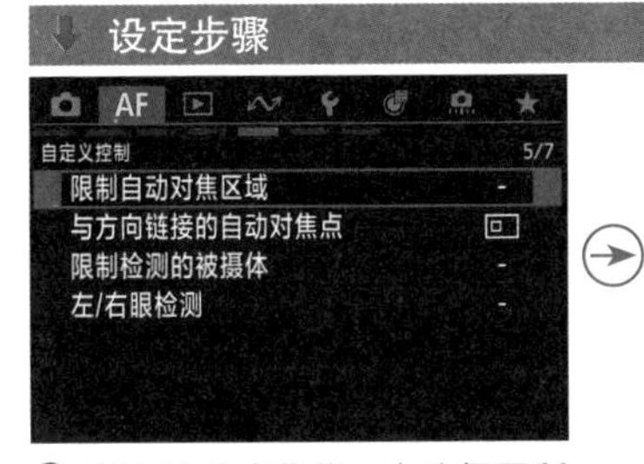

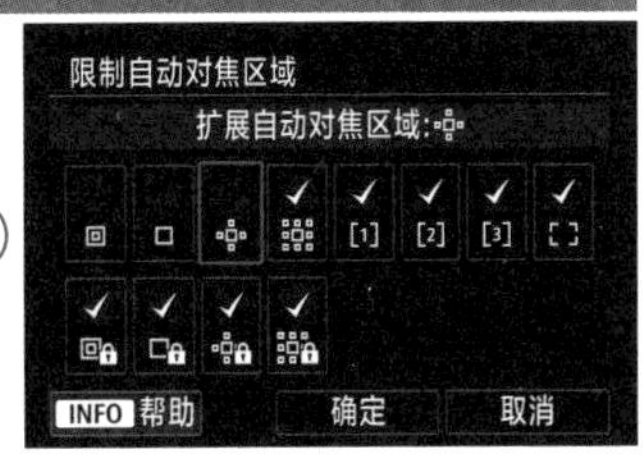

❶ 在**自动对焦菜单 5** 中选择**限制自动对焦区域**选项

❷ 点击选择常用的自动对焦方式选项，添加勾选标志，选择完成后点击选择**确定**选项

12 种自动对焦区域模式详解

定点自动对焦

在此模式下，摄影师可以手动选择自动对焦点，但此模式的对焦区域较小，因此适合进行更小范围的对焦。例如，在隔着笼子拍摄动物时，可能会需要更小的对焦点对笼子里面的动物进行对焦。但也正是由于对焦区域小，因此在手持拍摄或移动对焦时，可能会出现无法合焦的问题。

使用“定点自动对焦”模式，在针对铁丝网后面的动物的眼睛进行对焦时，可以确保其精准度【焦距：400mm ┆ 光圈：F9 ┆ 快门速度：1/250s ┆ 感光度：ISO400】

▶ 选择**定点自动对焦**模式时的显示屏

单点自动对焦□

在此模式下，摄影师可以手动选择对焦点的位置。除了场景智能自动拍摄模式外，使用其他拍摄模式拍摄时都可以手选对焦点。与定点自动对焦区域模式不同，在此模式下，对焦点会稍大一些。

▲ 选择**单点自动对焦**模式时的显示屏

▲ 在拍摄人像时，常常使用单点自动对焦模式对人物眼睛对焦，从而得到人物清晰、背景虚化的效果『焦距：85 mm ┊光圈：F2.5 ┊快门速度：1/320s ┊感光度：ISO100』

扩展自动对焦区域 ·:· /周围（·:·/ ⁞⁞⁞ ）

这两种模式也可以理解为“单点自动对焦”模式的升级版，即仍然以手选单个对焦点的方式进行对焦，在当前所选的对焦点周围会有多个辅助对焦点（即左下方示例图红色框内的自动对焦点）进行辅助对焦，从而得到更精确的对焦结果。这两种模式的不同之处在于，“扩展自动对焦区域：·:·”模式是在当前对焦点的上、下、左、右扩展出几个辅助对焦点；而“扩展自动对焦区域（周围）”模式则是在当前对焦点周围扩展出几个辅助对焦点。使用这两种自动对焦模式进行拍摄时，如果被拍摄对象脱离了中间最大的对焦点，而被周围小的对焦点覆盖，则仍然可以合焦拍摄，相当于扩大了对焦的容错率。

▲ 选择**扩展自动对焦区域：·:·** 模式时的显示屏

▲ 选择**扩展自动对焦区域：周围**模式时的显示屏

▲ 拍摄正在海边的模特时，模特的动作会有一个小幅度的运动范围，此时就可以使用“扩展自动对焦点：周围”模式进行拍摄『焦距：50mm ┊光圈：F4 ┊快门速度：1/500s ┊感光度：ISO200』

●OFF 定点自动对焦 / ●OFF 定点自动对焦 / ●OFF 扩展自动对焦区域 / ●OFF 扩展自动对焦区域

在使用伺服自动对焦模式拍摄时，如果选择（●OFF 定点自动对焦）、（●OFF 单点自动对焦）、（●OFF 扩展自动对焦：）、（●OFF 扩展自动对焦：周围）四种模式之一，可以一键关闭“伺服自动对焦追踪全部区域”和“检测的被摄体”功能，而使用所选择的对焦区域模式来对焦被摄体。

比如选择（●OFF 定点自动对焦）模式，就相当于和在单次自动对焦模式下使用“定点自动对焦”有一样的拍摄效果，不会再追踪被摄体，只使用很小的对焦区域对主体对焦。当切换回不带●OFF的其他区域模式时，则恢复伺服自动对焦模式下的追踪对焦功能。

▲ 在自动对焦区域模式选择界面选择红框所在的四种模式之一

▲ 选择●OFF **定点自动对焦**模式时的显示屏

▲ 选择●OFF **单点自动对焦**模式时的显示屏

▲ 选择●OFF **扩展自动对焦区域**模式时的显示屏

▲ 选择●OFF **扩展自动对焦区域**模式时的显示屏

◀ 两个小孩由运动状态停下来交谈，此时摄影师就可以切换为“●OFF 扩展自动对焦区域”模式来拍摄『焦距：70mm ┆ 光圈：F5 ┆ 快门速度：1/320s ┆ 感光度：ISO200』

灵活区域自动对焦 1 [1]

在此模式下，对焦区域覆盖的范围比扩展自动对焦区域更广，因此更容易对焦被摄体。在默认设置下，会显示一个正方形的区域自动对焦框，优先对焦最近的被摄体，也会基于人物或动物的面部、车辆、被摄体的运动情况进行对焦。

▲ 选择**灵活区域自动对焦 1** 模式时的显示屏

灵活区域自动对焦 2 [2]

在默认设置下，会显示一个竖向矩形的区域自动对焦框，适用于主体是竖向形态或者垂直移动的状态，用户可以使用多功能控制钮选择对焦框的位置。

▲ 选择**灵活区域自动对焦 2** 模式时的显示屏

灵活区域自动对焦 3 [3]

在默认设置下，会显示一个横向矩形的区域自动对焦框，用于主体是横向形态或者水平移动的，用户可以使用多功能控制钮选择对焦框的位置。

▲ 选择**灵活区域自动对焦 3** 模式时的显示屏

▲ 画面中的孩子的动作处于水平方向，因此可以使用“灵活区域自动对焦 3”模式来拍摄『焦距：70mm ┆ 光圈：F4 ┆ 快门速度：1/640s ┆ 感光度：ISO160』

整个区域自动对焦[ ]

在此模式下，相机使用画面的整个区域对焦。当半按快门相机自动识别了画面中的主体时，则使用此区域内的对焦点进行自动对焦。

▲ 在自动对焦区域模式选择界面选择**整个区域自动对焦**选项

▲ 选择**整个区域自动对焦**模式时的显示屏

改变灵活区域自动对焦的区域大小

在灵活区域自动对焦 1、灵活区域自动对焦 2 和灵活区域自动对焦 3 模式下，用户可以根据画面中的主体大小范围来灵活调整对焦区域框的大小。在拍摄状态下，按下⊞按钮激活自动对焦区域选择界面，然后按下 RATE 按钮，使用主拨盘或速控转盘 1 来调整自动对焦框的大小。

设定步骤

❶ 在拍摄状态下，按下⊞按钮

❷ 选择灵活区域自动对焦 1~3 模式，如此处选择的是灵活区域自动对焦 3 模式

❸ 按下 RATE 按钮激活调整对焦框大小界面

❹ 旋转速控转盘 1 可以改变对焦框的高度

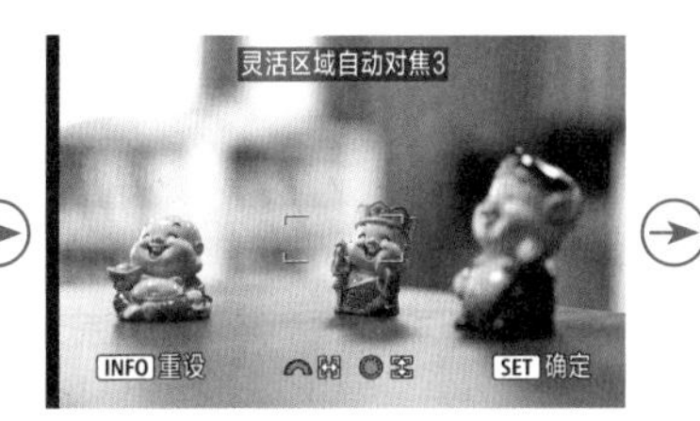

❺ 旋转主拨盘可以改变对焦框的宽度

❻ 按 INFO 按钮可以重设，按 SET 按钮则可以确定设置

画面中的主体人物占据较小的区域，适合选择灵活区域自动对焦模式并调整对焦区域大小，以进行拍摄『焦距：28mm ¦ 光圈：F10 ¦ 快门速度：1/100s ¦ 感光度：ISO500』

两种跟踪对焦的操作方法

伺服自动对焦模式 + 开启“伺服自动对焦追踪全部区域”

在使用伺服自动对焦模式拍摄时，如果开启“伺服自动对焦追踪全部区域”功能，不管设置了何种自动对焦区域模式，相机均会切换为全部自动对焦区域，追踪对焦画面中的被摄体。在拍摄被摄体运动幅度比较大的画面时，适用于使用这种跟踪对焦的方式。

在按照下面的操作后，不管画面中的目标被摄体在画面中如何运动，对焦点都保持对焦在目标被摄体上。

设定步骤

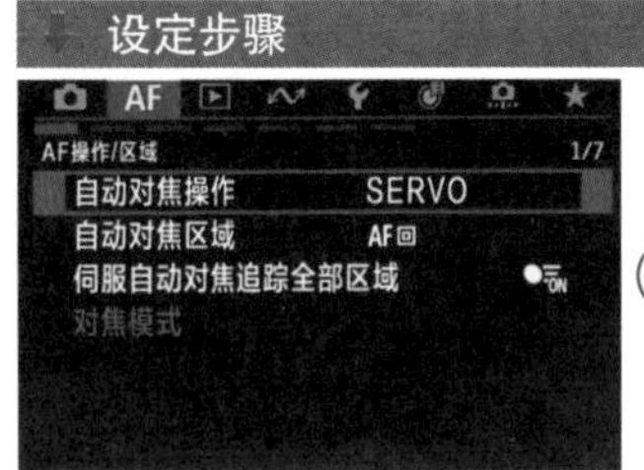

❶ 在**自动对焦菜单 1** 中选择**自动对焦操作**选项

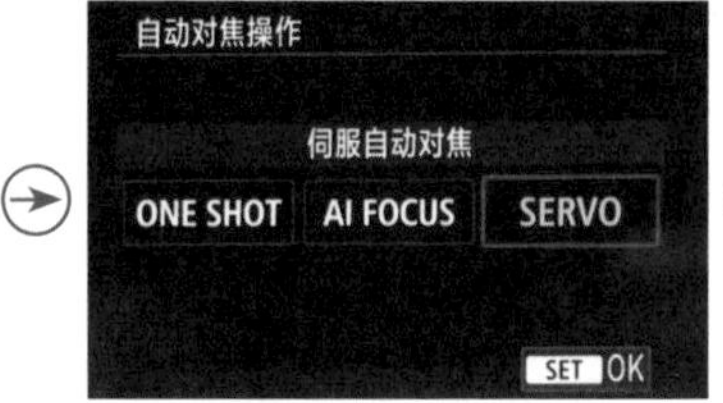

❷ 点击选择 **SERVO** 选项，然后点击 SET OK 图标确定

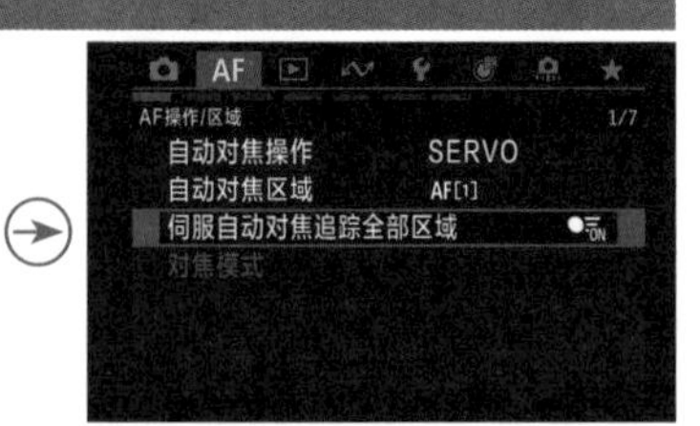

❸ 在**自动对焦菜单 1** 中选择**伺服自动对焦追踪全部区域**选项

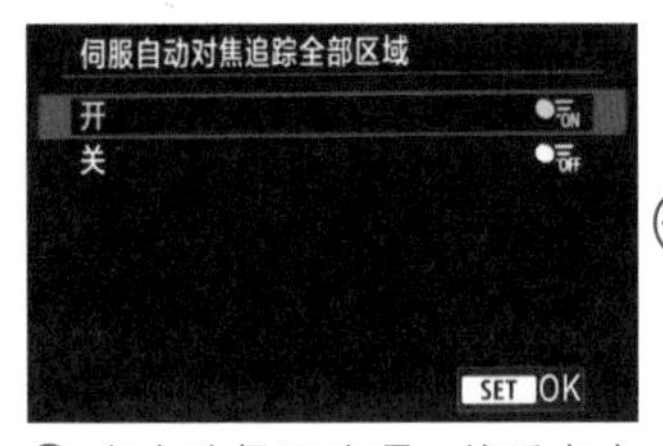

❹ 点击选择**开**选项，然后点击 SET OK 图标确定

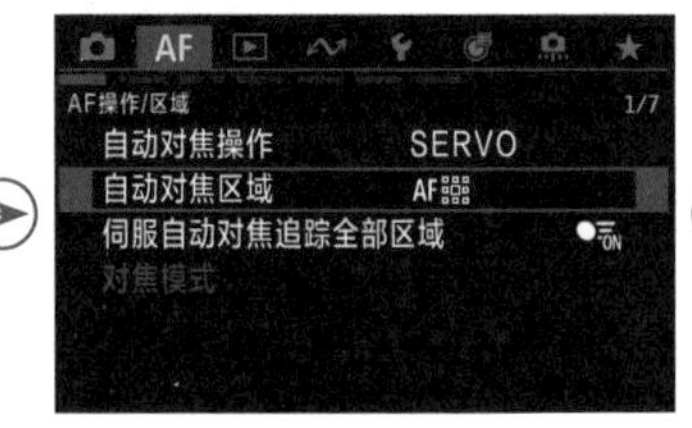

❺ 在**自动对焦菜单 1** 中选择**自动对焦区域**选项

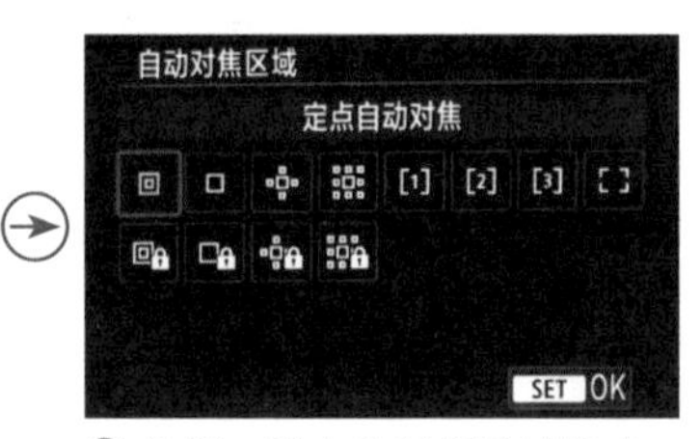

❻ 选择一种自动对焦区域模式，如此处选择的是**定点自动对焦**，然后点击 SET OK 图标确定

❼ 将对焦点移至想要追踪的目标被摄体上，如此处选择中间的小玩偶对焦

❽ 半按快门按钮，将切换成全部对焦区域，对焦框也变成蓝色矩形框了

❾ 移动小玩偶，通过画面可以看出，在保持半按快门期间，蓝色对焦框始终保持追焦在小玩偶上

单次自动对焦模式 + 关闭“伺服自动对焦追踪全部区域”

如果在使用单次自动对焦模式拍摄时，被摄体在画面中移动了，此时摄影师来不及开启“伺服自动对焦追踪全部区域”功能，但又想追踪被摄体，能否快速实现追踪被摄体操作呢？答案是可以的。

在移动对焦点覆盖在目标被摄体上时，按下 SET 按钮，此时对焦框变成双线框效果，在这样的状态下，如果目标被摄体在画面中移动了，不用半按快门按钮，相机也可以持续追焦该被摄体，如果觉得画面构图合适，就可以按下快门按钮拍摄，跟踪完成后按下 SET 按钮可以恢复原始对焦区域模式。

不过，与上一种方法相比，此方法识别范围没有那么精确，当目标被摄体在画面中占比例较小时，存在识别失误而导致对焦框没覆盖目标被摄体，或者目标被摄体与其他对象相隔较近时，容易把相邻对象也一起加入对焦框范围内。所以此方法适用于在拍摄主体相对静止，偶尔会有小幅度变化的场景时使用。

设定步骤

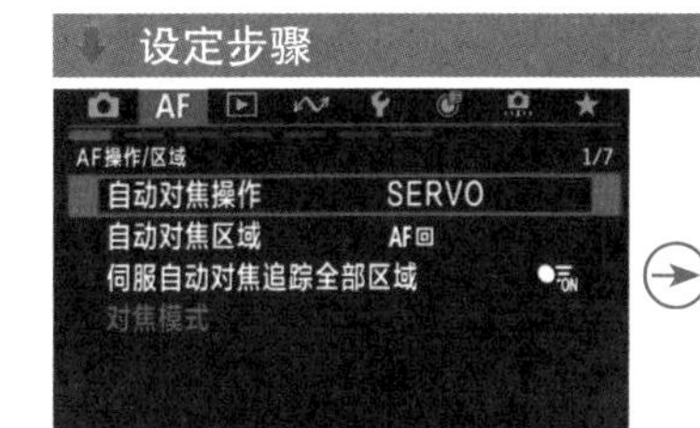

❶ 在**自动对焦菜单 1** 中选择**自动对焦操作**选项

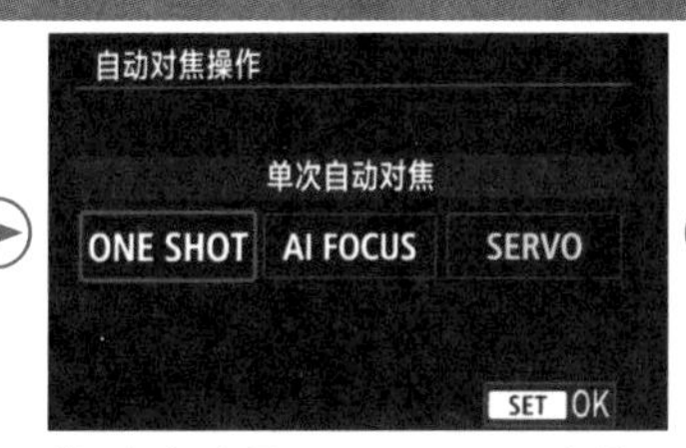

❷ 点击选择 **ONE SHOT** 选项，然后点击 SET OK 图标确定

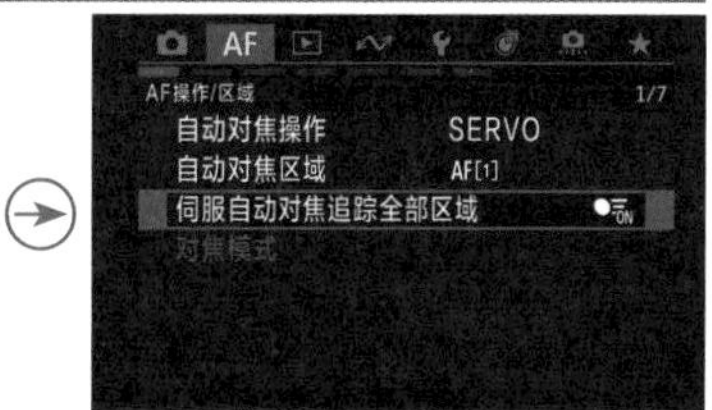

❸ 在**自动对焦菜单 1** 中选择**伺服自动对焦追踪全部区域**选项

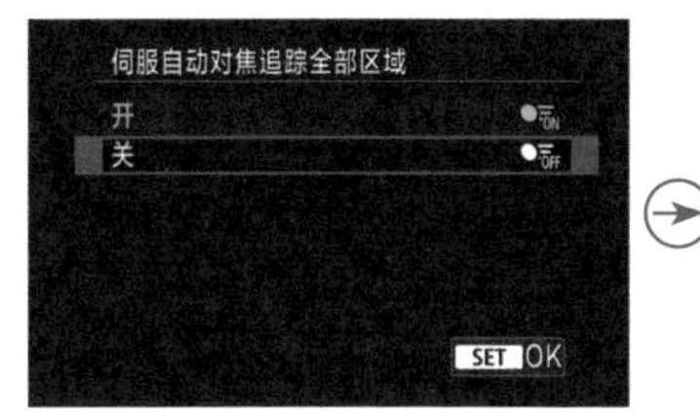

❹ 点击选择**关**选项，然后点击 SET OK 图标确定

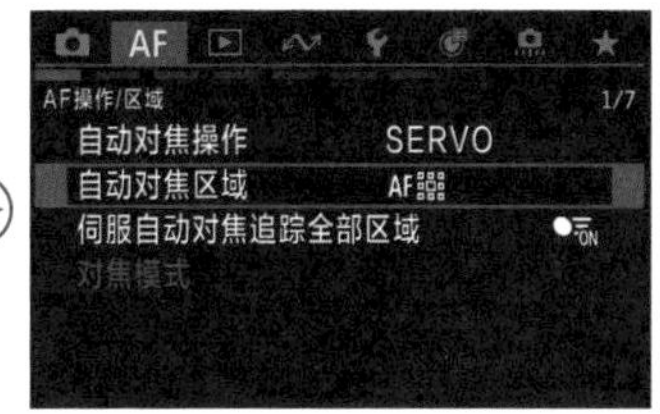

❺ 在**自动对焦菜单 1** 中选择**自动对焦区域**选项

❻ 选择一种自动对焦区域模式，如此处选择的是**定点自动对焦**，然后点击 SET OK 图标确定

❼ 将对焦点移至想要追踪的目标被摄体上，如此处选择中间的小玩偶对焦

❽ 按下 SET 按钮，对焦框变成双线效果

❾ 移动小玩偶，通过画面可以看出，双线对焦框始终保持追焦在小玩偶上

手选对焦点/对焦区域的方法

在 P、Av、Tv、Fv 及 M 模式下，所有的自动对焦区域模式都支持手动选择对焦点或对焦区域，以便根据对焦需要进行选择。

在选择对焦点/对焦区域时，先按下机身上的自动对焦点选择按钮，然后使用多功能控制钮将自动对焦点/对焦区域移动到想要对焦的位置，如果垂直按下多功能控制钮的中央，则可以选择中央对焦点/区域。

设定方法

按相机背面右上方的自动对焦点选择按钮，然后按多功能控制钮调整对焦点或对焦区域的位置。也可以点击屏幕来选择对焦点的位置

▲采用手选对焦点的方式拍摄，保证了对人物的灵魂——眼睛进行准确对焦『焦距：85mm ┆ 光圈：F1.4 ┆ 快门速度：1/160s ┆ 感光度：ISO160』

设置选择自动对焦点时的灵敏度

使用多功能控制钮选择自动对焦点位置时，可以通过“灵敏度 - 自动对焦点选择”菜单设定操作时的灵敏度。

高手点拨：不建议将此选项设置得太高，否则在操控多功能控制钮时，自动对焦点容易跑偏。

设定步骤

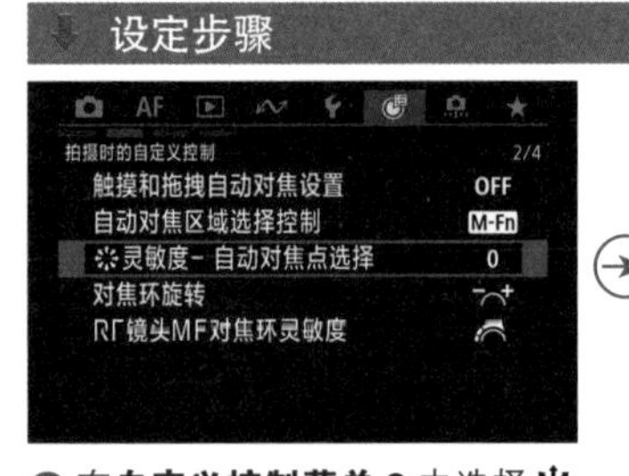

❶ 在**自定义控制菜单 2** 中选择**灵敏度 - 自动对焦点选择**选项

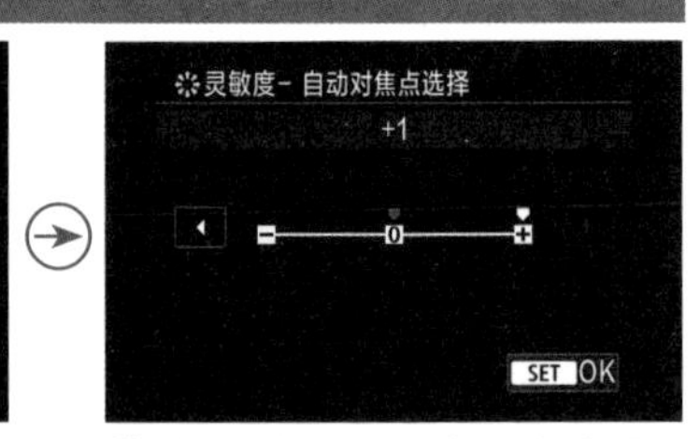

❷ 点击◀或▶图标选择一个选项，然后点击 SET OK 图标确定

触摸和拖拽自动对焦设置

通过设置此菜单，可以使摄影师观看取景器时，使用食指或大拇指在液晶屏幕上触摸或拖拽来移动自动对焦点，此功能比较适合于习惯使用单反相机的取景器拍摄的摄影师。

- 触摸和拖拽自动对焦：选择“启用”选项，在使用取景器拍摄时，可以通过触摸屏幕来选择自动对焦点的位置。选择“关闭”选项，则不能通过触摸的方式来选择自动对焦点的位置，只能通过按键的方式进行操作。
- 定位方法：选择“绝对”选项，则在屏幕上触摸或拖拽到什么位置，自动对焦点便移动到该位置；选择“相对”选项，则自动对焦点沿拖拽方向移动，移动的距离与拖拽的距离相同，触摸屏幕上的位置对此没有影响。
- 有效触控区：可以指定用于触摸和拖拽操作的屏幕区域。在选定区域之外的其他区域，则对触摸或拖拽操作无效。
- 相对灵敏度：当将“定位方法”设置为“相对”选项时，在此指定点击或拖拽时的移动量。要加快定位自动对焦点，可以向正方向设定；要减慢定位自动对焦点，则向负方向设定。

设定步骤

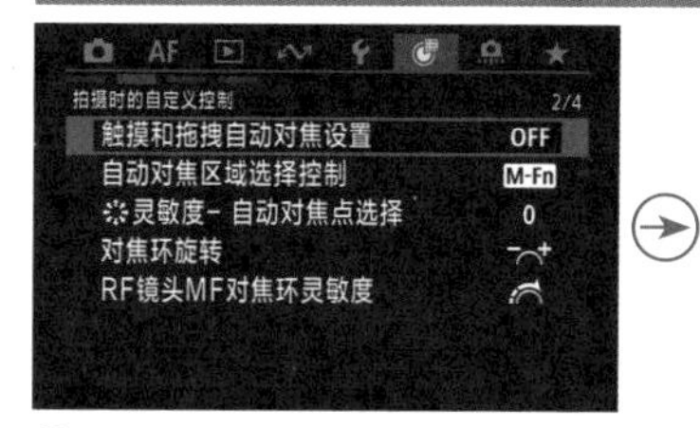

❶ 在**自定义控制菜单 2** 中选择**触摸和拖拽自动对焦设置**选项

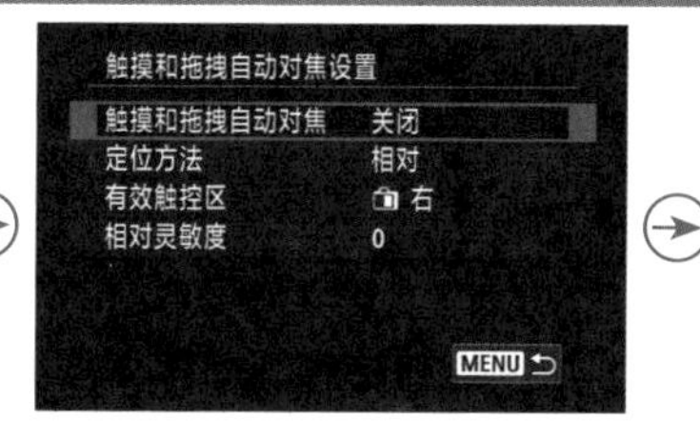

❷ 点击选择要修改的选项

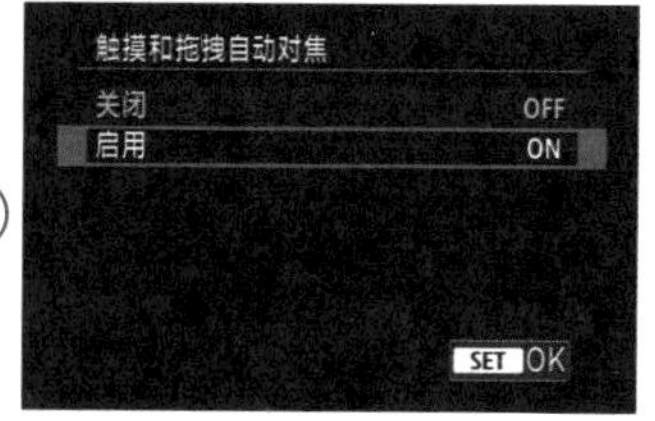

❸ 如果在步骤❷中选择了**触摸和拖拽自动对焦**选项，点击可选择**启用**或**关闭**选项，然后点击SET OK图标确定

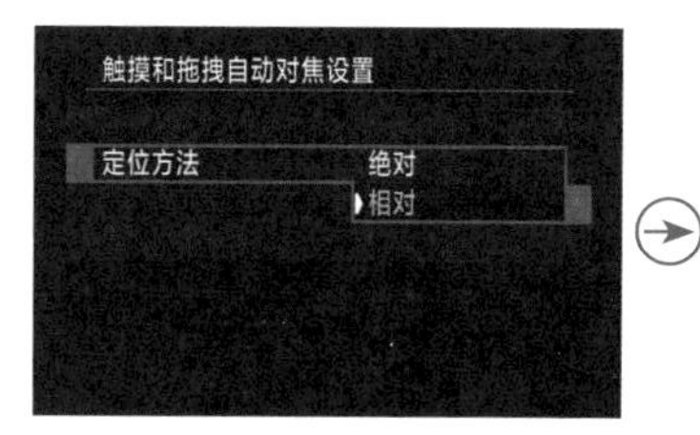

❹ 如果在步骤❷中选择了**定位方法**选项，点击可选择**绝对**或**相对**选项

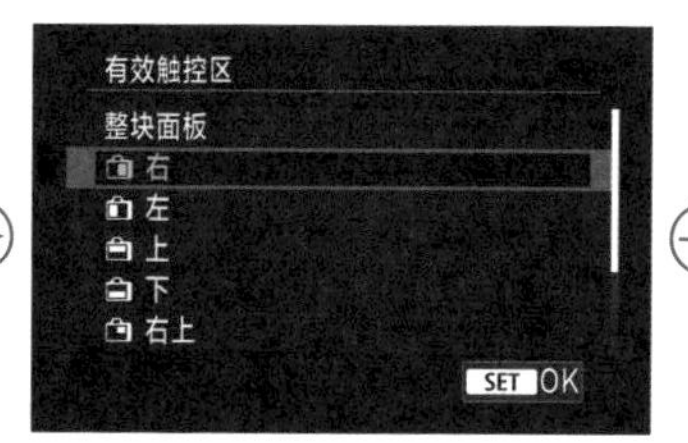

❺ 如果在步骤❷中选择了**有效触控区**选项，点击可选择一个区域选项，选择完成后点击SET OK图标确认

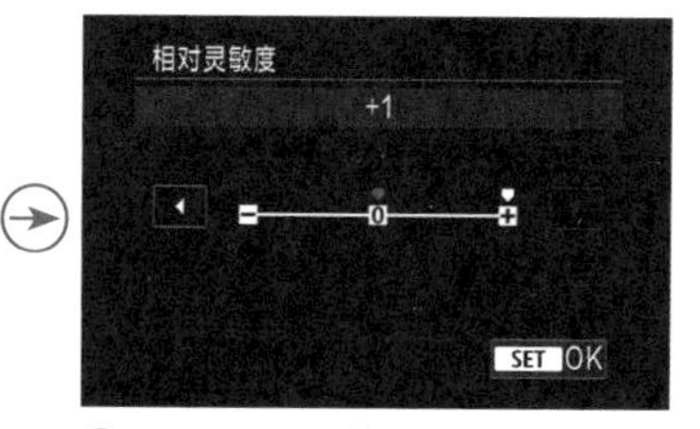

❻ 如果在步骤❷中选择了**相对灵敏度**选项，点击◀或▶图标选择一个选项，然后点击SET OK图标确定

高手点拨：由于眼睛贴近取景器时，面部距离液晶屏幕较近，因此应该将“有效触控区”设置成为便于触摸的位置，如“右下”或“左下”。同理，由于此时手指不便在整个屏幕上进行触摸操作，因此建议将“定位方法”设置为“相对”。

与方向链接的自动对焦点

在水平或垂直方向切换拍摄时，经常遇到的一个问题就是，在切换至不同的方向时，会使用不同的自动对焦区域选择模式及对焦点/区域的位置。此时可以开启此菜单，以确保在每次拍摄时，即便使用不同的水平或垂直方向，对焦点也能够自动定位到上次使用此方向时的对焦点上。

- 水平/垂直方向相同：选择此选项，无论如何在横拍与竖拍之间进行切换，对焦点或区域都不会发生变化。
- 不同的自动对焦点：区域＋点：选择此选项，即为水平、垂直（相机手柄朝上）、垂直（相机手柄朝下）分别设定自动对焦点及自动对焦区域模式时，当改变相机方向时，相机会调用此方向所保存的自动对焦点及自动对焦区域模式。
- 不同的自动对焦点（仅限点）：选择此选项，即为水平、垂直（相机手柄朝上）、垂直（相机手柄朝下）分别设定自动对焦点或区域。当改变相机方向时，相机会切换到设定好的自动对焦点或区域。

设定步骤

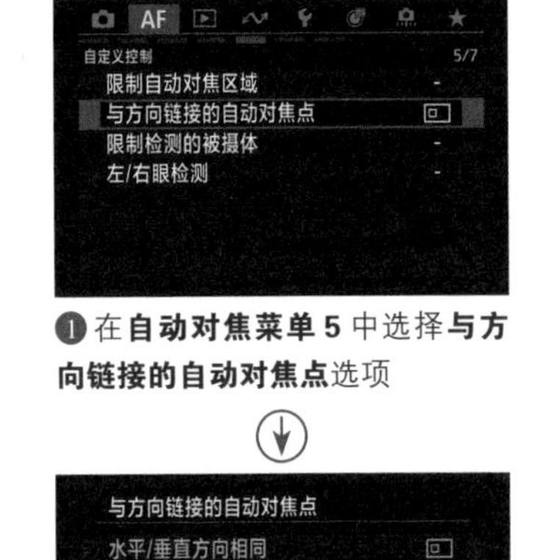

❶在**自动对焦菜单 5** 中选择**与方向链接的自动对焦点**选项

与方向链接的自动对焦点
水平/垂直方向相同
不同的自动对焦点:区域+点
不同的自动对焦点:仅限点
INFO 帮助
SET OK

❷点击选择所需选项，然后点击 SET OK 图标确定

▲ 当选择“不同的自动对焦点：仅限点”选项时，每次水平握持相机时，相机会自动切换到上次以此方向握持相机拍摄时使用的自动对焦点上

▲ 当选择“不同的自动对焦点：仅限点”选项时，每次垂直（相机手柄朝下）握持相机时，相机会自动切换到上次以此方向握持相机拍摄时使用的自动对焦点上

▲ 当选择“不同的自动对焦点：仅限点”选项时，每次垂直（相机手柄朝上）握持相机时，相机会自动切换到上次以此方向握持相机拍摄时使用的自动对焦点上

在 “自动对焦区域” 菜单中，分别显示了三个方向上正在使用的自动对焦区域模式，用户可以通过此菜单改变不同方向上的区域模式。当将“与方向链接的自动对焦点”设置为“不同的自动对焦点：区域 + 点”选项时，即应用此菜单中所选择的自动对焦区域模式。

在“与方向链接的自动对焦点”菜单中，如果选择“水平 / 垂直方向相同”选项，则在“自动对焦区域”菜单中不会显示不同方向上的对焦区域模式选项。

设定步骤

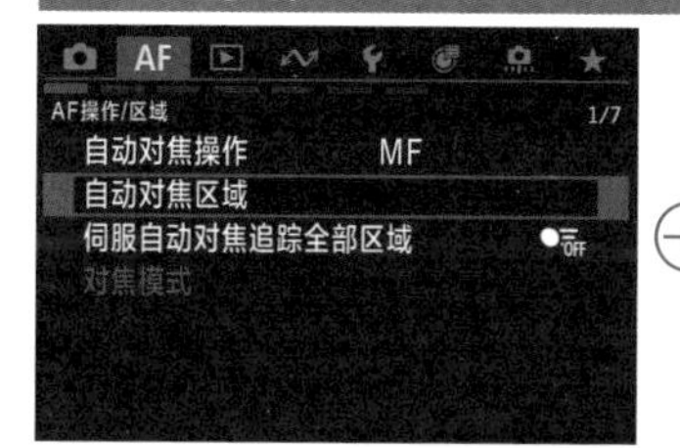

❶ 在**自动对焦菜单 1** 中选择**自动对焦区域**选项

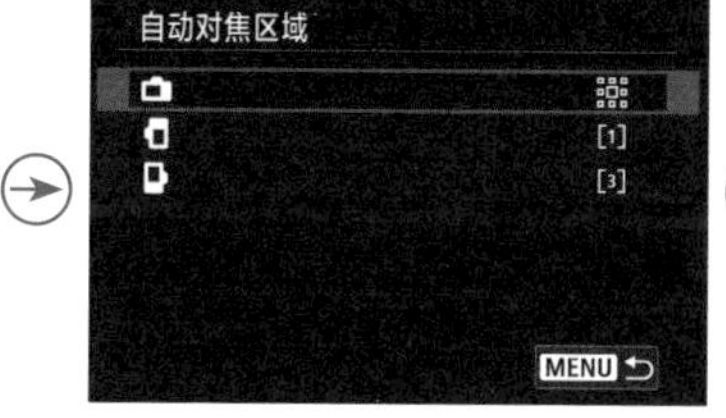

❷ 点击选择选项

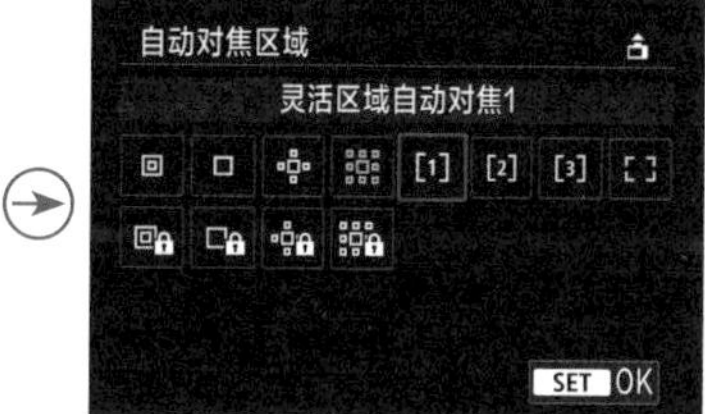

❸ 点击选择所需的自动对焦区域选项，然后点击SET OK图标确定

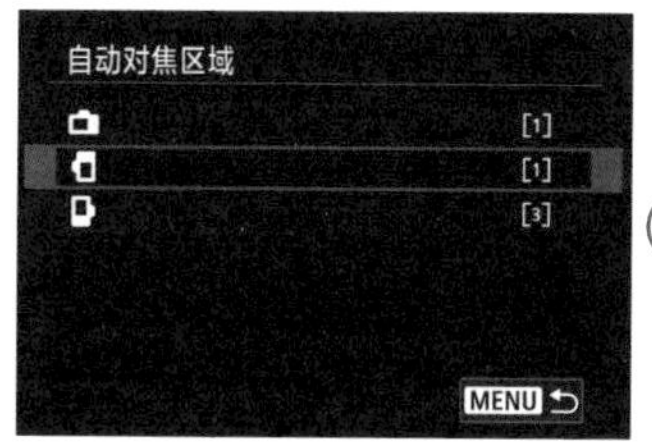

❹ 点击选择选项

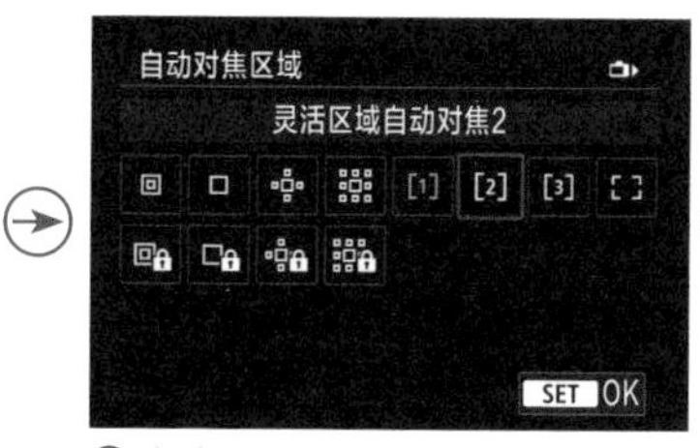

❺ 点击选择所需的自动对焦区域选项，然后点击SET OK图标确定

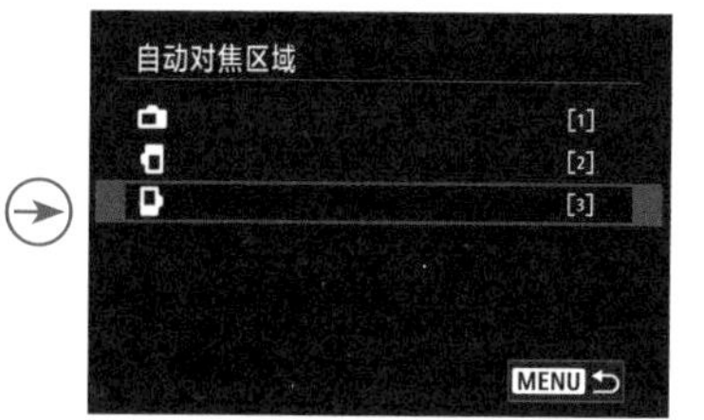

❻ 点击选择选项

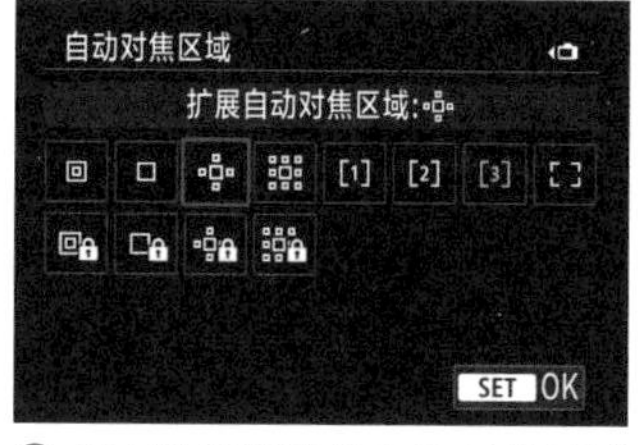

❼ 点击选择所需的自动对焦区域选项，然后点击SET OK图标确定

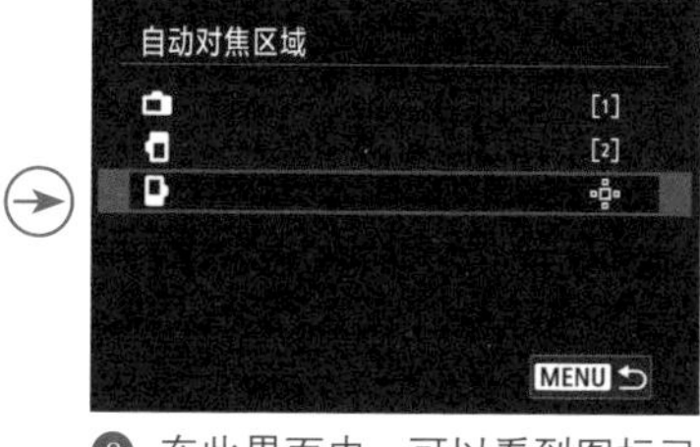

❽ 在此界面中，可以看到图标已变成所设置的选项了

◀ 针对左图所示的场景，有时需要横构图拍摄，有时需要竖构图进行拍摄，此时可以用此菜单，使摄影师在不同方向上使用预定的对焦点及对焦区域模式进行拍摄『焦距：17mm ┊ 光圈：F16 ┊ 快门速度：1/2s ┊ 感光度：ISO100』

注册调出自动对焦相关设置

通过“注册 / 调出自动对焦相关设置”菜单，用户可以保存当前的对焦菜单设置，支持注册 6 个不同的对焦组合，当需要使用某一组对焦设置时，可以从此菜单中的“调出”中，选择相应的选项调出并应用这些菜单设置。

如经常拍摄人像题材，就可以将自动对焦模式设置为单次自动对焦、单点自动对焦区域模式、被摄体识别为人物等设置，然后将此组选项注册为 SET1，在日后的拍摄中，如果要拍摄人像，就可以调出 SET1，从而省去一一设置的操作。

可以注册自动对焦操作、自动对焦区域、限制自动对焦区域等功能，不过下面这些菜单不可注册：单次自动对焦释放优先、预览自动对焦、自动对焦辅助光发光、手动对焦峰值设置及对焦向导。

设定步骤

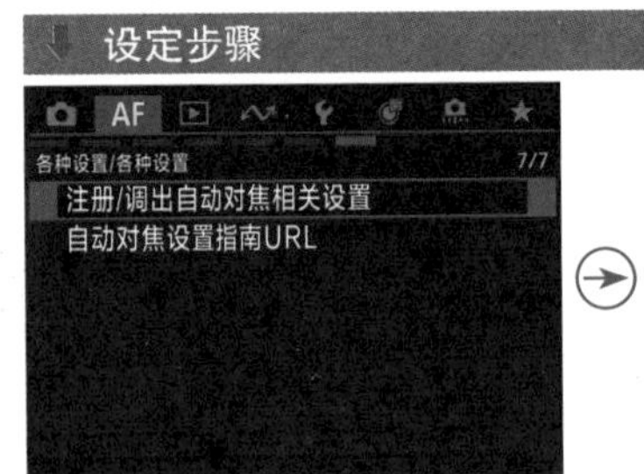

❶ 在**自动对焦菜单 7** 中选择**注册 / 调出自动对焦相关设置**选项

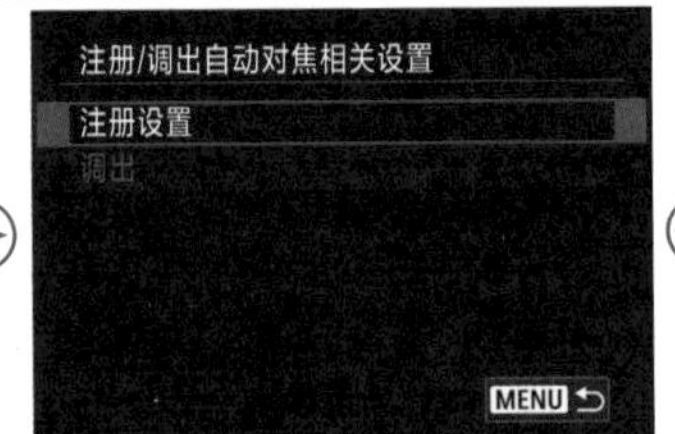

❷ 点击选择**注册设置**选项

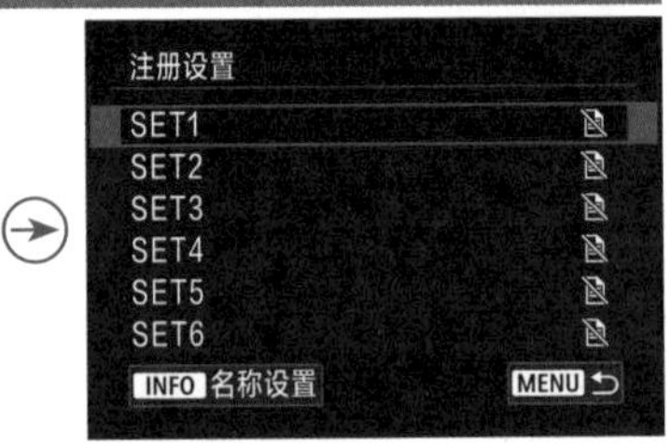

❸ 点击选择要注册的序号

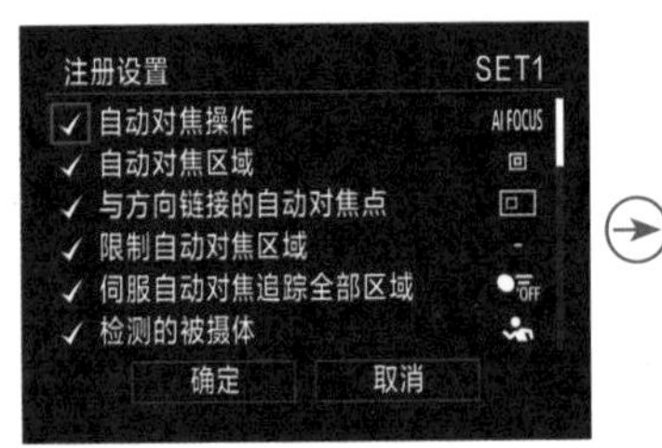

❹ 在此界面中勾选要注册的功能名称，然后点击**确定**选项

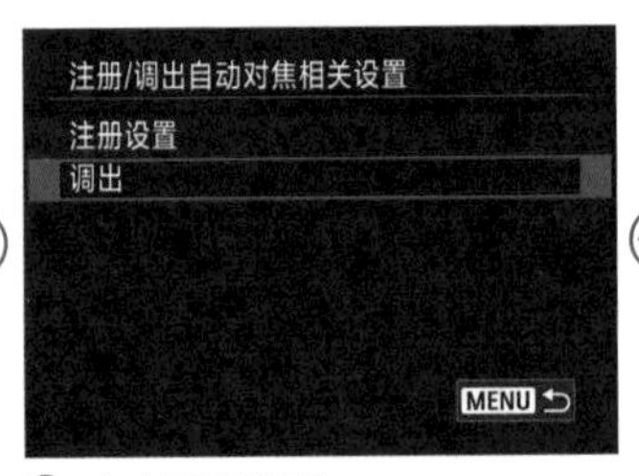

❺ 点击**调出**选项

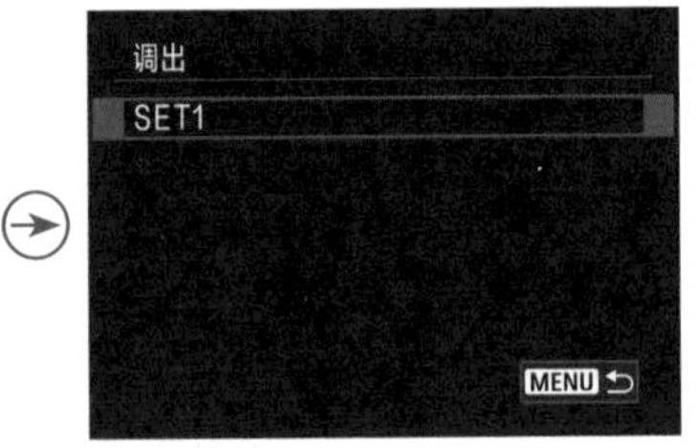

❻ 点击 **SET1** 选项

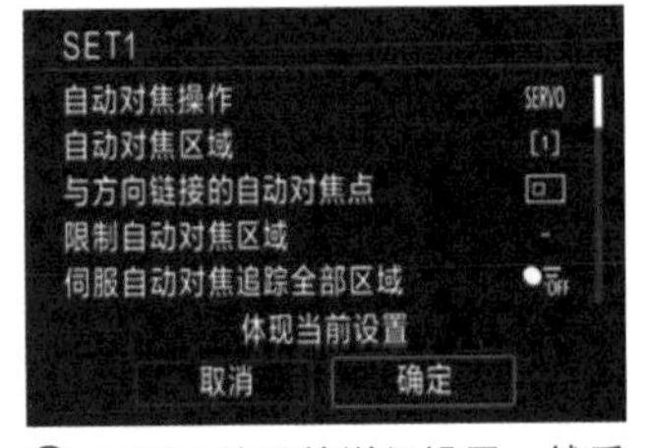

❼ 查看已注册的详细设置，然后点击**确定**选项

▶ 使用此菜单可以减少拍摄时的操作时间，更有利于模特和摄影师的拍摄表现『焦距：50mm ¦ 光圈：F3.5 ¦ 快门速度：1/180s ¦ 感光度：ISO160』

识别被拍摄对象

通过“检测的被摄体”菜单可以设置相机在自动对焦时，是否优先识别画面中的人物、动物或车辆拍摄对象。

设定步骤

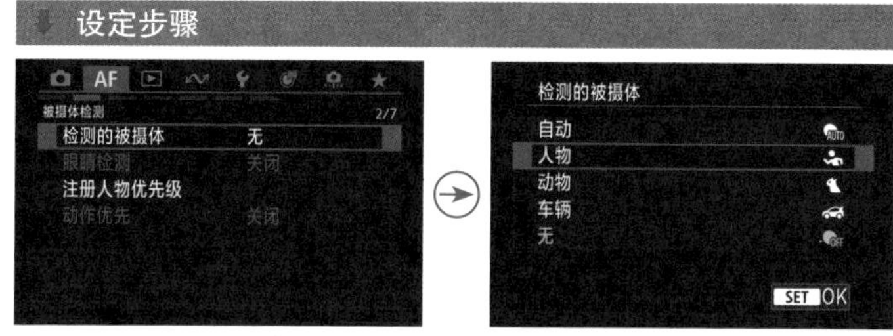

❶ 在**自动对焦菜单 2** 中选择**检测的被摄体**选项

❷ 点击选择所需选项，然后点击 SET OK 图标确定

- 自动：选择此选项，从场景中的任何人物、动物或车辆中自动选择要追踪的主被摄体。
- 人物：选择此选项，在拍摄时相机优先识别人物的面部或头部，作为主要追踪对焦的被摄对象。若相机无法检测到人物的面部或头部时，则可能会追踪身体的全部或部分部位。
- 动物：选择此选项，在拍摄时相机会检测动物（狗、猫、鸟或马）和人物，并且优先以动物的检测结果作为要追踪对焦的被摄对象。在检测动物时，相机会尝试检测面部或身体，且自动对焦点会显示在检测到的面部上。
- 车辆：选择此选项，在拍摄时相机会检测车辆（跑车、摩托车、飞机和火车）和人物，并优先使用车辆检测结果确定要追踪的主被摄体。对于车辆，相机会尝试检测关键细节或整个车身（对于火车，则为前部），然后追踪框会显示在这些检测到的细节上。如果无法检测到关键细节或整车，相机可能会追踪车辆的其他部位。按 INFO 按钮以启用或关闭对车辆关键细节的定点检测。
- 无：选择此选项，相机会根据构图方式来对焦，而不会自动检测被摄体。

高手点拨：如果拍摄的是宠物，建议选择“动物”选项，同时开启“眼睛检测”选项。

对眼睛进行对焦

在拍摄人像或动物时，一般都针对眼睛进行对焦，以保证眼睛在画面中最为清晰。为此，佳能 EOS R5 Mark Ⅱ相机提供了“眼睛检测”功能，其作用就是在拍摄人像或动物时，只要相机识别到画面中有眼睛，相机便会对人物或动物的眼睛进行对焦。因此，使用“眼睛检测”功能拍摄人像或动物照片时非常方便，可以省去调节自动对焦点的操作。

设定步骤

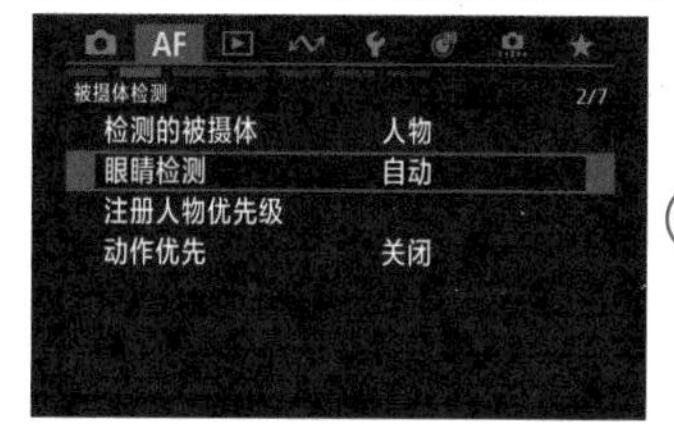

❶ 在**自动对焦菜单 2** 中选择**眼睛检测**选项

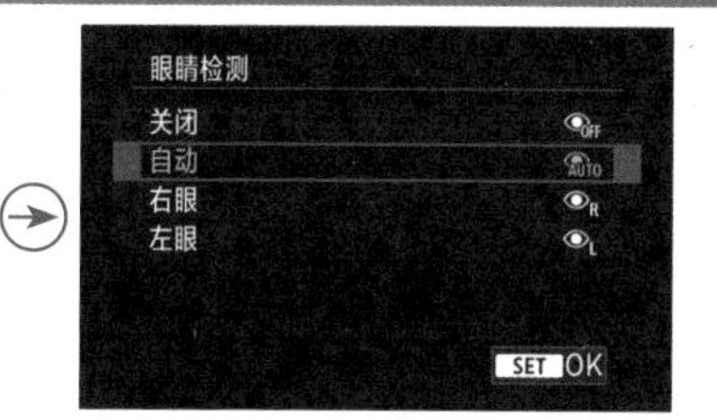

❷ 点击选择所需选项，然后点击  图标确定

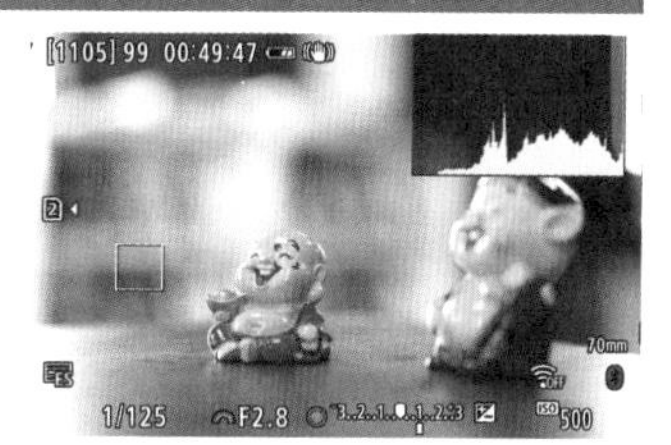

▲ 拍摄时若相机识别到眼睛，便会在眼睛周围显示自动对焦点

设置眼控对焦功能

佳能 EOS R5 Mark Ⅱ相机提供了眼控对焦功能，此功能是一项创新的自动对焦技术，相机通过感应器分析从眼睛返回的光，能够判定摄影师注视的位置，并据此进行对焦。

在使用眼控对焦功能之前，摄影师需要进行校准操作，这样有助于相机更好地识别摄影师的视线位置，从而提高对焦的准确性和稳定性。

使用时要注意调整低“灵敏度”数值，否则对焦指示圆环会到处乱飞，笔者整体试用下来，实用性不强，因为在复杂的拍摄环境下，有时要合焦的区域可能会被重重遮挡，比如树枝上的鸟、草丛中的昆虫，在这样的拍摄场景下，眼控功能误判概率太高。所以，在拍摄重要的、稍纵即逝的画面不建议使用此功能。

设定步骤

❶ 在**自定义控制菜单 4** 中选择**眼控**选项

❷ 点击选择**眼控**选项

❸ 点击选择**开**选项，然后点击 SET OK 图标确定

❹ 点击选择 **CAL 编号**选项，会弹出此提示界面，点击**确定**

❺ 点击选择**校准（CAL）**选项

❻ 点击选择**开始**选项

❼ 通过取景器观看，会看到一个圆，按照提示操作，即按下 MFn 按钮的同时，注意观看那个圆点，直至这个圆缩小为一个点

❽ 按相同的步骤对五个位置（中央、右、左、上和下）的指示重复操作，直至出现此界面的提示，点击**优化**选项可以对竖拍方向进行校准，如果仅对横向校准，则点击**退出**选项

❾ 点击**指针显示设置**选项

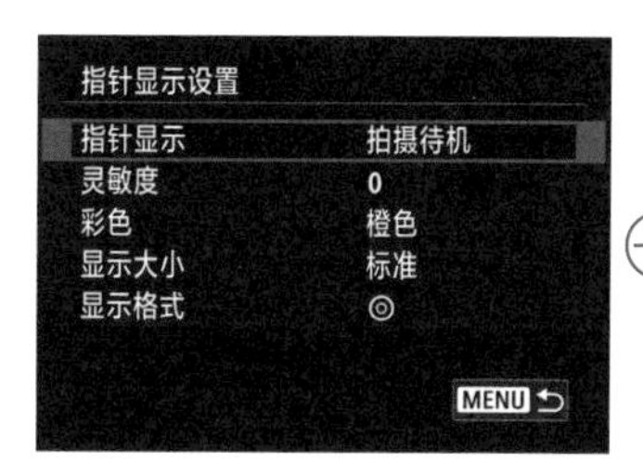

⑩ 在此界面中可以设置是否显示指针、灵敏度、彩色、显示大小、显示格式

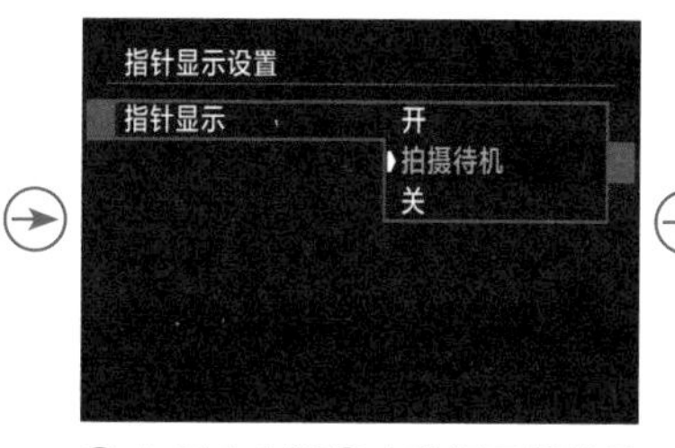

⑪ 如果在步骤⑩中选择了**指针显示**选项，在此可以选择**开**、**拍摄待机**和**关**选项

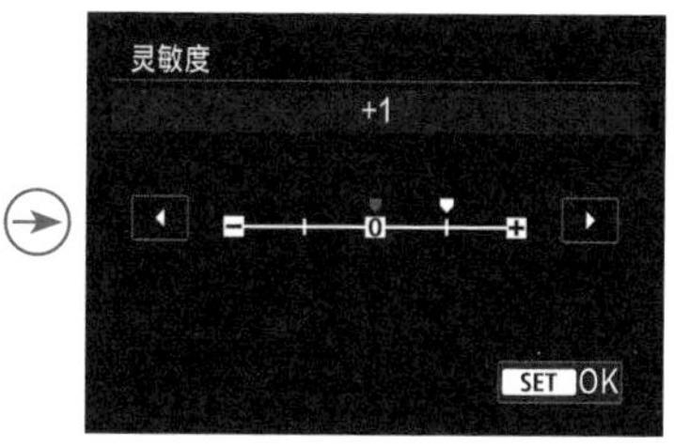

⑫ 如果在步骤⑩中选择了**灵敏度**选项，点击◀或▶图标选择所需数值，然后点击SET OK图标确定

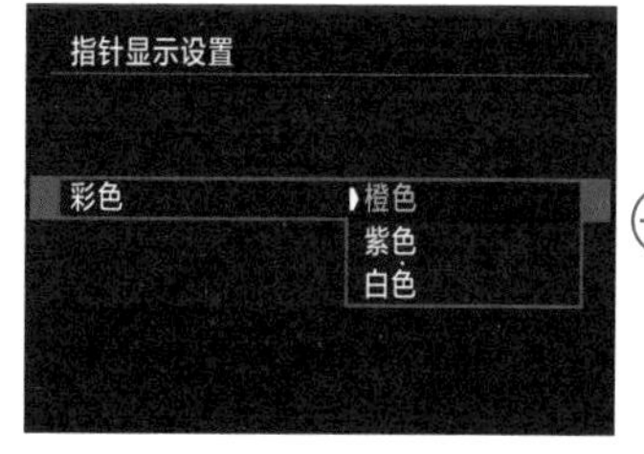

⑬ 如果在步骤⑩中选择了**彩色**选项，点击选择所需选项

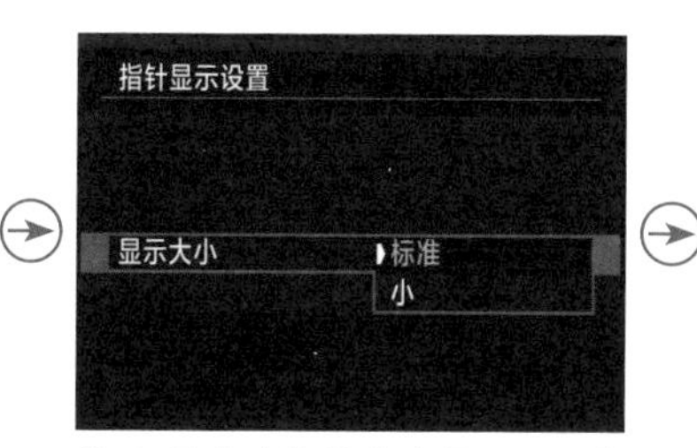

⑭ 如果在步骤⑩中选择了**显示大小**选项，点击选择**标准**或**小**选项

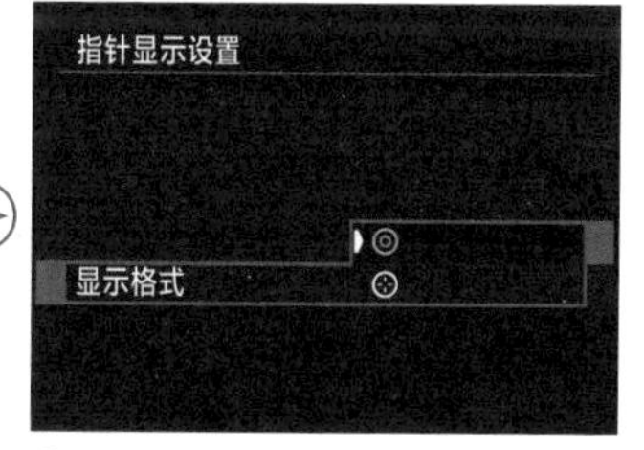

⑮ 如果在步骤⑩中选择了**显示格式**选项，点击选择所需选项

▲ 拍摄时，画面中会出现一个圆环，眼睛看哪里，圆环就会出现在哪里，当圆环出现在被拍摄对象上时，半按快门合焦，然后按下快门拍摄即可

◀ 在简单的环境中拍摄单一主体的照片时，眼控对焦功能还是能获得不错的效果的『焦距：40mm ┆ 光圈：F3.5 ┆ 快门速度：1/400s ┆ 感光度：ISO125』

注册人物优先级

通过“注册人物优先级”菜单，用户可以在相机中注册一个或多个特定人物的脸部，当这些人物出现在拍摄画面中时，相机会自动优先对焦并追踪这些已注册的人物，即使画面中存在其他人物也不会受到影响。这一功能特别适用于需要持续追踪特定拍摄人物的场景，如体育赛事、人像摄影等。

注册时可以拍摄一张人物照片或者从存储卡中选择一张照片，在拍摄时，如果检测到已注册的面部，则将在面部显示带有图标的白框，不过在使用单次自动对焦和伺服自动对焦时，不会显示图标。

设定步骤

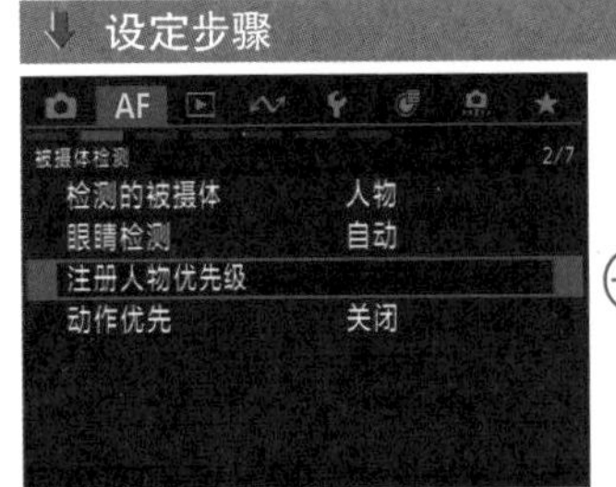

❶ 在**自动对焦菜单 2** 中选择**注册人物优先级**选项

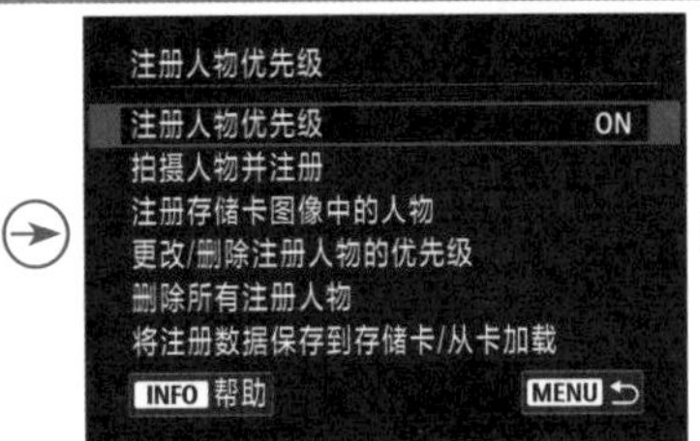

❷ 点击选择**注册人物优先级**选项

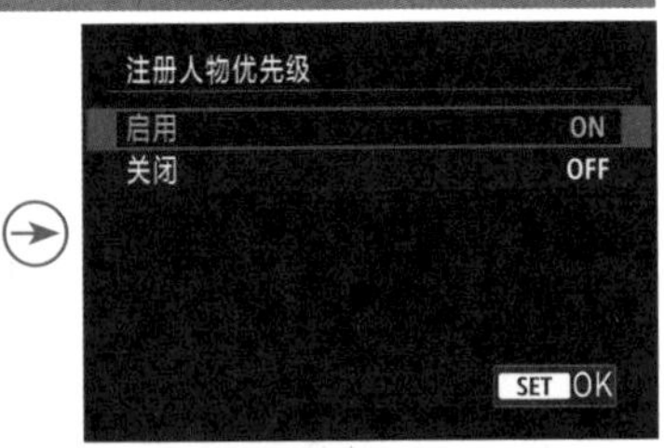

❸ 点击选择**启用**选项，然后点击 SET OK 图标确定

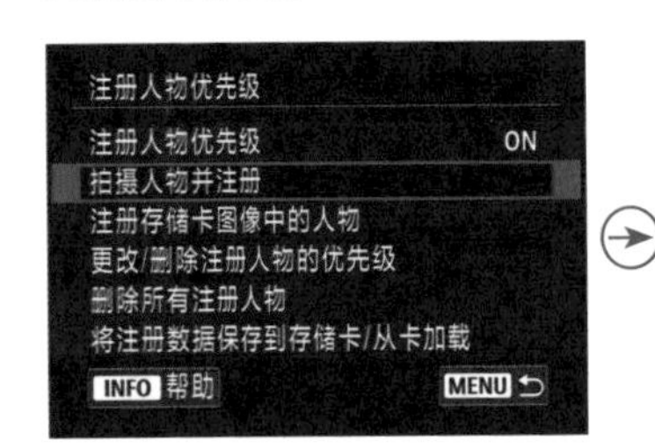

❹ 点击选择**拍摄人物并注册**选项

❺ 对着人物正脸，使人物脸部置于绿色框色内

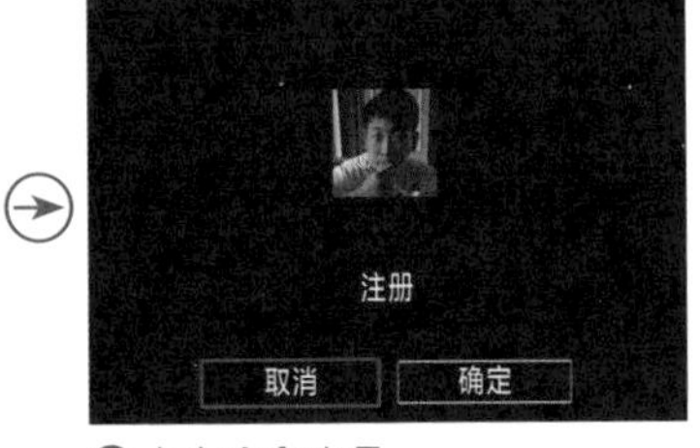

❻ 点击**确定**选项

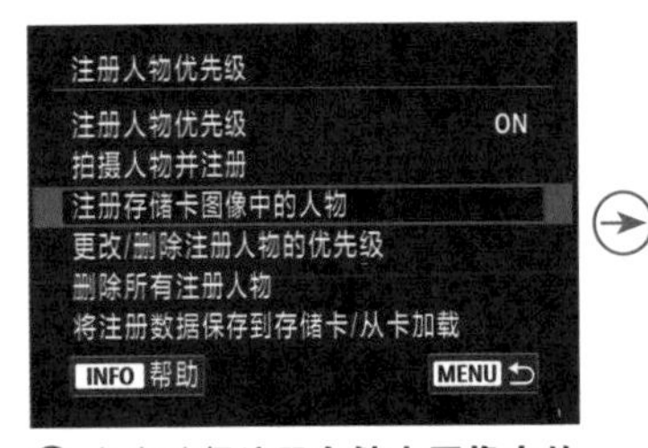

❼ 点击选择**注册存储卡图像中的人物**选项

❽ 左右滑动选择所需的人物照片，然后点击 SET 图标

❾ 将在面部出现橙色方框，确认无误后，点击 SET 注册 图标注册

高手点拨：在注册面部时，确保画面光线明亮，面部正向面对镜头，表情自然，面部不要有其他物体或被阴影遮挡，以避免面部在画面中过小或过大，否则不易被检测到。

⑩ 点击**确定**选项

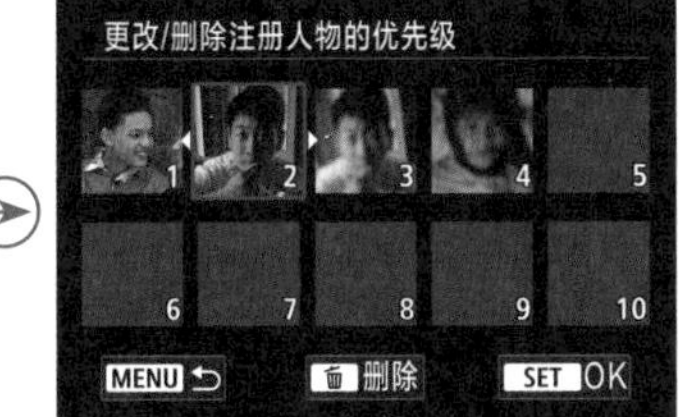

⑪ 如果在步骤❷界面中选择了**更改 / 删除注册人物的优先级**选项，将显示已注册的所有面部，点击需要移动的面部，如果要删除面部，则选中面部后点击[删除]图标

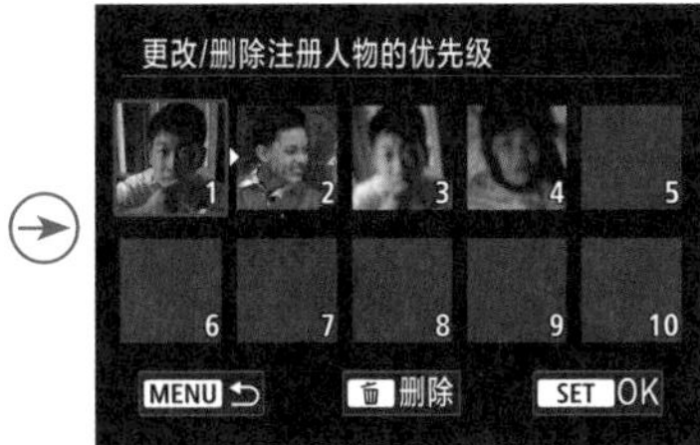

⑫ 拖动脸部移动位置，如此处示例是将序号 2 面部左移至序号 1 中，在拍摄时，将优先对焦序号 1 的面部，完成后点击[SET OK]图标确定

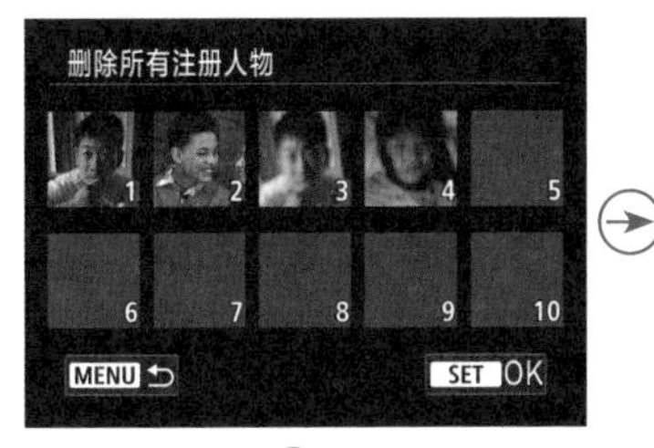

⑬ 如果在步骤❷界面中选择了**删除所有注册人物**选项，将显示此界面，点击[SET OK]图标即可删除

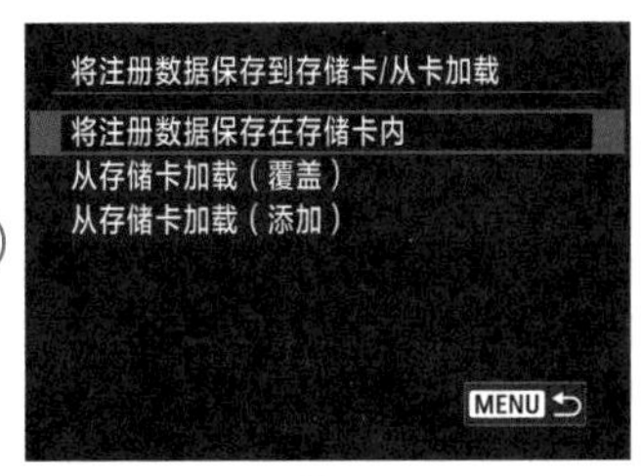

⑭ 如果在步骤❷界面中选择了**将注册数据保存到存储卡 / 从卡加载**选项，将显示此界面，点击选择所需选项

▼ 利用此功能注册人物面部，这样当人物处于较杂乱的环境中时，能够优先对焦人脸『焦距：35mm ┆ 光圈：F2.8 ┆ 快门速度：1/200s ┆ 感光度：ISO200』

设置驱动模式以拍摄运动或静止的对象

针对不同的拍摄任务，需要将快门设置为不同的驱动模式。例如，要抓拍高速移动的物体，为了保证成功率，通过设置可以使相机按下一次快门后，能够连续拍摄多张照片。

佳能 EOS R5 Mark Ⅱ相机提供了单拍□、高速连拍+□H+、高速连拍□H、低速连拍□、10 秒自拍/遥控、2 秒自拍/遥控2、自拍定时连拍c等驱动模式。

▶设定方法

按 M-Fn 按钮选择驱动模式选项，然后转动主拨盘可选择不同的驱动模式。也可以按速控按钮Q在速控屏幕中设置驱动模式

单拍模式

在此模式下，每次按下快门都只能拍摄一张照片。单拍模式适用于拍摄静态对象，如风光、建筑、静物等题材。

▲ 使用单拍驱动模式拍摄的各种题材

连拍模式

在连拍模式下，每次按下快门将会连续拍摄多张照片。佳能 EOS R5 Mark Ⅱ提供了 3 种连拍模式，当设定为电子快门拍摄时，“高速连拍 +”模式（ ）的最高连拍速度可以达到约 30 张/秒；高速连拍模式（ ）的最高连拍速度能够达到约 15 张/秒；低速连拍模式（ ）的最高连拍速度能达到约 5 张/秒。当设定为机械快门拍摄时， 模式为 12 张 / 秒、 模式为 6 张 / 秒、 模式为 3 张 / 秒。

连拍模式适用于拍摄运动的对象，当将被摄对象的连续动作全部抓拍下来以后，可以从中挑选出比较满意的画面。

▲使用连拍驱动模式抓拍小鸟进食的精彩画面

Q：为什么相机能够连续拍摄?

A：因为佳能 EOS R5 Mark Ⅱ有临时存储照片的内存缓冲区，因而在记录照片到存储卡的过程中可继续拍摄。受内存缓冲区大小的限制，最多可持续拍摄照片的数量是有限的。

Q：弱光环境下，连拍速度是否会变慢?

A：连拍速度在以下情况可能会变慢：当剩余电量较低时，连拍速度会下降；当开启了防闪烁拍摄、全像素双核 RAW 等功能时，连拍速度会下降；在伺服自动对焦模式下，因主体和使用的镜头不同，连拍速度可能会下降；在使用闪光灯拍摄时，连拍速度会下降；当选择了“高 ISO 感光度降噪功能”或在弱光环境下拍摄时，即使设置了较高的快门速度，连拍速度也可能变慢。

Q：连拍时快门为什么会停止释放?

A：在最大连拍数量少于正常值时，如果相机在中途停止连拍，可能是“高 ISO 感光度降噪功能”被设置为“强”导致的，此时应该选择“标准”“弱”或“关闭”选项。因为当启用“高 ISO 感光度降噪功能”时，相机将花费更多的时间进行降噪处理，因此将数据转存到存储空间的耗时会更长，相机在连拍时更容易被中断。

自拍模式

佳能 EOS R5 Mark Ⅱ相机提供了三种自拍模式，可满足不同的拍摄需求。

- 10 秒自拍/遥控：在此驱动模式下，可以在 10 秒后进行自动拍摄。此驱动模式支持与遥控器搭配使用。
- 2 秒自拍/遥控：在此驱动模式下，可以在 2 秒后进行自动拍摄。此驱动模式也支持与遥控器搭配使用。
- 自拍定时连拍：在此驱动模式下，可以在 10 秒后自动连拍指定的张数，通过“驱动模式”菜单或在速控屏幕上设定 2～10 张的连拍张数。

值得一提的是，所谓的“自拍”驱动模式并非只限于给自己拍照。例如，在需要使用较低的快门速度拍摄时，可以将相机置于一个稳定的位置，并进行变焦、构图、对焦等操作，然后通过设置自拍驱动模式的方式，避免手按快门产生振动，进而拍出满意的照片。

▲ 使用自拍模式能够为自己拍出漂亮的写真照片『焦距：35mm ┆ 光圈：F2.8 ┆ 快门速度：1/640s ┆ 感光度：ISO100』

设置与驱动模式相关的功能

镜像显示

当将相机屏幕旋转至相机前方（即面向被摄体）自拍时，可以将此菜单设置为“开”，此时画面会左右翻转，选择此菜单选项，有助于被拍摄对象通过屏幕观看自己在画面中的状态。

❶ 在**自动对焦菜单 9** 中选择**镜像显示**选项

❷ 点击选择**开**或**关**选项

预先连续拍摄

佳能 EOS R5 Mark Ⅱ相机预先连续拍摄功能允许用户在半按快门之后，完全按下快门之前，相机使用电子快门自动连续拍摄一组照片。预拍摄数量会因连拍速度而异，例如，在大约 30 张 / 秒的连拍速度下， 完全按下快门前，相机会大约预拍摄 0.5 秒。

这一功能适用于捕捉那些稍纵即逝的瞬间，如运动员的起跑、鸟类的起飞等。

设定步骤

❶ 在**拍摄菜单 6** 中选择**预先连续拍摄**选项

❷ 选择**关闭**或**启用**选项，然后点击 SET OK 图标

连拍速度

用户可以根据自己的需要，通过“连拍速度”菜单，设置每种连拍模式下的最多拍摄张数。

高速连拍 + 模式可在 30 ~ 3 张 / 秒范围内设定，高速连拍模式可在 20 ~ 2 张 / 秒范围内设定，低速连拍模式可在 15 ~ 1 张 / 秒范围内设定。

设定步骤

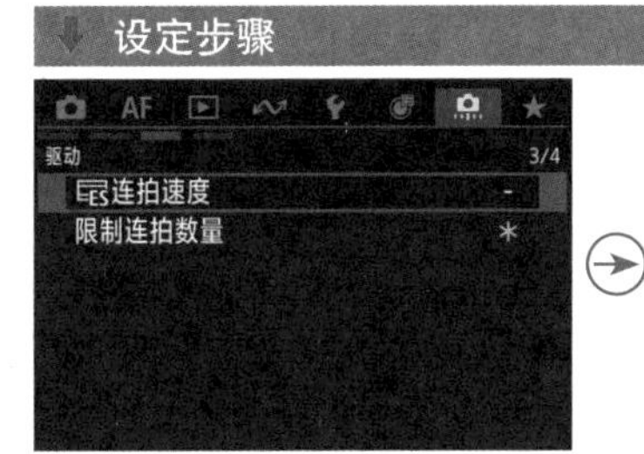

❶ 在**自定义功能菜单 3** 中选择**连拍速度**选项

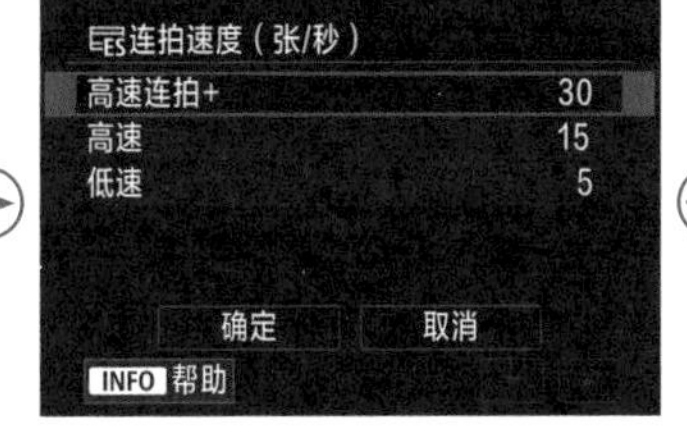

❷ 选择要修改的连拍模式选项，如此处选择**高速连拍 +** 选项

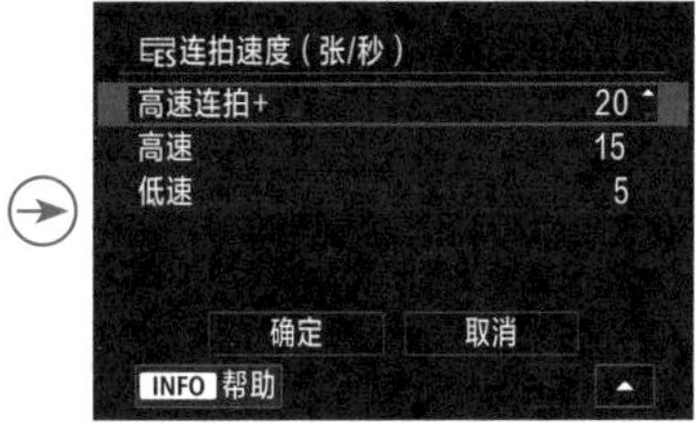

❸ 点击右下角的▲或▼图标选择最高连拍张数，然后点击**确定**选项

❹ 点击**限制连拍数量**选项

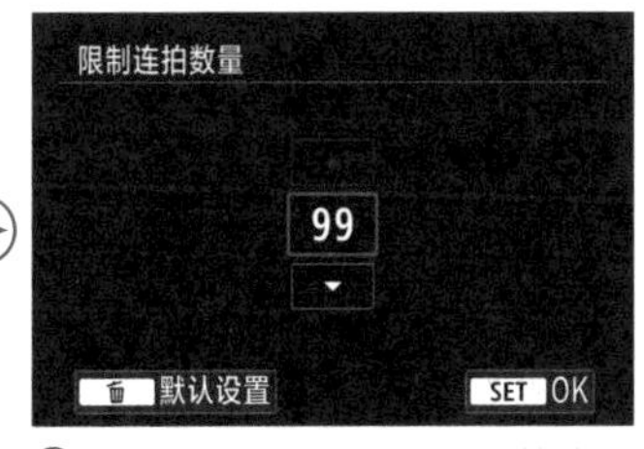

❺ 点击▲或▼图标选择所需数值，然后点击 SET OK 图标确定

高手点拨：对于某些需要连拍但本身变化速度并不太快的对象，不需要连拍很多照片。在这种情况下，通过设置这一菜单可以避免在连拍模式下，由于长按快门拍出大量废片，增加后期选择照片的难度与时间。

设置测光模式以获得准确的曝光

要想准确曝光，前提是要做到准确测光。在使用除手动及 B 门以外的所有拍摄模式拍摄时，都需要根据测光模式确定曝光组合。例如，在光圈优先的拍摄模式下，在指定了光圈及 ISO 感光度数值后，可根据不同的测光模式确定快门速度值，以满足准确曝光的需求。因此，选择一个合适的测光模式是获得准确曝光的重要前提。

▶设定方法

按 INFO 切换至参数显示，然后按Q按钮显示速控屏幕，转动速控转盘 1 选择测光模式选项，然后转动速控转盘 2 或主拨盘选择所需测光模式选项。也可以在速控屏幕上点击选择

评价测光

评价测光是最常用的测光模式，在场景智能自动拍摄模式下，相机默认采用的就是评价测光模式。采用该模式测光时，相机会对画面进行平均测光，此模式最适合拍摄光线均匀的日常及风光题材的照片。

值得一提的是，该测光模式在手选单个对焦点的情况下，对焦点可以与测光点联动，即对焦点所在位置为测光的位置，在拍摄时善于利用这一点，可以为拍摄带来更大的便利。

▼使用评价测光模式拍摄的风景照片，画面中没有明显的明暗对比，可以获得曝光正常的画面效果『焦距：24mm ┊ 光圈：F14 ┊ 快门速度：1/2s ┊ 感光度：ISO100』

中央重点平均测光[ ]

在中央重点平均测光模式下，测光会偏向取景器的中央部位，但也会同时兼顾其他部分的亮度。由于测光时能够兼顾其他区域的亮度，因此该模式既能实现画面中央区域的精准曝光，又能保留部分背景的细节。

这种测光模式适合拍摄主体位于画面中央位置的场景，如人像、建筑物或背景较亮的逆光对象等。

▲人物处于画面的中心位置，使用中央重点平均测光模式，可以使画面中的主体人物获得准确曝光『焦距：50mm ┆ 光圈：F2.4 ┆ 快门速度：1/200s ┆ 感光度：ISO400』

局部测光

佳能 EOS R5 Mark Ⅱ局部测光的测光区域为覆盖屏幕中央约 9.5% 的区域。当主体占据画面面积较小、而又希望获得准确的曝光时，可以尝试使用该测光模式。

▲使用局部测光模式，以较小的区域作为测光范围，从而获得精确的测光结果『焦距：100mm ┆ 光圈：F5 ┆ 快门速度：1/500s ┆ 感光度：ISO250』

点测光[•]

点测光也是一种高级测光模式，相机只对画面中央区域的很小一部分（也就是屏幕中央约 5.3% 的区域）进行测光，因此具有相当高的准确性。当主体和背景的亮度差较大时，最适合使用点测光模式拍摄。

由于点测光的测光面积非常小，因此在实际使用时，可以直接将对焦点设置为中央对焦点，这样就可以实现对焦与测光的同步工作了。

◀ 使用点测光模式对夕阳周围的天空进行测光，使用逆光将人物拍出剪影效果，增强了画面的形式美感『焦距：70mm ┆ 光圈：F8 ┆ 快门速度：1/2000s ┆ 感光度：ISO200』

对焦后自动锁定曝光的测光模式

在默认情况下，除非使用评价测光，否则半按快门对焦和测光成功后，半按快门并不会锁定曝光。这意味着，在半按快门的情况下，如果调整了构图，曝光参数将不再准确。

如果希望在半按快门的情况下锁定曝光，以便执行调整构图的操作，可以在“对焦后自动锁定曝光的测光模式”菜单中，设定每种测光模式在单次自动对焦模式下对焦成功后，半按快门按钮时是否锁定画面曝光（自动曝光锁）。在此菜单中选中某种测光模式，便可以在拍摄时半按快门锁定曝光，并且只要保持半按快门的动作就可以一直锁定曝光。

设定步骤

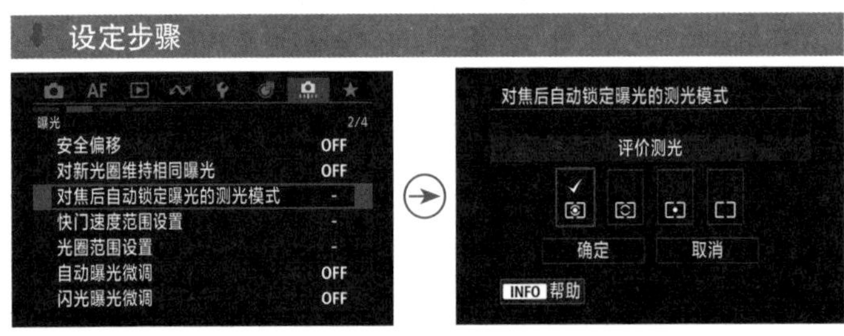

❶ 在**自定义功能菜单 2** 中选择**对焦后自动锁定曝光的测光模式**选项

❷ 选择要应用自动曝光锁的测光模式，然后选择**确定**选项

评价测光模式下优先对识别的被摄体测光

此菜单用于设置在使用评价测光模式下，如果半按快门测光，是否根据“检测的被摄体”菜单设置对检测到的被摄体进行优先测光。

选择“启用”选项，相机会基于自动对焦点或被摄体所在的自动对焦区域进行测光。

选择“关闭”选项，则会对整体进行测光。

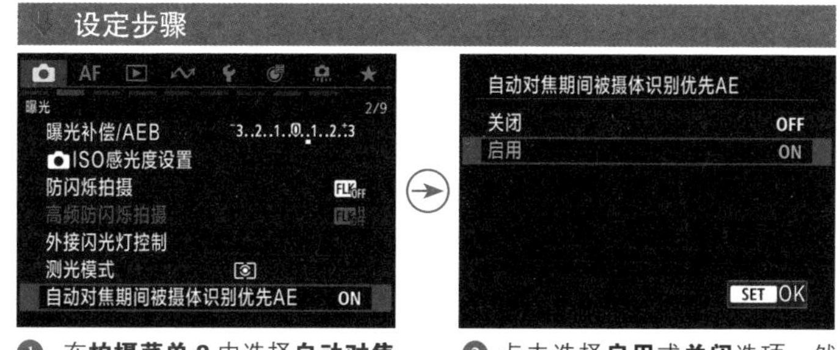

❶ 在**拍摄菜单 2** 中选择**自动对焦期间被摄体识别优先 AE** 选项

❷ 点击选择**启用**或**关闭**选项，然后点击 SET OK 图标确定

▲如果“检测的被摄体”设置为“人物”，那么建议启用此功能，以优先保证脸部曝光『焦距：35mm ┆ 光圈：F6 ┆ 快门速度：1/500s ┆ 感光度：ISO200』

第 4 章

灵活运用拍摄模式
拍出好照片

场景智能自动拍摄模式

场景智能自动拍摄模式在佳能 EOS R5 Mark Ⅱ相机的屏幕上显示为A+。在光线充足的情况下，使用该模式可以拍出效果非常好的照片。在场景智能自动拍摄模式下，相机会自动进行对焦，如果拍摄静止对象，合焦时会显示绿色对焦点并发出提示音；如果拍摄运动对象，自动对焦点显示为蓝色并且会追踪移动的被摄对象，以便对主体进行持续对焦。

在场景智能自动拍摄模式下，快门速度、光圈等参数全部由相机自动设定，拍摄者无法主动控制成像效果。

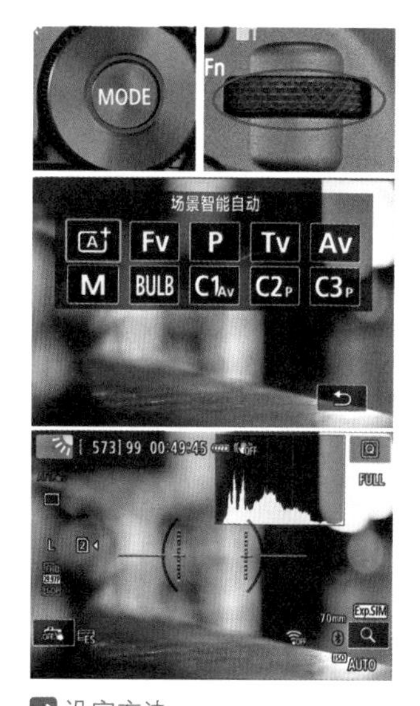

▶设定方法

按 MODE 按钮，然后转动主拨盘选择A+图标，即设定为场景智能自动模式

▲在光线条件不错的情况下，使用场景智能自动拍摄模式也能拍出不错的照片『焦距：24mm ┊光圈：F8 ┊快门速度：1/1000s ┊感光度：ISO100』

高手点拨： 这种拍摄模式虽然就是许多摄影高手眼中的“傻瓜”模式，但对于摄影初学者来说却具有一定的价值，因为在这种模式下，可以进行题材选择与构图，而无须对曝光参数过多关注。

高级拍摄模式

高级拍摄模式允许摄影师根据拍摄题材和表现意图自定义大部分甚至全部拍摄参数，从而获得个性化的画面效果。下面分别讲解佳能 EOS R5 Mark Ⅱ高级拍摄模式的功能及使用技巧。

程序自动拍摄模式 P

在此拍摄模式下，相机基于一套算法来确定光圈与快门速度组合。通常，相机会自动选择一个适合手持拍摄并且不受相机抖动影响的快门速度，同时还会调整光圈以得到合适的景深，确保所有景物都能清晰地呈现。

在此模式下，相机会自动识别镜头的焦距和光圈范围，并根据此信息确定最优曝光组合。使用程序自动拍摄模式拍摄时，摄影师仍然可以设置 ISO 感光度、白平衡、曝光补偿等参数。此模式的最大优点是操作简单、快捷，适合拍摄快照或那些不用十分注重曝光控制的场景，如新闻、纪实摄影或进行偷拍、自拍等。

在实际拍摄中，相机自动选择的曝光设置未必是最佳组合。例如，摄影师可能认为按此快门速度手持拍摄不够稳定，或者希望选用更大的光圈，此时可以利用程序偏移功能进行调整。

在 P 模式下，半按快门按钮，然后转动主拨盘直到显示所需快门速度或光圈数值，虽然光圈与快门速度数值发生了变化，但这些数值组合在一起仍然能够获得同样的曝光量。在操作时，向右旋转主拨盘，可以获得模糊背景细节的大光圈（低 F 值）或“锁定”动作的高速快门曝光组合；向左旋转主拨盘，可以获得增加景深的小光圈（高 F 值）或模糊动作的低速快门曝光组合。

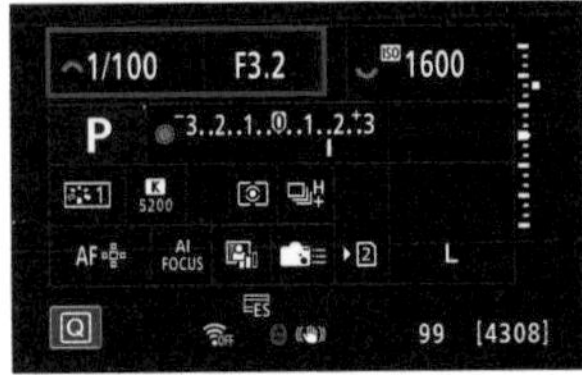

▶设定方法

按 MODE 按钮，然后转动主拨盘选择 P 图标，即为程序自动模式。在 P 模式下，用户可以通过转动主拨盘来选择快门速度和光圈的不同组合

▲ 使用程序自动拍摄模式可以方便进行抓拍『焦距：135mm ┆ 光圈：F5.6 ┆ 快门速度：1/400s ┆ 感光度：ISO200』

高手点拨： 如果是快门速度“30”和最大光圈闪烁组合，表示曝光不足，此时可以提高ISO感光度或使用闪光灯。

高手点拨： 如果是快门速度“1/8000”和最小光圈闪烁组合，表示曝光过度，此时可以降低ISO感光度或使用中灰（ND）滤镜，以减少镜头的进光量。

快门优先拍摄模式 Tv

在此拍摄模式下，用户可以转动主拨盘从1/8000～30秒选择所需快门速度，然后相机会自动计算光圈的大小，以获得正确的曝光组合。

较高的快门速度可以凝固动作或者移动的主体；较慢的快门速度可以产生模糊效果，从而获得动感效果。

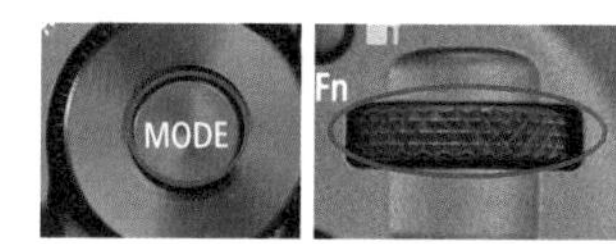

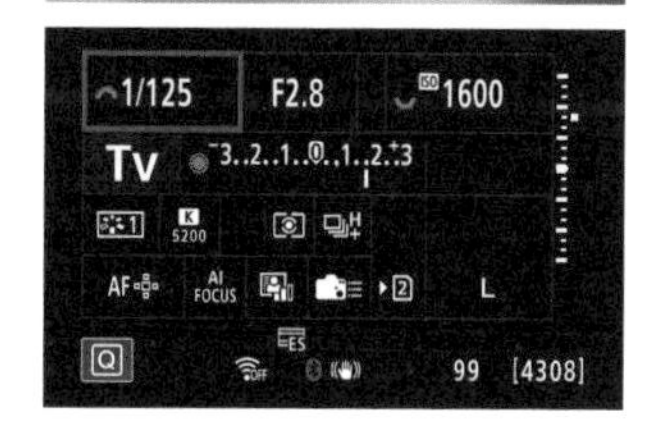

设定方法

按 MODE 按钮，然后转动主拨盘选择 Tv 图标，即为快门优先模式。在快门优先模式下，用户可以通过转动主拨盘来选择快门速度值

▲ 用快门优先拍摄模式抓拍到飞鸟的精彩瞬间『焦距：400mm ┊ 光圈：F5.6 ┊ 快门速度：1/1600s ┊ 感光度：ISO500』

▲ 用快门优先拍摄模式将流水拍出如丝般柔顺的效果『焦距：24mm ┊ 光圈：F16 ┊ 快门速度：2s ┊ 感光度：ISO50』

高手点拨： 如果最大光圈值闪烁，表示曝光不足，需要转动主拨盘设置较低的快门速度，直到光圈值停止闪烁；也可以通过设置一个较高的ISO感光度数值来解决此问题。

高手点拨： 如果最小光圈值闪烁，则表示曝光过度，需要转动主拨盘设置较高的快门速度，直到光圈值停止闪烁；也可以通过设置一个较低的ISO感光度数值来解决此问题。

光圈优先拍摄模式 Av

在光圈优先拍摄模式下，相机会根据当前设置的光圈大小自动计算出合适的快门速度。使用光圈优先拍摄模式可以控制画面的景深，在同样的拍摄距离下，光圈越大，景深越小，画面中的前景、背景的虚化效果就越好；反之，光圈越小，则景深越大，画面中的前景、背景的清晰度就越高。

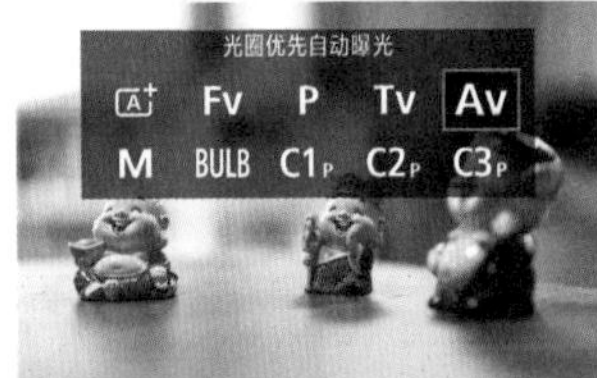

设定方法

按 MODE 按钮，然后转动主拨盘选择 Av 图标，即为光圈优先模式。在光圈优先模式下，用户可以通过转动主拨盘来选择光圈值

▲使用光圈优先拍摄模式并配合大光圈的运用，可以得到非常漂亮的背景虚化效果，这也是人像摄影中很常见的一种表现形式『焦距：85mm ┆ 光圈：F2 ┆ 快门速度：1/640s ┆ 感光度：ISO100』

▲ 使用小光圈拍摄的夜景风光，使画面获得足够大的景深『焦距：17mm ┆ 光圈：F16 ┆ 快门速度：1s ┆ 感光度：ISO100』

高手点拨：当光圈过大而导致快门速度超出了相机的极限时，如果仍然希望保持该光圈，可以尝试降低ISO感光度的数值，或使用中灰滤镜降低光线的进入量，从而保证画面曝光准确。

手动拍摄模式 M

在手动拍摄模式下，所有拍摄参数都需要摄影师手动进行设置。使用此模式拍摄有以下几个优点。

首先，使用M挡手动拍摄模式拍摄时，当摄影师设置好恰当的光圈和快门速度数值后，即使移动镜头进行再次构图，光圈与快门速度的数值也不会发生变化。

其次，使用其他拍摄模式拍摄时，往往需要根据场景的亮度，在测光后进行曝光补偿操作；而在M挡手动拍摄模式下，由于光圈与快门速度的数值都是由摄影师设定的，因此在设定的同时就可以将曝光补偿考虑在内，从而省略了曝光补偿的设置过程。因此，在手动拍摄模式下，摄影师可以按照自己的想法使影像曝光不足，以使照片显得较暗，给人以忧伤的感觉；或者使影像稍微过曝，从而拍摄出明快的高调照片。

另外，当在摄影棚拍摄并使用了频闪灯或外置非专用闪光灯时，由于无法使用相机的测光系统，需要使用测光表或通过手动计算来确定正确的曝光值，此时就需要手动设置光圈和快门速度，从而实现正确的曝光。

▶设定方法

按MODE按钮，然后转动主拨盘选择M图标，即为手动模式。在手动拍摄模式下，转动主拨盘可以调节快门速度值，转动速控转盘1可以调节光圈值，转动速控转盘2可以调节感光度值

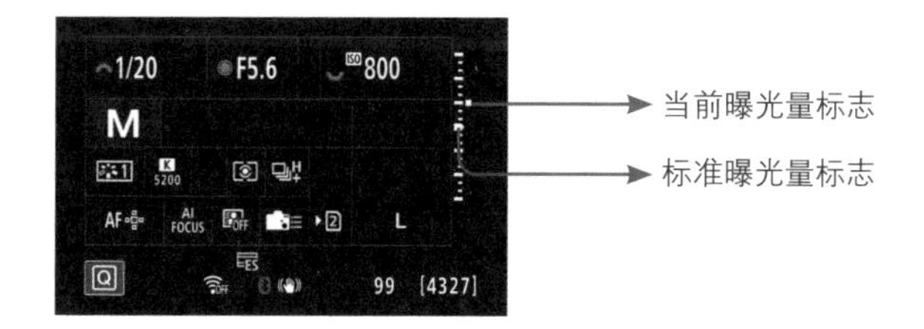

高手点拨：在改变光圈、快门速度或感光度时，曝光量标志会左右移动，当曝光量标志位于标准曝光量标志的位置时，能获得相对准确的曝光。

▶在影楼中拍摄人像时，会经常使用手动拍摄模式，由于光线稳定，基本上不需要调整光圈和快门速度，只需改变焦距和构图即可

灵活优先拍摄模式 Fv

在灵活优先的拍摄模式下，快门速度、光圈值和ISO感光度既可以设置为由相机自动计算，也可以由用户根据当前拍摄需求灵活地手动调节，并且可以与曝光补偿组合搭配。通过分别控制这些参数，相当于在此模式下，可以执行与P、Tv、Av、M模式一样的拍摄操作，非常灵活、方便，适用于多样性的拍摄场景中。

下表为灵活优先拍摄模式中的功能组合。

快门速度	光圈值	ISO感光度	曝光补偿	拍摄模式
AUTO	AUTO	AUTO	可用	相当于P模式
		手动选择		
手动选择	AUTO	AUTO	可用	相当于Tv模式
		手动选择		
AUTO	手动选择	AUTO	可用	相当于Av模式
		手动选择		
手动选择	手动选择	AUTO	可用	相当于M模式
		手动选择	-	

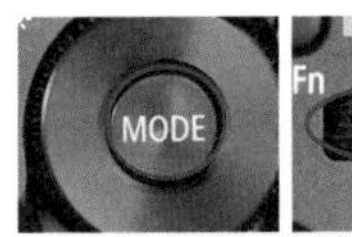

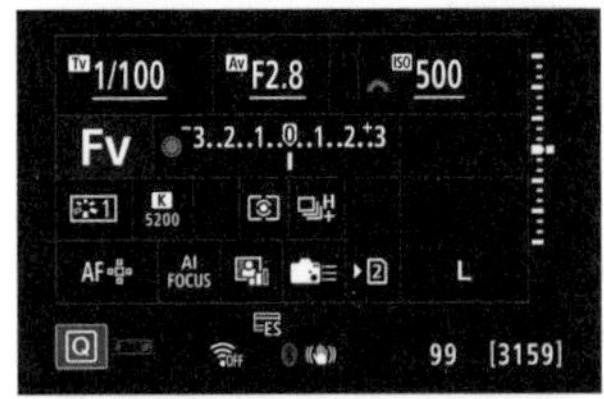

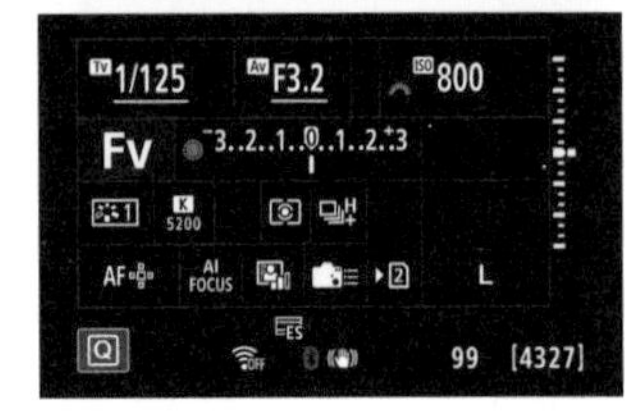

设定方法

按MODE按钮，然后转动主拨盘选择Fv图标，即为灵活优先拍摄模式。在灵活优先拍摄模式下，用户可以通过转动速控转盘2来选择快门速度、光圈、ISO感光度或曝光补偿4个项目，然后转动主拨盘选择所需数值。若要将所选项目设置为AUTO或曝光补偿为±0，则需要按按钮

▲在旅拍时，可以切换到灵活优先拍摄模式，以便随时根据拍摄场景而更改设置『焦距：35mm ┆ 光圈：F8 ┆ 快门速度：1/20s ┆ 感光度：ISO100』

B 门拍摄模式

B 门拍摄模式在佳能 EOS R5 Mark Ⅱ相机的屏幕上显示为“BULB”。将模式设置为 BUBL 后，注视屏幕的同时转动主拨盘设置所需光圈值，持续地完全按下快门按钮将使快门一直处于打开状态，直到松开快门按钮后才关闭，即完成整个曝光过程，因此曝光时间取决于快门按钮被按下与被释放的过程。

由于在使用这种拍摄模式拍摄时，可以持续地长时间曝光，因此特别适合拍摄天体、焰火等需要长时间曝光并手动控制曝光时间的题材。

需要注意的是，使用 B 门模式拍摄时，为了避免所拍摄的照片模糊，应该使用三脚架及遥控快门线辅助拍摄。若不具备条件，至少也要将相机放置在平稳的水平面上。

在使用佳能 EOS R5 Mark Ⅱ相机的 B 门模式拍摄时，可以在“B 门定时器”菜单中预设 B 门曝光的曝光时间。使用此菜单的优点是可以省去一根普通的快门线，预设好拍摄所需的曝光时间后，按下快门按钮将开始曝光，在曝光期间可以松开手而不需要按住快门，当曝光达到所设定的时间后，相机自动结束拍摄。

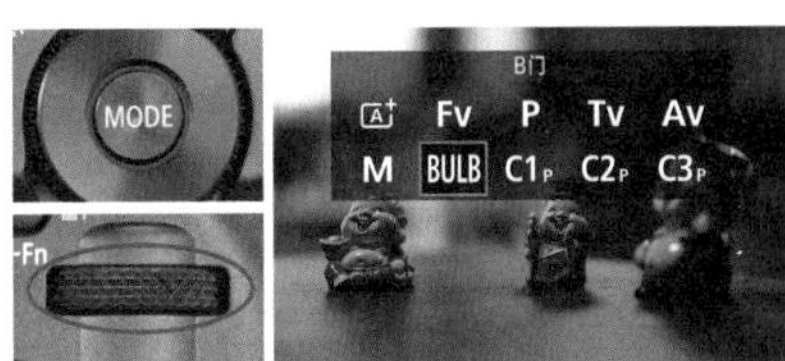

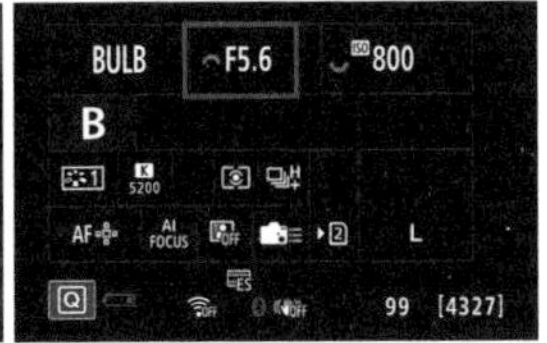

▶ 设定方法

按 MODE 按钮，然后转动主拨盘选择 BULB 图标，即为 B 门拍摄模式。在 B 门模式下，用户可以转动主拨盘选择光圈值

▲ 光绘照片就需要使用B门模式拍摄〖焦距：20mm ┆ 光圈：F4 ┆ 感光度：ISO200〗

设定步骤

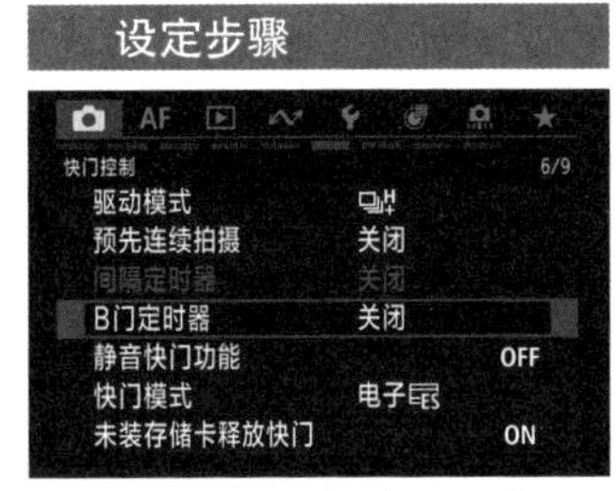

❶ 在**拍摄菜单 6** 中选择 **B 门定时器**选项

❷ 点击选择**启用**选项，然后点击 INFO 详细设置 图标进入调节曝光时间界面

❸ 点击选择所需数字框，然后点击▲或▼图标选择数值

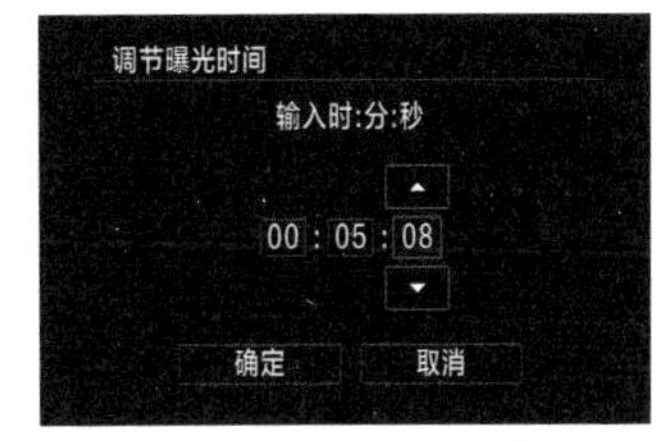

❹ 设定完成后点击选择**确定**选项

自定义拍摄模式（C）

佳能 EOS R5 Mark Ⅱ相机提供了 3 个自定义拍摄模式，即 C1、C2 和 C3。在这种模式下，相机会使用用户自定义的拍摄参数进行拍摄，可自定义的拍摄参数包括拍摄模式、ISO 感光度、自动对焦模式、自动对焦点、测光模式、图像画质和白平衡等。

可以事先将这些拍摄参数设置好，以应对某一特定的拍摄题材。例如，若经常需要拍摄夜景，则可以将拍摄模式设置为 B 门、开启长时间曝光降噪功能、将色温调整至 2800K，这样就能够轻松地拍摄出画面纯净、灯光璀璨的蓝调夜景，并将这些参数定义给 C1。下次再拍摄同样的场景时，只需要切换至 C1 拍摄模式，即可调出这一组参数。

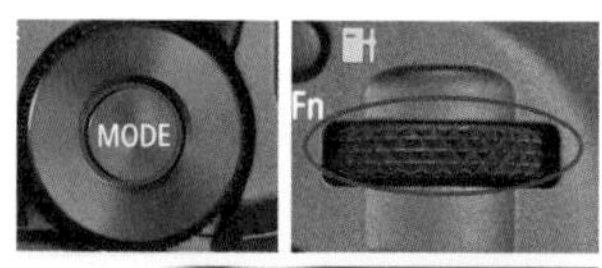

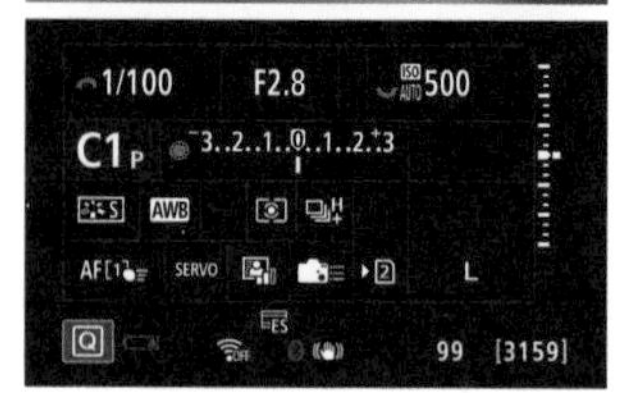

设定方法

按 MODE 按钮，然后转动主拨盘选择 C1～C3 图标，即为自定义拍摄模式

▼将拍摄夜景需要的参数定义到 C1 模式上，以便下一次快速调用相同的参数进行拍摄『焦距：24mm ┆ 光圈：F14 ┆ 快门速度：2s ┆ 感光度：ISO100』

注册自定义拍摄模式

在注册时，可先在相机中设定要注册到 C 模式中的各种拍摄参数，如拍摄模式、曝光组合、自动对焦模式、自动对焦点、测光模式、驱动模式、曝光补偿量和闪光补偿量等。然后按右图所示的操作步骤进行操作即可。

设定步骤

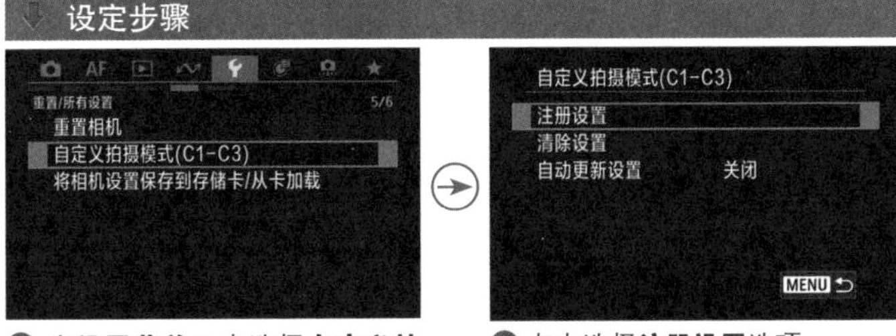

❶ 在**设置菜单 5** 中选择**自定义拍摄模式（C1-C3）**选项

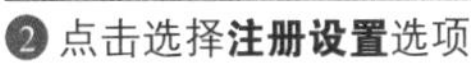

❷ 点击选择**注册设置**选项

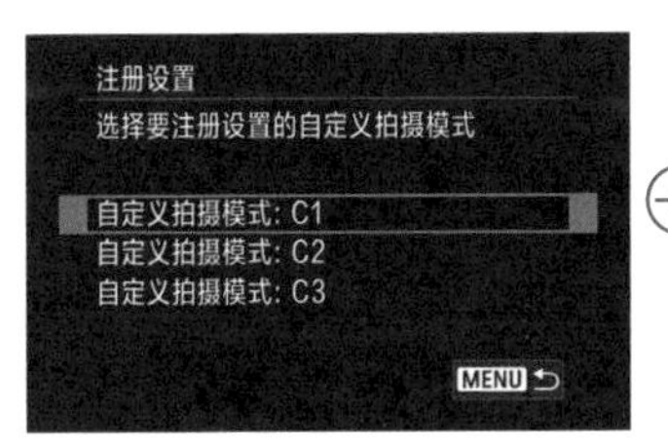

❸ 点击选择要注册的自定义模式

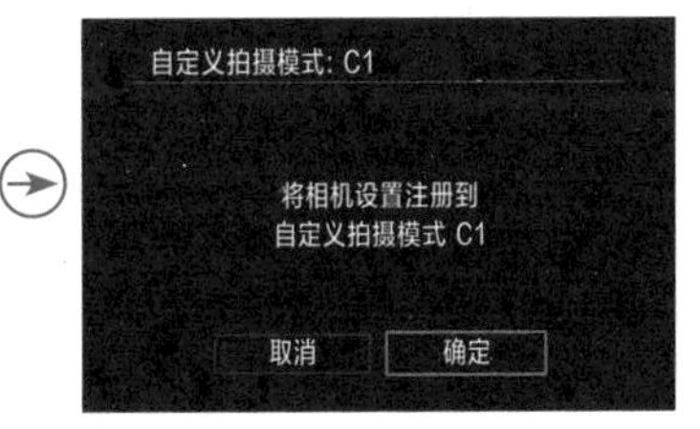

❹ 点击选择**确定**选项

清除设置

如果要重新设置 C 模式注册的参数，可以先将其清除，其操作方法如右图所示。

设定步骤

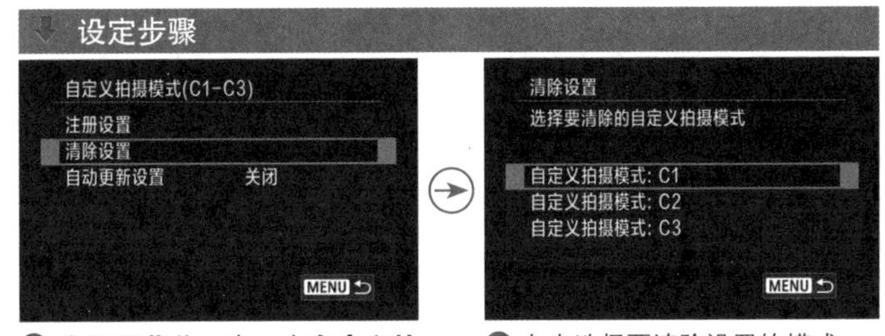

❶ 在**设置菜单 5** 中，在**自定义拍摄模式（C1-C3）**中点击选择**清除设置**选项

❷ 点击选择要清除设置的模式

自动更新设置

若将“自动更新设置”选项设置为“启用”，则在使用自定义拍摄模式时，用户所修改的拍摄参数将自动保存至当前的自定义拍摄模式中。

设定步骤

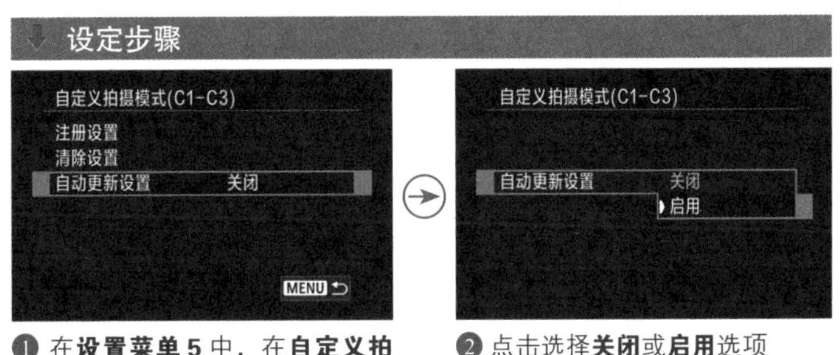

❶ 在**设置菜单 5** 中，在**自定义拍摄模式（C1-C3）**中点击选择**自动更新设置**选项

❷ 点击选择**关闭**或**启用**选项

高手点拨：对于拍摄固定题材的摄影工作室来说，建议将此选项设置为“关闭”。

限制拍摄模式

佳能 EOS R5 Mark Ⅱ 相机提供了多种拍摄模式，但并不是每种模式摄影师都会用到，有些摄影师喜欢拍风光，可能就用到光圈优先或手动拍摄模式，有些摄影师喜欢拍鸟类，可能一个快门优先模式就够了，佳能也考虑到了这一点，提供了“限制拍摄模式”菜单，在此菜单中用户可以根据自己的拍摄需要，勾选出自己常用的拍摄模式，隐藏不常用的拍摄模式，从而简化选择拍摄模式时的操作。

设定步骤

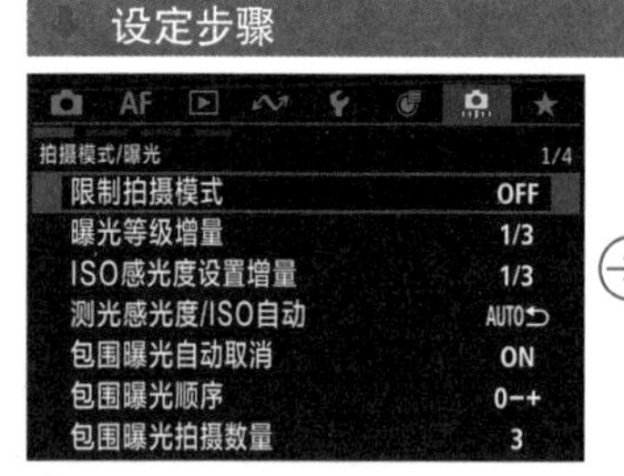

❶ 在**自定义功能菜单 1** 中，点击选择**限制拍摄模式**选项

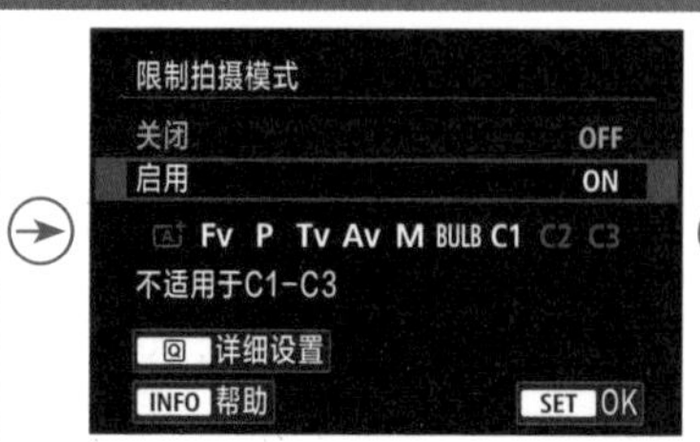

❷点击选择**启用**选项，然后点击 详细设置 图标

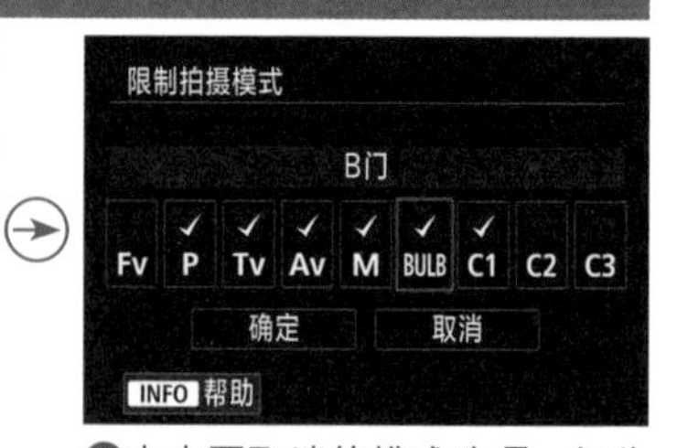

❸点击要取消的模式选项，如此处选择取消 BULB，然后点击**确定**选项

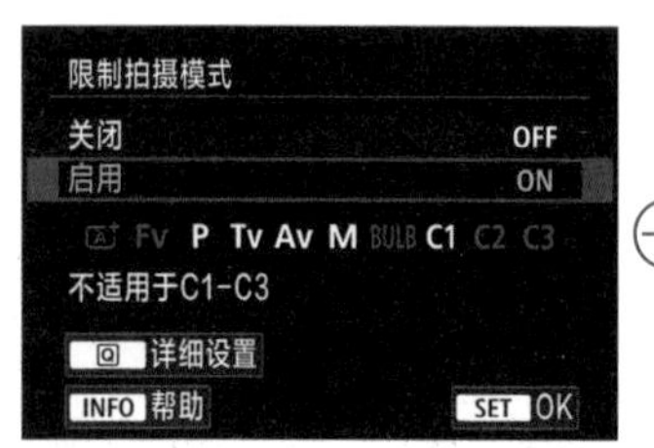

❹可以看到此界面下方显示的模式中 BULB 已呈现为灰色，点击 SET OK 图标确定

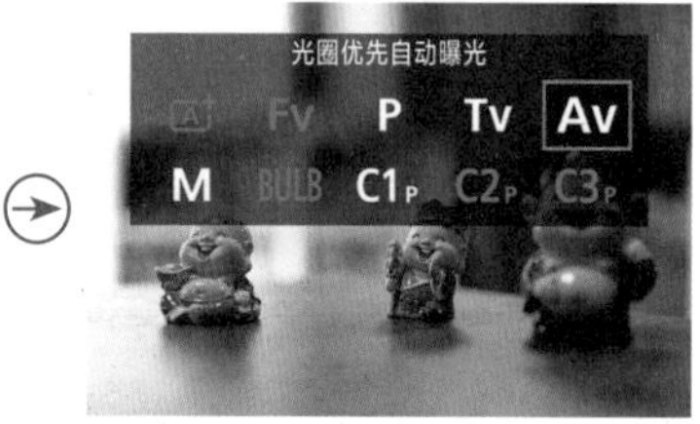

❺ 在按 MODE 按钮并转动主拨盘时，可以看到可选模式已经减少

◀在拍摄时间短暂的风光美景时，提前简化相机的设置操作很有必要『焦距：28mm ┆ 光圈：F16 ┆ 快门速度：1/500s ┆ 感光度：ISO200』

第 5 章
拍出佳片必须掌握的高级曝光技巧

通过柱状图判断曝光是否准确

柱状图的作用

柱状图是相机曝光时所捕获的影像色彩或影调的信息，是一种能够反映照片曝光情况的图示。查看柱状图所呈现的信息，可以帮助拍摄者判断曝光情况，并以此做出相应调整，从而得到最佳曝光效果。另外，采用即时取景模式拍摄时，查看柱状图可以检测画面的成像效果，给拍摄者提供重要的曝光信息。

很多摄影师都会陷入这样一个误区，在显示屏上看到的影像很棒，便以为真正的曝光结果也会不错，但事实并非如此。这是由于很多相机的显示屏处于出厂时的默认状态，显示屏的对比度和亮度都比较高，使摄影师误以为拍摄到的影像很漂亮，倘若不看柱状图，往往会感觉画面的曝光刚好合适。但在计算机屏幕上观看时，却发现在相机上查看时感觉还不错的画面，暗部层次却丢失了，即使使用后期处理软件挽回了部分细节，效果也不是太好。

因此，在拍摄时要随时查看照片的柱状图，这是唯一一个值得信赖的判断照片曝光是否正确的依据。

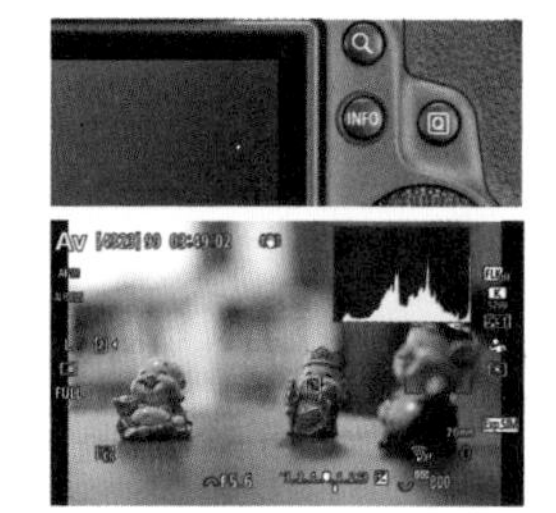

设定方法

在拍摄时若要显示柱状图，通过连续按 INFO 按钮直至切换至柱状图显示界面

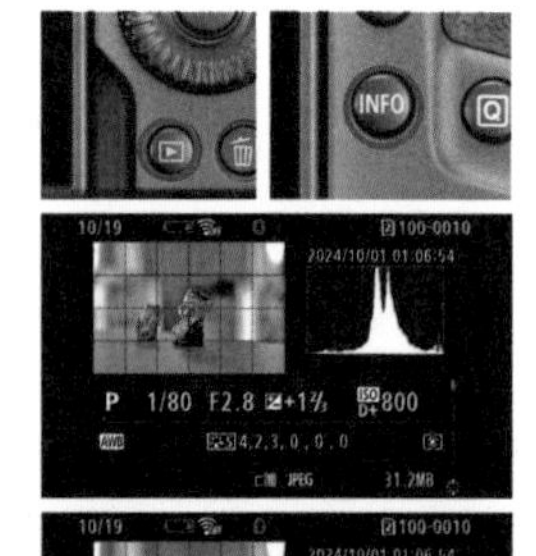

设定方法

按播放按钮并转动速控转盘选择照片，然后按 INFO 按钮切换至拍摄信息显示界面，即可查看照片的柱状图，向▼按多功能控制钮可以查看 RGB 柱状图

柱状图呈现出山峰一样的形态，主峰位于中间，且不存在死黑或死白的区域，说明此照片为曝光正常的图像『焦距：50mm ┆ 光圈：F11 ┆ 快门速度：1s ┆ 感光度：ISO100』

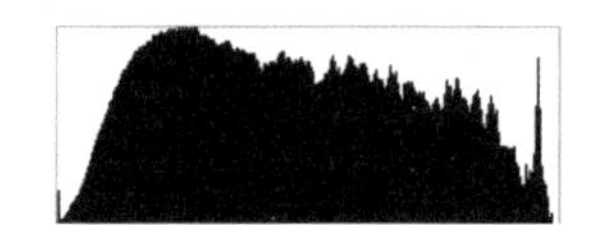

高手点拨：柱状图只是评价照片曝光是否准确的重要依据，而不是评价好照片的依据。在特殊的表现形式下，曝光过度或曝光不足都可以呈现出独特的视觉效果，因此不能以柱状图作为评价照片优劣的标准。

利用柱状图分区判断曝光情况

下面这张图标示出了柱状图的每个分区和图像亮度之间的关系，像素堆积在柱状图左侧或者右侧的边缘意味着部分图像超出了柱状图范围。其中右侧边缘出现黑色线条表示照片中有部分像素曝光过度，摄影师需要根据情况调整曝光参数，以避免照片中出现大面积曝光过度的区域。如果第 8 分区或者更高的分区有大量黑色线条，则代表图像有部分较亮的高光区域，而且这些区域是有细节的。

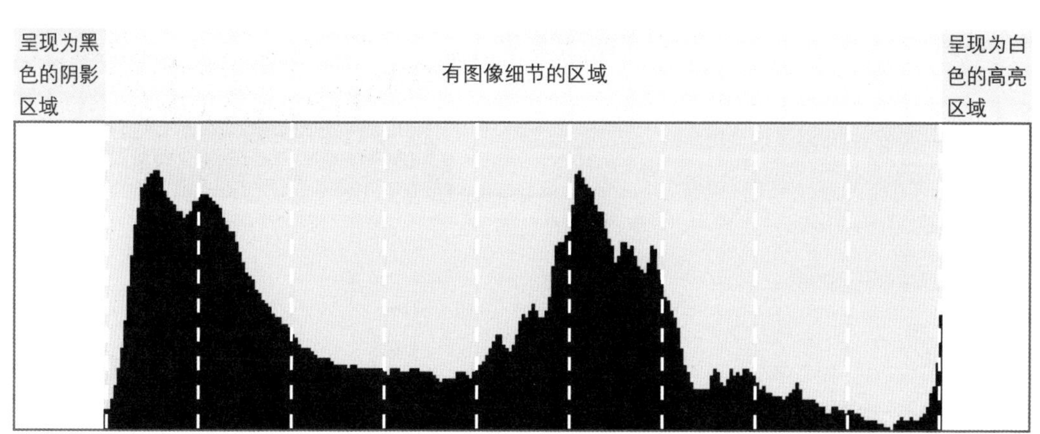

▲ 数码相机的区域系统

分区序号	说明	分区序号	说明
第0分区	黑色	第6分区	色调较亮、色彩柔和
第1分区	接近黑色	第7分区	明亮、有质感，但是色彩有些苍白
第2分区	有些许细节	第8分区	有少许细节，但基本上呈模糊、苍白的状态
第3分区	灰暗、细节呈现效果不错，但是色彩比较模糊	第9分区	接近白色
第4分区	色调和色彩都比较暗	第10分区	纯白色
第5分区	中间色调、中间色彩		

▲ 柱状图分区说明表

需要注意的是，第 0 分区和第 10 分区分别代表黑色和白色，虽然在柱状图中的区域大小与第 1~9 分区相同，但实际上它只是代表柱状图最左边（黑色）和最右边（白色），没有限定的边界。

认识 3 种典型的柱状图

柱状图的横轴表示亮度等级（从左至右对应从黑到白）；纵轴表示图像中各种亮度像素数量的多少，峰值越高，表示这个亮度的像素数量越多。

所以，拍摄者可以通过观看柱状图的显示状态来判断照片的曝光情况。若出现曝光不足或曝光过度时，可调整曝光参数后再进行拍摄，即可获得一张曝光准确的照片。

▲ 曝光过度

曝光过度的柱状图

当照片曝光过度时，画面中会出现大片白色的区域，很多细节都已丢失，反映在柱状图上就是像素主要集中于横轴的右端（最亮处），并出现像素溢出现象，即高光溢出；而左侧较暗的区域则没有像素分布，因而该照片在后期无法补救。

▲ 曝光准确

曝光准确的柱状图

当照片曝光准确时，画面的影调较为均匀，且高光、暗部和阴影处均没有细节丢失，反映在柱状图上就是在整个横轴上从左端（最暗处）到右端（最亮处）都有像素分布，后期可调整的余地较大。

▲ 曝光不足

曝光不足的柱状图

当照片曝光不足时，画面中会出现没有细节的黑色区域，丢失了过多的暗部细节，反映在柱状图上就是像素主要集中于横轴的左端（最暗处），并出现像素溢出现象，即暗部溢出，而右侧较亮区域少有像素分布，故该照片在后期也无法补救。

辩证地分析柱状图

在使用柱状图判断照片的曝光情况时，不能生搬硬套前面所讲述的理论。因为高调或低调照片的柱状图看上去与曝光过度或曝光不足的柱状图十分类似，但照片并非曝光过度或曝光不足，这一点从右边及下面展示的两张照片及其相应的柱状图中就可以看出来。

因此，检查柱状图后，要根据具体拍摄题材和想要表现的画面效果，灵活调整曝光参数。

▲ 柱状图中的线条主要分布在右侧，但这幅作品是典型的高调人像照片，所以应与其他曝光过度照片的柱状图区别看待『焦距：50mm ┆ 光圈：F3.5 ┆ 快门速度：1/1000s ┆ 感光度：ISO200』

▲ 这是一幅典型的低调效果照片，画面中的暗调面积较大，柱状图中的线条主要分布在左侧，但这是摄影师刻意追求的效果，与曝光不足有本质的不同『焦距：35mm ┆ 光圈：F8 ┆ 快门速度：10s ┆ 感光度：ISO100』

设置曝光补偿让曝光更准确

曝光补偿的含义

相机的测光是基于 18% 中性灰建立的。由于单反相机的测光主要是由景物的平均反光率确定的，而除了反光率比较高的场景（如雪景、云景等）及反光率比较低的场景（如煤矿、夜景等），其他大部分场景的平均反光率都在 18%，这一数值正是灰度为 18% 的物体的反光率。因此，可以简单地将相机的测光原理理解为：当所拍摄场景中被摄物体的反光率接近 18% 时，相机就会做出正确的测光。

所以，在拍摄一些极端环境，如较亮的白雪场景或较暗的弱光环境时，相机的测光结果就是错误的，此时就需要摄影师通过调整曝光补偿来得到想要的拍摄结果，如下图所示。

通过调整曝光补偿数值，可以改变照片的曝光效果，从而使拍摄出来的照片正确地呈现出摄影师的表现意图。例如，通过增加曝光补偿，使照片轻微曝光过度以得到柔和的色彩与浅淡的阴影，赋予照片轻快、明亮的效果；或者通过减少曝光补偿，使照片变得阴暗。

在拍摄时，是否能够主动运用曝光补偿技术，是判断一位摄影师是否真正理解摄影的光影奥秘的依据之一。

设定方法
在 P、Tv、Fv、Av、M 模式下，半按快门按钮并查看曝光量指示标尺，然后转动速控转盘 1 即可调节曝光补偿值

高手点拨：在 M 手动拍摄模式下，只有当感光度设置为“AUTO（自动感光度）”时，才需调整曝光补偿值。

曝光补偿通常用类似“$\pm n$EV”的方式来表示。“EV”是指曝光值，“+1EV”是指在自动曝光的基础上增加 1 挡曝光；“-1EV”是指在自动曝光的基础上减少 1 挡曝光，依此类推。佳能 EOS R5 Mark Ⅱ 的曝光补偿范围为 -3.0～+3.0EV，并以 1/2 或 1/3 级为单位进行调节。

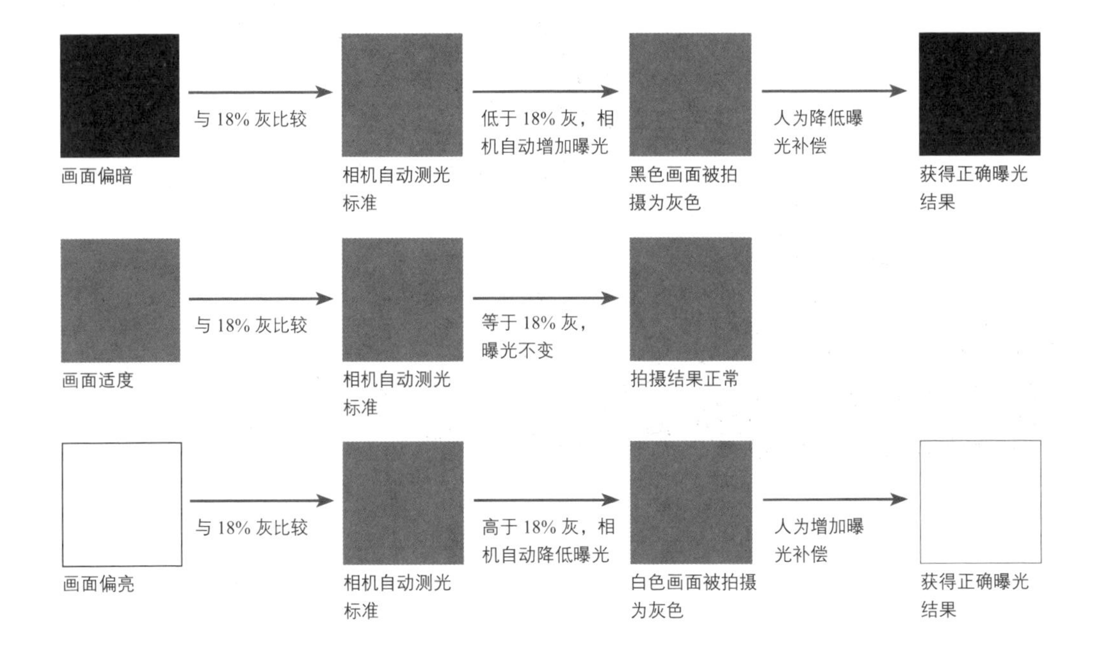

增加曝光补偿还原白色雪景

很多摄影初学者在拍摄雪景时，往往会把白色拍摄成灰色，主要原因就是在拍摄时没有设置曝光补偿。

由于雪对光线的反射十分强烈，因此会导致相机的测光结果出现较大偏差。而如果能在拍摄前增加一挡左右的曝光补偿（具体曝光补偿的数值要视雪景的面积而定，雪景面积越大，曝光补偿的数值也应越大），就可以拍摄出美丽、洁白的雪景。

▲ 在拍摄时增加 1 挡曝光补偿，使雪的颜色显得更加洁白无瑕『焦距：40mm ┆ 光圈：F7.1 ┆ 快门速度：1/200s ┆ 感光度：ISO200』

降低曝光补偿还原纯黑

当拍摄主体位于黑色背景前时，按相机默认的测光结果拍摄，黑色的背景往往会显得有些灰旧。为了得到纯黑的背景，需要使用曝光补偿功能来适当降低曝光量，以此达到想要的效果（具体曝光补偿的数值要视暗调背景的面积而定，面积越大，曝光补偿的数值也应越大）。

在拍摄时减少了 0.3 挡曝光补偿，从而获得了纯色的背景，使花朵在画面中显得更加突出『焦距：200mm ┆ 光圈：F5.6 ┆ 快门速度：1/160s ┆ 感光度：ISO100』

正确理解曝光补偿

许多摄影初学者在刚接触曝光补偿时，以为使用曝光补偿就可以在曝光参数不变的情况下，提亮或加暗画面，这个想法是错误的。

实际上，曝光补偿是通过改变光圈或快门速度来提亮或加暗画面的，即在光圈优先拍摄模式下，如果想要增加曝光补偿，相机实际上是通过降低快门速度来实现的；如果想要减少曝光补偿，则可通过提高快门速度来实现。在快门优先拍摄模式下，如果想要增加曝光补偿，相机实际上是通过增大光圈来实现的（当光圈达到镜头所标示的最大光圈时，曝光补偿就不再起作用）；如果想要减少曝光补偿，则可通过缩小光圈来实现。

下面通过展示两组照片及其拍摄参数来佐证这一点。

▲ 焦距：50mm 光圈：F3.2 快门速度：1/8s 感光度：ISO100 曝光补偿：-0.3

▲ 焦距：50mm 光圈：F3.2 快门速度：1/6s 感光度：ISO100 曝光补偿：0

▲ 焦距：50mm 光圈：F3.2 快门速度：1/4s 感光度：ISO100 曝光补偿：+0.3

▲ 焦距：50mm 光圈：F3.2 快门速度：1/2s 感光度：ISO100 曝光补偿：+0.7

从上面展示的 4 张照片中可以看出，在光圈优先拍摄模式下，调整曝光补偿实际上是改变了快门速度。

▲ 焦距：50mm 光圈：F4 快门速度：1/4s 感光度：ISO100 曝光补偿：-0.3

▲ 焦距：50mm 光圈：F3.5 快门速度：1/4s 感光度：ISO100 曝光补偿：0

▲ 焦距：50mm 光圈：F3.2 快门速度：1/4s 感光度：ISO100 曝光补偿：+0.3

▲ 焦距：50mm 光圈：F2.5 快门速度：1/4s 感光度：ISO100 曝光补偿：+0.7

从上面展示的 4 张照片中可以看出，在快门优先拍摄模式下，调整曝光补偿实际上是改变了光圈大小。

Q：为什么有时即使不断增加曝光补偿，所拍摄出来的画面仍然没有变化？

A：发生这种情况，通常是由于曝光组合中的光圈值已经达到了镜头的最大光圈限制。

使用包围曝光拍摄光线复杂的场景

包围曝光是指通过设置一定的曝光变化范围，然后分别拍摄曝光不足、曝光正常与曝光过度三张照片的拍摄技法。例如将其设置为 ±1EV 时，即代表分别拍摄减少 1 挡曝光、正常曝光和增加 1 挡曝光的照片，从而兼顾画面的高光、中间调及暗部区域的细节。佳能 EOS R5 Mark Ⅱ相机支持在 ±3EV 以 1/3 级为单位调节包围曝光。

什么情况下应该使用包围曝光

如果拍摄现场的光线很难把握，或者拍摄的时间很短暂，为了避免曝光不准确而失去这次难得的拍摄机会，可以使用包围曝光功能确保万无一失。此时可以设置包围曝光，使相机针对同一场景连续拍摄出三张曝光量略有差异的照片。每一张照片的曝光量具体相差多少，可由摄影师自己确定。在具体拍摄过程中，摄影师无须调整曝光量，相机将根据设置自动在第一张照片的基础上增加、减少一定的曝光量拍摄出另外两张照片。

按此方法拍摄出来的三张照片中，总会有一张是曝光相对准确的照片，因此使用包围曝光功能可以提高拍摄的成功率。

自动包围曝光设置

默认情况下，使用包围曝光功能可以（按三次快门或使用连拍功能）拍摄三张照片，得到增加曝光量、正常曝光量和减少曝光量三种不同曝光结果的照片。

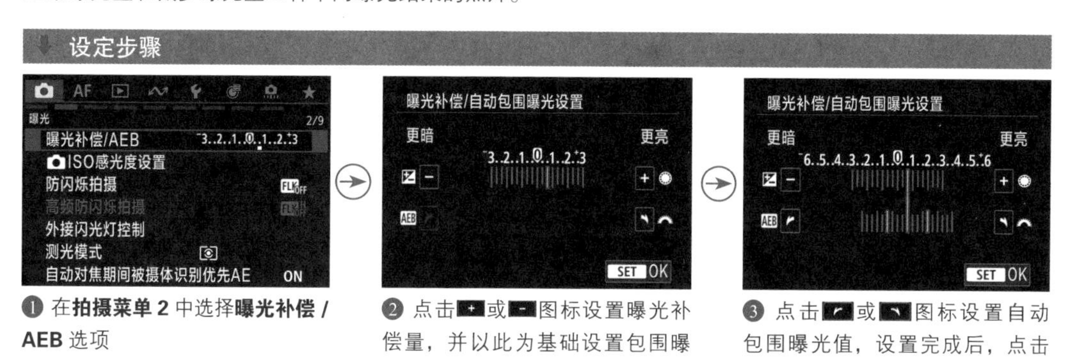

❶ 在**拍摄菜单 2** 中选择**曝光补偿 / AEB** 选项

❷ 点击或图标设置曝光补偿量，并以此为基础设置包围曝光的曝光量

❸ 点击或图标设置自动包围曝光值，设置完成后，点击SET OK图标确定

为合成 HDR 照片拍摄素材

对于风光、建筑等题材而言，可以使用包围曝光功能拍摄出不同曝光结果的照片，并进行后期的 HDR 合成，从而得到高光、中间调及暗部都具有丰富细节的照片。

使用 CameraRaw 合成 HDR 照片

在本例中，拍摄了三张不同曝光的 RAW 格式照片，以分别显示出高光、中间调及暗部的细节，这是合成 HDR 照片的必要前提，它们的质量会对合成结果产生很大影响，而且 RAW 格式的照片本身具有极高的宽容度，能够合成更好的 HDR 效果，然后只需要按照下述步骤在 Adobe CameraRAW 中进行合成并调整即可。

❶ 在 Photoshop 中打开要合成 HDR 的三幅照片，并启动 CameraRaw 软件。

❷ 在左侧列表框中选中任意一张照片，按【Ctrl+A】组合键选中所有的照片。按【Alt+M】组合键，或单击列表左上角的菜单按钮≡，在打开的菜单中选择“合并到 HDR”命令。

❸ 经过一定的处理过程后，将弹出“HDR 合并预览”对话框，通常情况下，以默认参数进行处理即可。

❹ 单击“合并”按钮，在弹出的对话框中选择文件保存的位置，并以默认的 DNG 格式进行保存，保存后的文件会与之前的素材一起显示在左侧的列表框中。

❺ 至此，便完成 HDR 照片的合成，摄影师可根据需要，在其中适当调整曝光及色彩等属性，直至满意为止。

▲ 选择“合并到 HDR”命令

▲ “HDR 合并预览”对话框

▲ 最终合成效果

高手点拨：虽然佳能EOS R5 Mark Ⅱ相机具有直接拍出HDR照片的功能，但与专业的图像处理软件相比，该功能仍显得过于简单。因此，如果希望合成出效果更优秀的HDR照片，应首选专业的图像处理软件。

设置自动包围曝光拍摄顺序

“包围曝光顺序”菜单用于设置自动包围曝光和白平衡包围曝光的顺序。

选择一种顺序后，拍摄时将按照这一顺序进行拍摄。在实际拍摄中，更改包围曝光顺序并不会对拍摄结果产生影响，用户可以根据自己的习惯进行设置。

- 0，-，+：选择此选项，相机就会按照第一张标准曝光量、第二张减少曝光量、第三张增加曝光量的顺序进行拍摄。
- -，0，+：选择此选项，相机就会按照第一张减少曝光量、第二张标准曝光量、第三张增加曝光量的顺序进行拍摄。

设定步骤

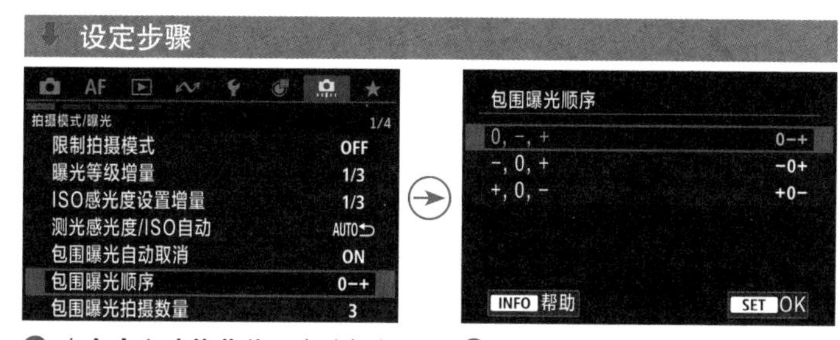

❶ 在**自定义功能菜单 1** 中选择**包围曝光顺序**选项

❷ 点击选择包围曝光的顺序，然后点击 SET OK 图标确定

- +，0，-：选择此选项，相机就会按照第一张增加曝光量、第二张标准曝光量、第三张减少曝光量的顺序进行拍摄。

如果开启了白平衡包围功能，选择不同拍摄顺序选项时所拍出的照片效果如下表所示。

自动包围曝光	白平衡包围曝光	
	B/A 方向	M/G 方向
0：标准曝光量	0：标准白平衡	0：标准白平衡
-：减少曝光量	-：蓝色偏移	-：洋红色偏移
+：增加曝光量	+：琥珀色偏移	+：绿色偏移

设置包围曝光拍摄数量

在佳能 EOS R5 Mark Ⅱ相机中，进行自动包围曝光及白平衡包围曝光拍摄时，可以在“包围曝光拍摄数量”菜单中指定要拍摄的数量。

在下面的表格中，以选择“0，-，+”包围曝光顺序且包围曝光等级增量为 1EV 为例，列出了选择不同拍摄张数时各照片的曝光差异。

设定步骤

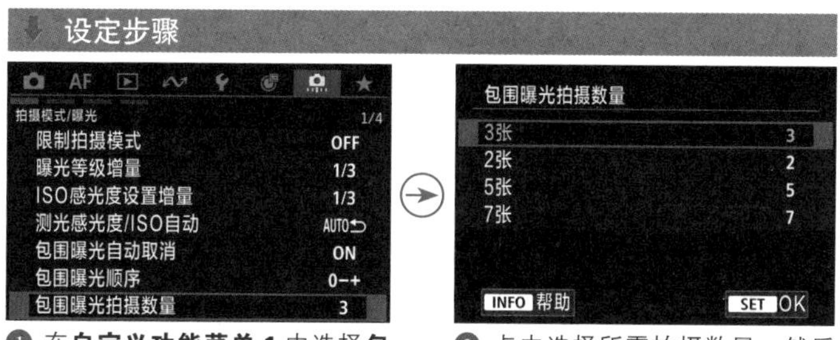

❶ 在**自定义功能菜单 1** 中选择**包围曝光拍摄数量**选项

❷ 点击选择所需拍摄数量，然后点击 SET OK 图标确定

	第 1 张	第 2 张	第 3 张	第 4 张	第 5 张	第 6 张	第 7 张
3：3 张	标准（0）	-1	+1	-	-	-	-
2：2 张	标准（0）	±1	-	-	-	-	-
5：5 张	标准（0）	-2	-1	+1	+2	-	-
7：7 张	标准（0）	-3	-2	-1	+1	+2	+3

利用曝光锁定功能锁定曝光值

利用曝光锁定功能可以在测光期间锁定曝光值。此功能的作用是，允许摄影师针对某一个特定区域进行对焦，而对另一个区域进行测光，从而拍摄出曝光正常的照片。在拍摄剪影及半剪影效果时，常会用此功能。

佳能 EOS R5 Mark Ⅱ 相机的曝光锁定按钮在机身上显示为“✱”。使用曝光锁定功能的方便之处在于，即使松开半按快门的手，重新进行对焦、构图，只要按住曝光锁定按钮，那么相机还是会以刚才锁定的曝光参数进行曝光。

进行曝光锁定的操作方法如下。

❶ 对准选定区域进行测光，如果该区域在画面中所占比例很小，则应靠近被摄物体，使其充满屏幕的中央区域。

❷ 半按快门，此时在屏幕中会显示一组光圈和快门速度组合数据。

❸ 按下曝光锁定按钮✱，释放快门，相机会记住刚刚得到的曝光值。

❹ 在保持按住曝光锁定按钮的状态下，重新取景构图，完全按下快门即可完成拍摄。

高手点拨：在默认设置下，只有保持按下✱按钮才锁定曝光，否则，8秒后曝光锁定就会失效，在重新构图时有时显得不方便，此时可以在“自定义拍摄按钮”菜单中，将“自动曝光锁按钮”的功能指定为“自动曝光锁（保持）”选项，这样就可以按下✱按钮锁定曝光，当再次按下✱按钮时即解除锁定曝光，摄影师可以更灵活、方便地改变焦距构图或切换对焦点的位置。

▲ 先对人物的面部进行测光，锁定曝光并重新构图后再进行拍摄，从而保证面部获得正确的曝光〖焦距：135mm ┆ 光圈：F4 ┆ 快门速度：1/400s ┆ 感光度：ISO100〗

▲佳能 EOS R5 Mark Ⅱ 相机的曝光锁定按钮

设定步骤

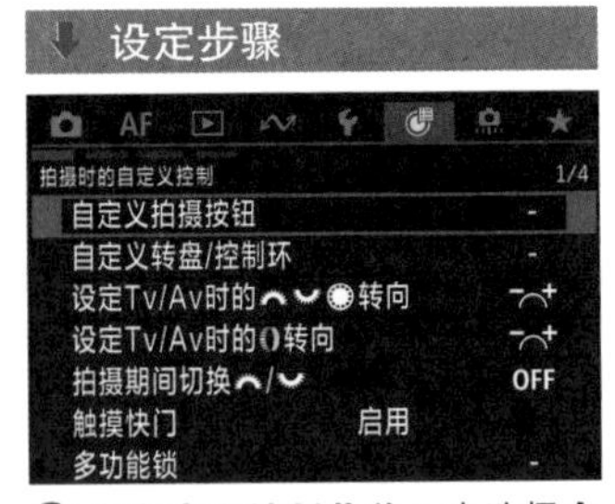

❶ 在**自定义控制菜单 1** 中选择**自定义拍摄按钮**选项

❷ 点击选择✱（自动曝光锁按钮）选项

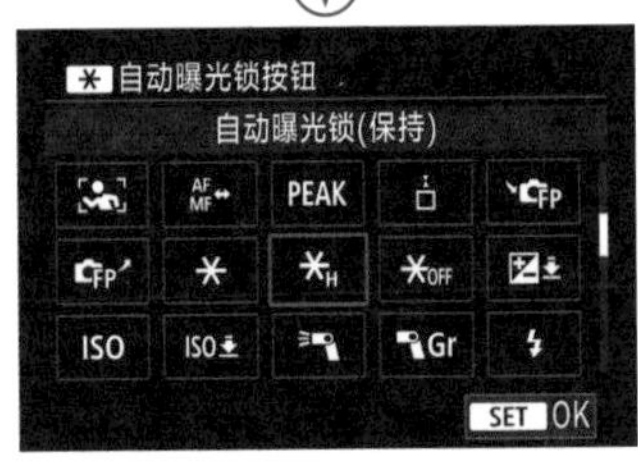

❸ 点击选择**自动曝光锁（保持）**选项，然后点击SET OK图标确定

▲ 按下曝光锁定按钮后，屏幕左下角会显示✱图标

利用自动亮度优化同时表现高光与阴影区域的细节

通常在拍摄光比较大的画面时容易丢失细节，最终画面中会出现亮部过亮、暗部过暗或明暗反差较大的情况，此时就可以启用“自动亮度优化”功能对其进行不同程度的校正。

例如，在直射明亮阳光下拍摄时，拍出的照片中容易出现较暗的阴影与较亮的高光区域，启用“自动亮度优化”功能，可以确保所拍出照片中的高光区域和阴影区域的细节不会丢失。因为此功能会使照片的曝光稍欠一些，有助于防止照片的高光区域完全变白而显示不出任何细节，同时还能够避免因为曝光不足而使阴影区域中的细节丢失。

在佳能 EOS R5 Mark Ⅱ相机中，可以通过“在 M 或 B 模式下关闭”选项，控制使用 M 挡手动拍摄模式和 B 门拍摄模式拍摄时，是否禁用“自动亮度优化”功能。如果按下 INFO 按钮取消此选项前面的“√”，则允许在 M 挡手动拍摄模式和 B 门拍摄模式下设置不同的自动亮度优化选项。

除了使用右侧展示的菜单设置此功能外，还可以用右下方展示的速控屏幕对此功能进行设置。

▲启用“自动亮度优化”功能后，画面中的高光区域与阴影区域的细节表现较为丰富『焦距：24mm ┊光圈：F5.6 ┊快门速度：1/125s ┊感光度：ISO200』

设定步骤

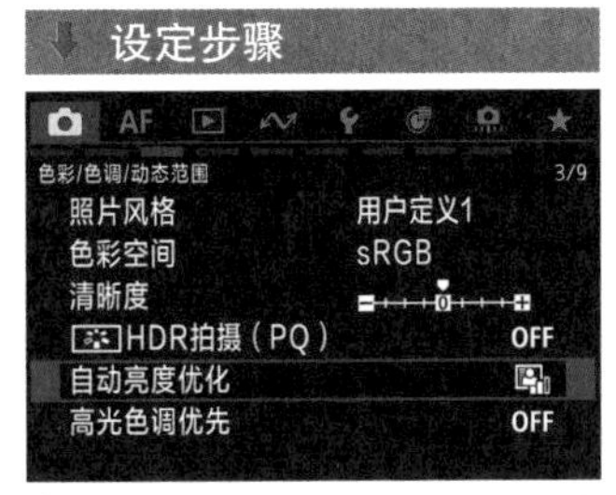

❶ 在**拍摄菜单 3** 中选择**自动亮度优化**选项

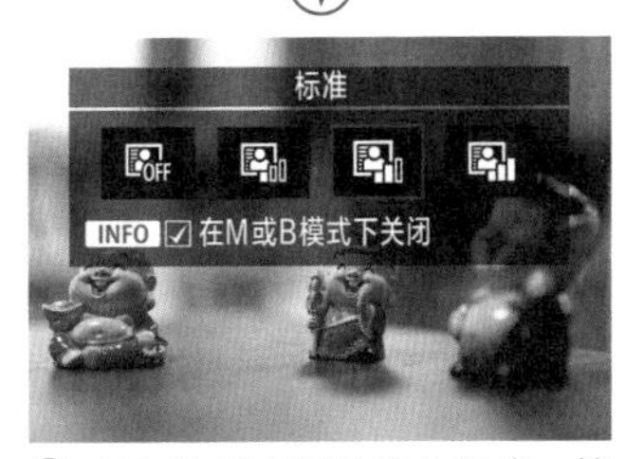

❷ 点击选择不同的优化强度，按下 INFO 按钮可选中或取消选中**在 M 或 B 模式下关闭**选项

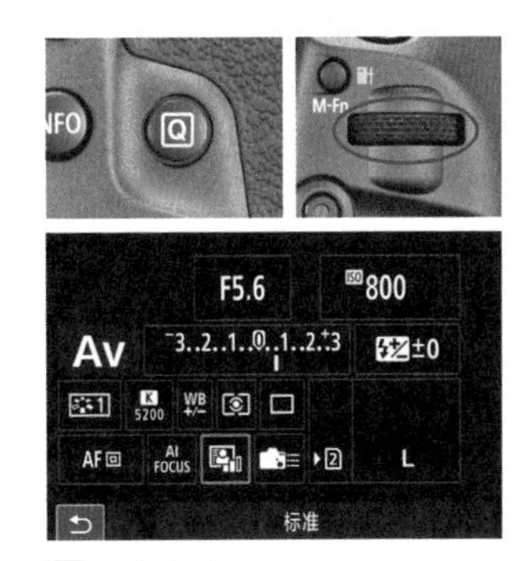

设定方法

按Q按钮显示速控屏幕，使用速控转盘 1 选择“自动亮度优化”选项，然后转动主拨盘或速控转盘 2 选择不同的优化强度。也可以在速控屏幕中，点击选择“自动亮度优化”选项进行设置

利用高光色调优先增加高光区域细节

“高光色调优先”功能可以有效增加高光区域的细节，使灰度与高光之间的过渡更加平滑。这是因为开启这一功能后，可以使拍摄时的动态范围从标准的18%灰度扩展到高光区域。

然而，使用该功能拍摄时，画面中的噪点可能会更加明显。相机可以设置的ISO感光度范围也变为ISO200～ISO51200。

如果按Q按钮勾选了“对于HDR PQ，使用D+”选项后，那么在“HDR拍摄(PQ)”菜单设定为“HDR PQ”选项时，则“高光色调优先”将设定为“启用”且无法更改。

设定步骤

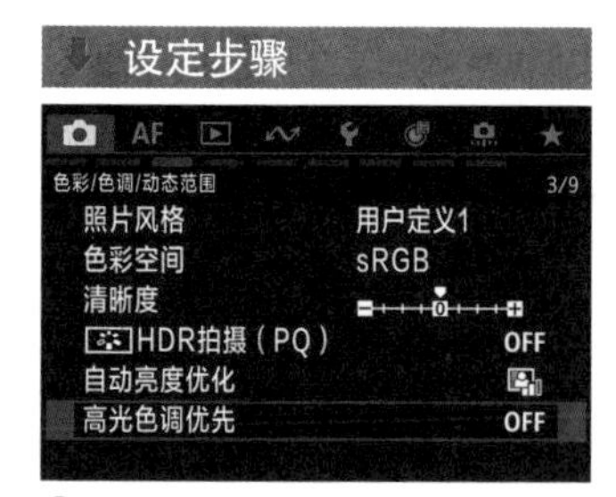

❶ 在**拍摄菜单3**中选择**高光色调优先**选项

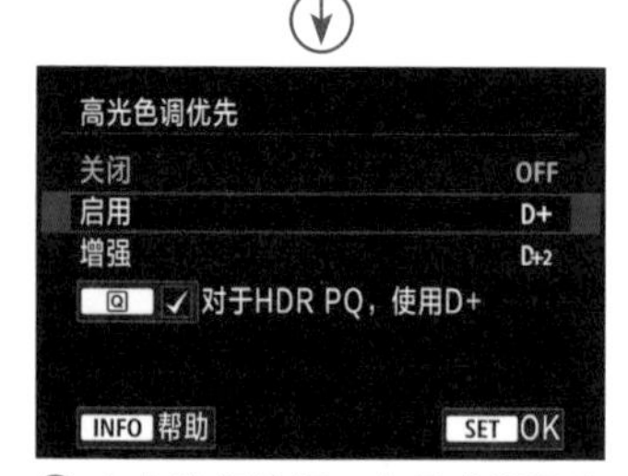

❷ 点击选择**关闭**、**启用**或**增强**选项，如果然后点击SET OK图标确定

▲使用“高光色调优先”功能可将画面的过渡表现得更加自然、平滑『焦距：85mm ┆ 光圈：F2.8 ┆ 快门速度：1/500s ┆ 感光度：ISO400』

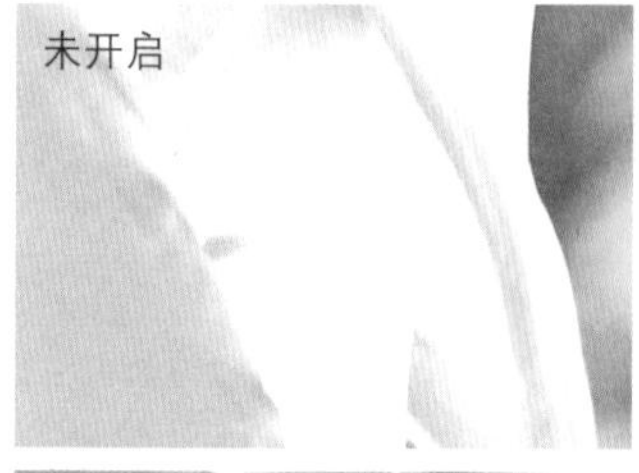

▲这两幅图是启用“高光色调优先”功能前后拍摄的局部画面对比。从中可以看出，启用此功能后，可以很好地表现出画面高光区域的细节

利用多重曝光获得蒙太奇画面

利用佳能 EOS R5 Mark Ⅱ相机的“多重曝光”功能，可以进行 2～9 次曝光拍摄，并将多次曝光拍摄的照片合并为一张图像。

开启或关闭多重曝光

此菜单用于控制是否启用“多重曝光”功能，以及启用此功能后是否可以在拍摄过程中对相机进行操作等。

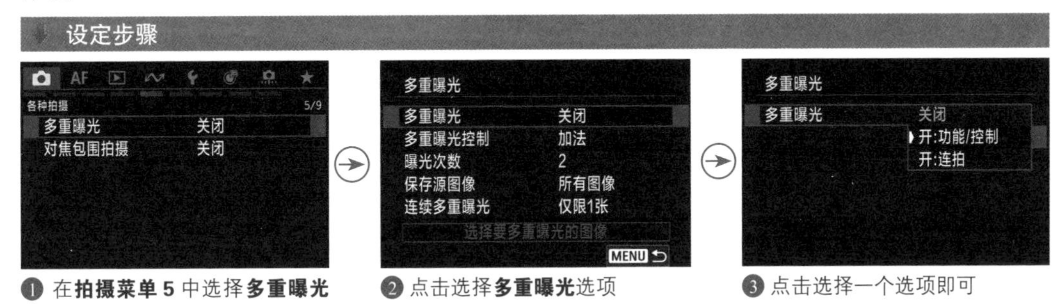

❶ 在**拍摄菜单 5** 中选择**多重曝光**选项

❷ 点击选择**多重曝光**选项

❸ 点击选择一个选项即可

- 关闭：选择此选项，则禁用“多重曝光”功能。
- 开（功能/控制）：选择此选项，将允许一边检查拍摄效果，一边逐步拍摄多重曝光。
- 开（连拍）：此选项较适合对动态对象进行多重曝光时使用，可以进行连拍。但无法执行观看菜单、拍摄后的图像确认、图像回放和取消最后一张图像等操作，并且只能保存多重曝光图像。

改变多重曝光照片的叠加合成方式

在此菜单中可以选择合成多重曝光照片时的算法，包括“加法”“平均”“明亮”“黑暗”4 个选项。

❶ 在**拍摄菜单 5** 中选择**多重曝光**选项，然后再选择**多重曝光控制**选项

❷ 点击可选择多重曝光的控制方式

- 加法：选择此选项，每一次拍摄的单张曝光的照片会被叠加在一起，这会造成图像越来越亮，因此要基于“曝光次数”设定负的曝光补偿，2 次曝光为 -1 级，3 次曝光为 -1.5 级，4 次曝光为 -2 级。
- 平均：选择此选项时，相机将所有单张照片的亮度进行平均化处理，然后合并在一起。
- 明亮：选择此选项，会将多次曝光结果中明亮的图像保留在照片中。例如，在拍摄月亮时，选择此选项可以获得明月高悬于夜幕上空的画面。
- 黑暗：此选项的功能与“明亮”选项刚好相反，可以在拍摄时将多次曝光结果中暗调的图像保留下来。

设置多重曝光次数

在此菜单中，可以设置多重曝光拍摄时的曝光次数，可以选择 2～9 张进行拍摄。通常情况下，2～3 次曝光就可以满足绝大部分拍摄需求。

高手点拨：设置的张数越多，则合成的画面中产生的噪点也会越多。

设定步骤

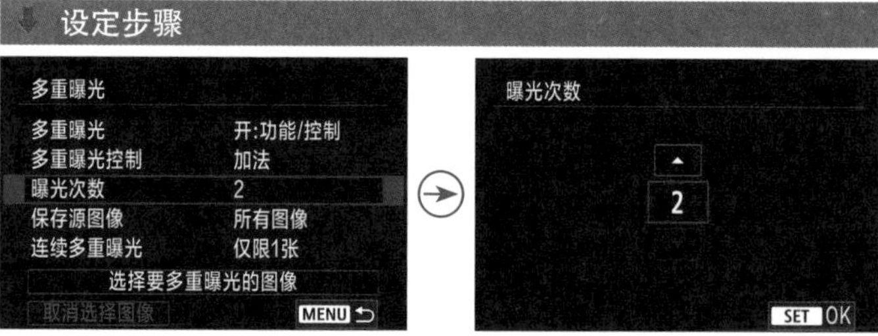

❶ 在**拍摄菜单 5** 中选择**多重曝光**选项，然后再选择**曝光次数**选项

❷ 点击▲或▼图标可选择不同的曝光次数，然后点击SET OK图标确定

保存源图像

在此菜单中可以设置是否将多次曝光时的单张照片也保存至存储卡中。

- 所有图像：选择此选项，相机会将所有的单张曝光照片及最终的合成结果全部保存到存储卡中。
- 仅限结果：选择此选项，将不保存单张的照片，而仅保存最终的合成结果。

设定步骤

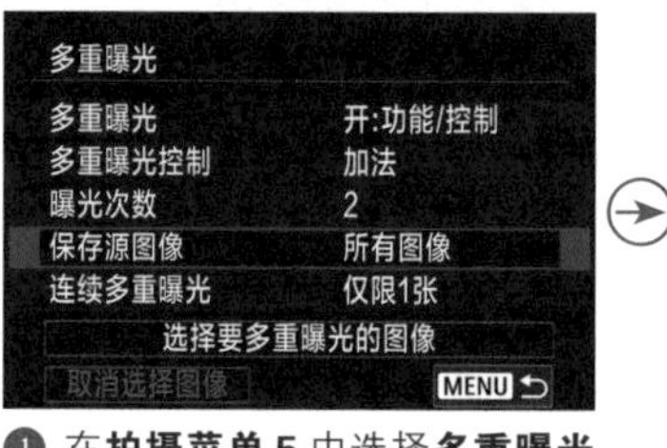

❶ 在**拍摄菜单 5** 中选择**多重曝光**选项，然后再选择**保存源图像**选项

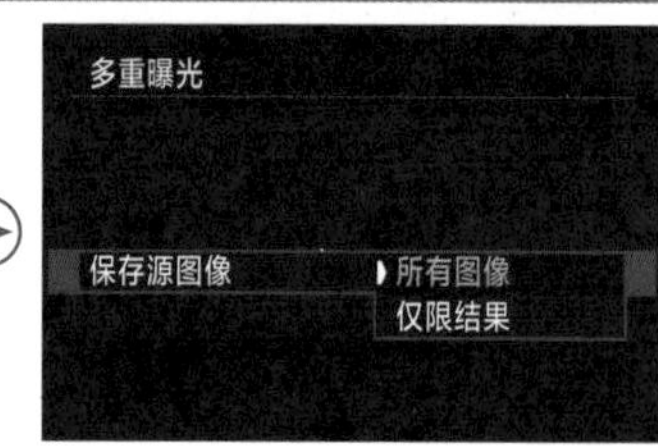

❷ 点击选择**所有图像**或**仅限结果**选项

连续多重曝光

在此菜单中可以设置是否连续多次使用“多重曝光”功能。

- 仅限 1 张：选择此选项，将在完成一次多重曝光拍摄后，自动关闭此功能。
- 连续：选择此选项，将一直保持多重曝光功能的开启状态，直至摄影师手动将其关闭为止。

设定步骤

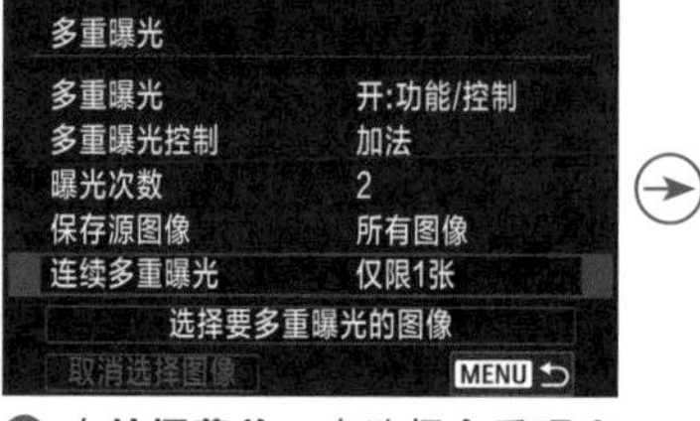

❶ 在**拍摄菜单 5** 中选择**多重曝光**选项，然后再选择**连续多重曝光**选项

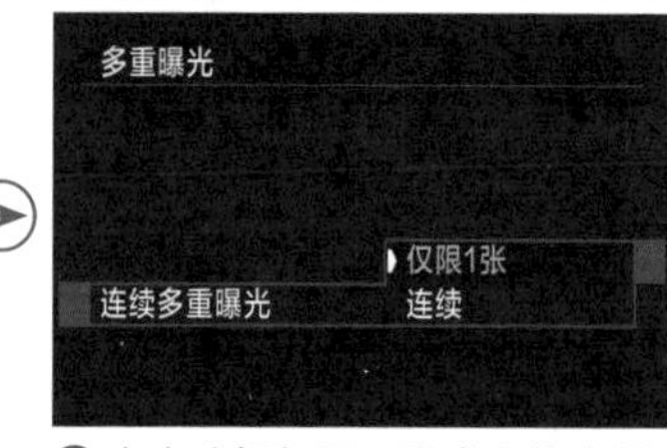

❷ 点击选择**仅限 1 张**或**连续**选项

用存储卡中的照片进行多重曝光

佳能 EOS R5 Mark Ⅱ允许摄影师从存储卡中选择一张照片，然后再通过拍摄的方式进行多重曝光，而选择的照片也会占用一次曝光次数。例如，在设置曝光次数为 3 时，除了从存储卡中选择的照片外，还可以再拍摄两张照片用于多重曝光图像的合成。

设定步骤

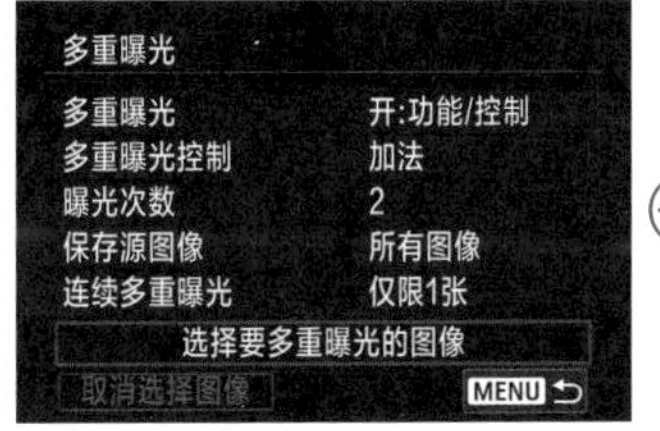

❶ 在**拍摄菜单 5** 中选择**多重曝光**选项，然后再点击**选择要多重曝光的图像**选项

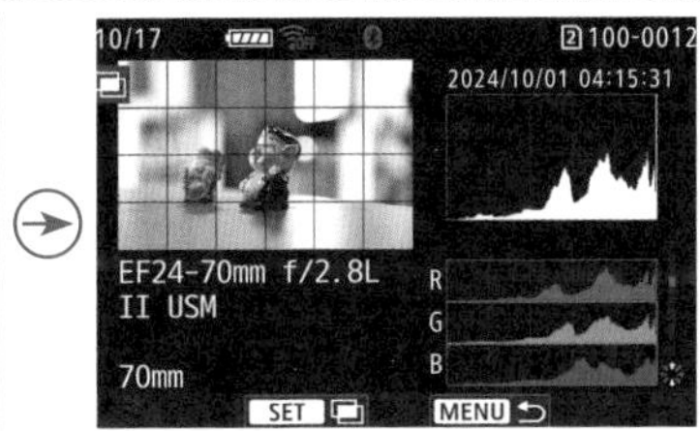

❷ 从相机中选择一张用于合成的照片，然后点击SET图标

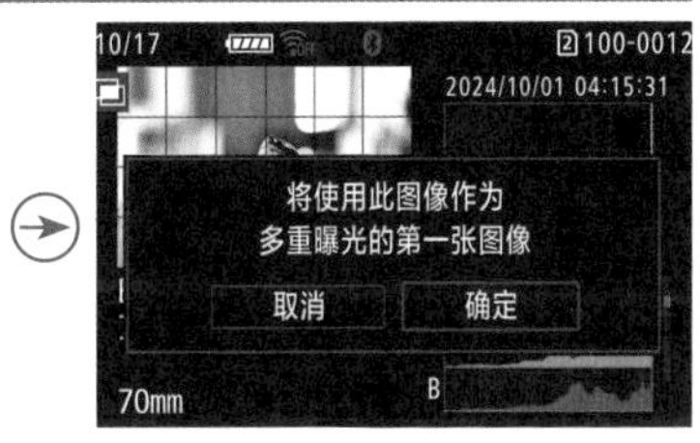

❸ 点击选择确定选项

❹ 拍摄时会显示此图效果，方便摄影师查看画面构图

高手点拨： 此设置中只可以选择以全画幅或1.6倍（裁切）拍摄的JPEG格式照片，其他长宽比的照片及RAW格式照片、HEIF格式照片、M/S1/S2尺寸的JPEG格式照片无法选择。

多重曝光的六大创意玩法

多重曝光的操作并不复杂，因此使用这个功能的重点在于拍摄思路与创意，本节总结了6类创意玩法，希望能够帮助各位读者打开思路，拍出更多有创意的照片。

同类叠加

同类叠加是指拍摄同样一个对象的不同位置、不同角度的几张照片进行多重曝光融合的手法。比如第一张照片拍摄一朵花，第二张照片再拍一朵花，然后不断地拍花，让花与花之间形成一个叠加融合，从而达到个性化的创意效果。

又如对准花丛拍摄几张照片，每张照片的位置上、下、左、右各自错位一点，就能得到类似印象派的效果。

当然， 这种手法不局限于拍摄花卉，还可以尝试拍摄建筑、静物和人等题材。

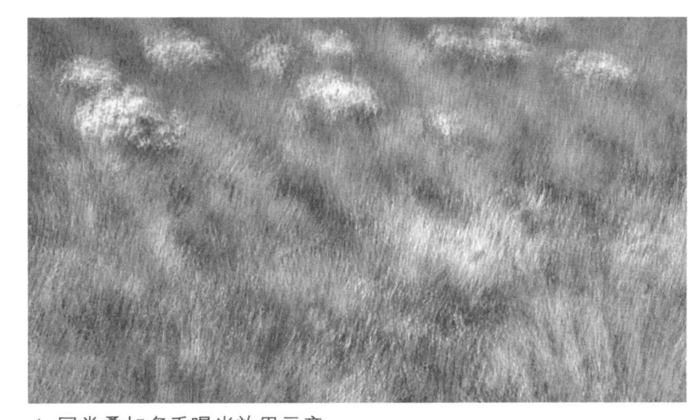

▲ 同类叠加多重曝光效果示意

明暗叠加

明暗叠加是指先拍一张画面明亮的照片，再拍一张画面暗淡的照片，然后将它们叠加融合到一起。

在拍摄夜景时，就可以应用这种手法，前景拍一张人物照片，背景拍摄一张灯光光斑照片，将两者融合就能得到不错的画面。又如经常见到的城市夜景与大月亮的多重曝光效果，也是此类手法的典型应用。

除此之外，在婚纱摄影中的人物剪影与各类背景相融合、人物的多个分身效果等，其实都是使用明暗叠加的手法拍摄出来的。

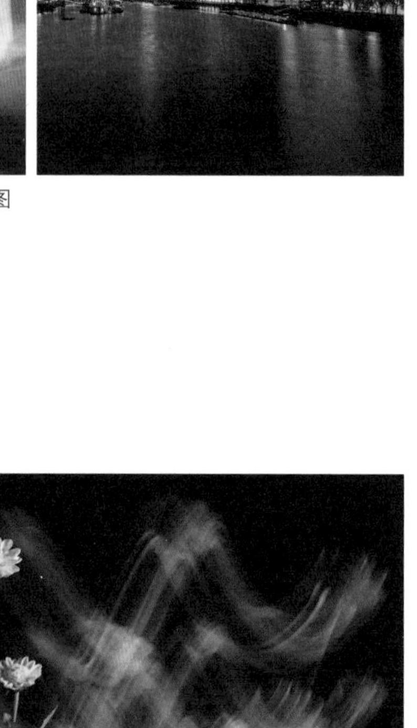

▲ 明暗叠加多重曝光效果示意图

动静叠加

动静叠加是指先拍摄一张静止的照片（或者是定格瞬间的照片），再拍摄一张长时间曝光形成的有拖尾效果的动感照片，将这两者融合在一起得到的照片。

需要强调的是，为了让清晰的画面与“拖尾”效果的画面完美衔接，这就需要在拍摄时先想好具体的效果和位置。

▲ 动静叠加多重曝光效果示意图

虚实叠加

虚实叠加是指首先拍一张准确对焦、画面清晰的照片，第二次拍摄时将相机调整为手动对焦，并拧动对焦环，使景物略微虚焦，将两张照片相融合即可得到梦幻、唯美的画面效果。还可以在此基础上配合改变焦距和拍摄角度，组合成更多精彩、唯美的画面。这种表现手法经常用于拍摄花卉、人像等题材。

▲第一次曝光

▲第二次曝光

▲最终效果

焦段叠加

当在同一机位、使用不同焦距进行拍摄时，比如先用中焦拍摄一张照片，再变焦到广角端或长焦端拍摄一张照片，由于被拍摄对象所占画面比例不同，因此可拍出“大对象包小对象”的重影效果。当然，也可以使用定焦镜头，通过改变拍摄距离实现类似的效果。

▲焦段叠加多重曝光效果示意

纹理叠加

纹理叠加效果的多重曝光照片在网络上或摄影作品中经常见到。首先拍摄一个对象，如果对象是剪影效果，那么拍摄的纹理应该是明亮效果的，这样叠加上去，纹理才会在剪影中显现出来。反之亦然。纹理的可选性非常多，如树、地面的图案、墙面的图案、砖纹等，只要是有纹理的对象都可以用作拍摄对象。

▲纹理叠加多重曝光效果示意

利用对焦包围拍摄获得合成全景深的素材照片

在拍摄静物商品，如淘宝商品时，一般需要画面内容全部清晰，但有时即使缩小光圈，也不能保证画面中每个部分的清晰度都一样。此时，可以使用对焦包围的方法拍摄，然后通过后期处理得到画面全景深的照片。

全景深是指画面的每一处都是清晰的，要想得到全景深照片，需要先拍摄多张针对不同位置对焦的照片，然后再利用后期软件进行合成。

以前拍摄不同位置对焦的素材照片时需要手动调整，操作起来较为烦琐，而佳能 EOS R5 Mark Ⅱ相机提供了方便实用的功能——对焦包围拍摄。该功能可以拍摄用于全景深合成的一组素材照片。利用“对焦包围拍摄”菜单，用户可以事先设置好拍摄张数、对焦增量、曝光平滑化等参数，从而让相机自动连续拍摄得到一组照片，省去了人工调整对焦点的操作。

高手点拨：该功能对微距、静物商业摄影等非常有用，如果希望在拍摄后直接获得全景深照片，一定要启用“深度合成”选项。

设定步骤

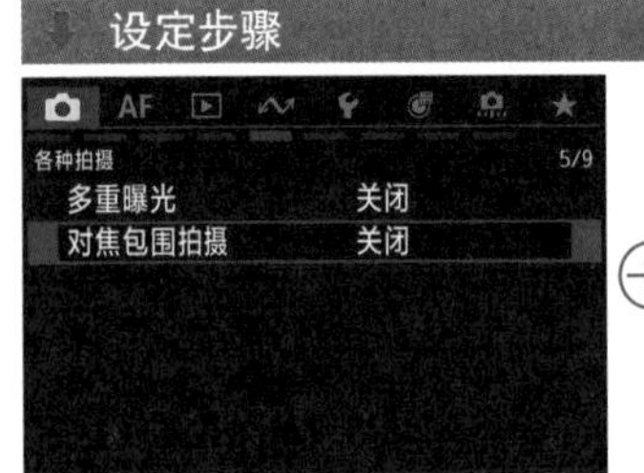

❶ 在**拍摄菜单 5** 中选择**对焦包围拍摄**选项

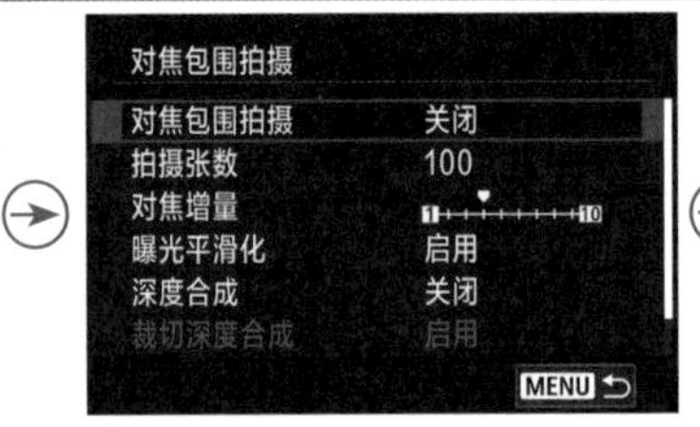

❷ 选择**对焦包围拍摄**选项

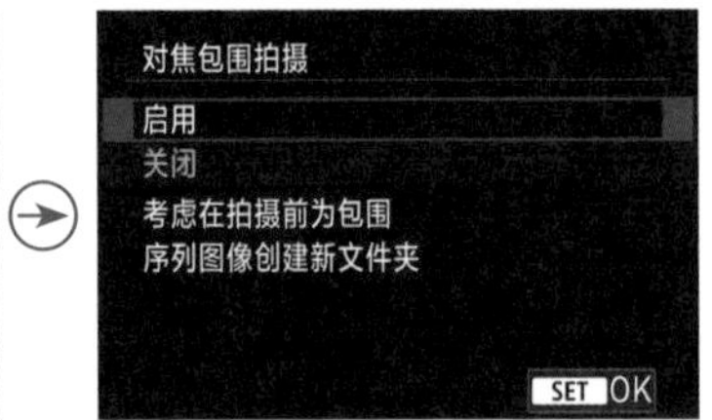

❸ 选择**启用**选项，然后点击 SET OK 图标确定

❹ 如果在步骤❷界面中选择了**拍摄张数**选项，在此界面中选择所需的拍摄张数，设定好后选择**确定**选项

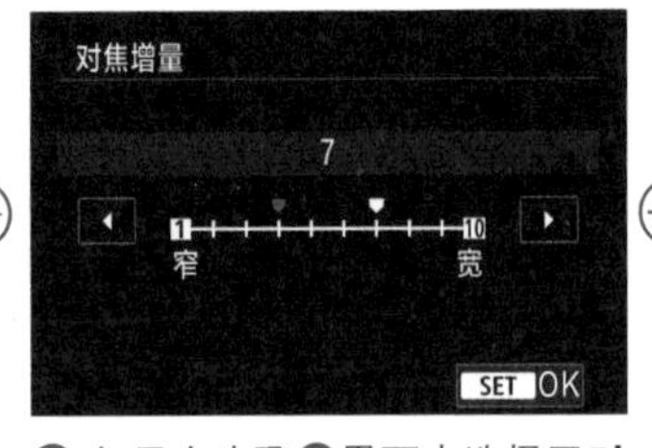

❺ 如果在步骤❷界面中选择了**对焦增量**选项，在此界面中指定对焦偏移的程度，然后点击 SET OK 图标确定

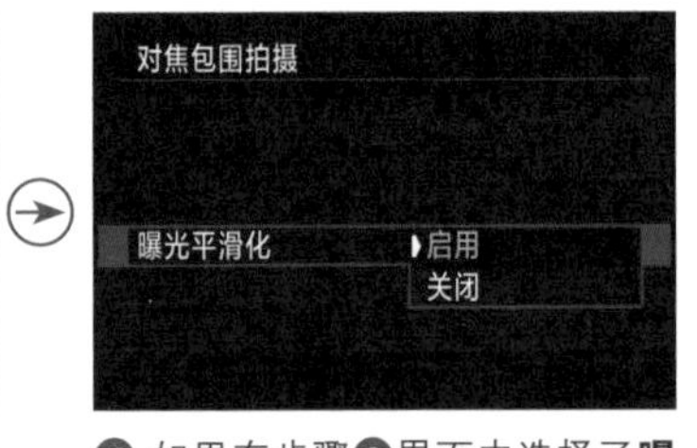

❻ 如果在步骤❷界面中选择了**曝光平滑化**选项，在此界面中可以选择**启用**或**关闭**选项

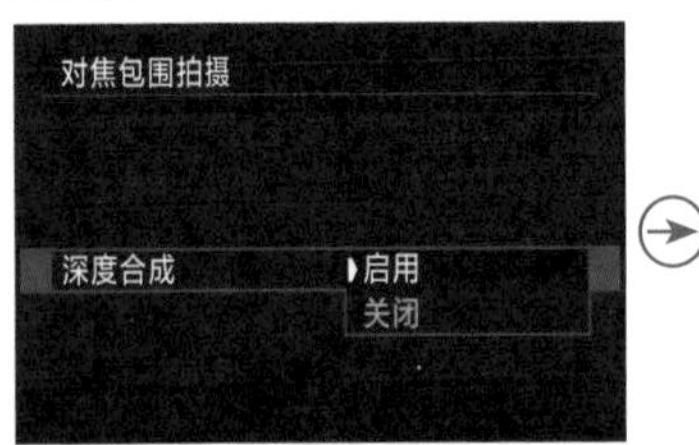

❼ 如果在步骤❷界面中选择了**深度合成**选项，在此界面中可以选择**启用**或**关闭**选项

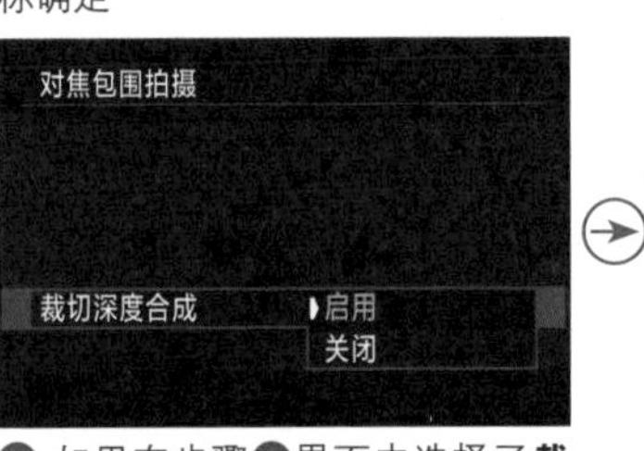

❽ 如果在步骤❷界面中选择了**裁切深度合成**选项，在此界面中可以选择**启用**或**关闭**选项

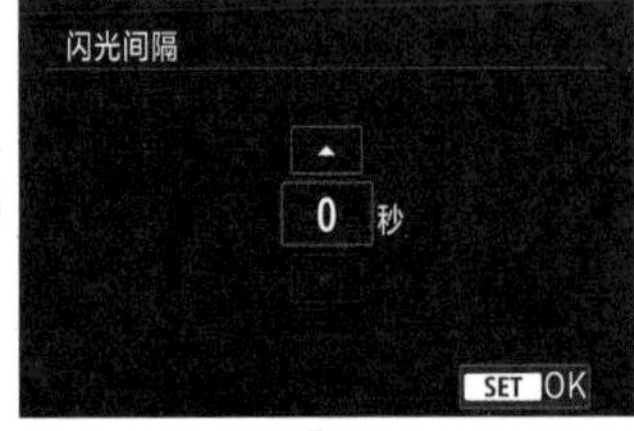

❾ 如果在步骤❷界面中选择了**闪光间隔**选项，在此界面中选择所需时间，然后点击 SET OK 图标确定

- 对焦包围拍摄：选择此选项，可以启用或关闭对焦包围拍摄功能。
- 拍摄张数：可以选择拍摄张数，最高可设为999张，根据所拍摄的画面的复杂程度选择合适的拍摄张数即可。
- 对焦增量：指定每次拍摄中对焦偏移的量。点击◀图标向窄端移动游标，可以缩小焦距步长；点击▶图标向宽端移动游标，可以增加焦距步长。
- 曝光平滑化：选择“启用”选项，可以调整因改变对焦位置而使用的实际光圈值带来的曝光差异，抑制对焦包围拍摄期间画面亮度的变化。
- 深度合成：选择“启用”选项，可以在相机内深度合成，同时保存合成的图像和原图像。如果选择“关闭”选项，则仅保存拍摄的图像。
- 裁切深度合成：选择“启用”选项，当图像视角不对位时，可以先裁切来校正其视角以进行合成。如果不想裁切图像，则选择“关闭”选项。在保存的图像中，视角不足的区域会以黑色边框覆盖。
- 闪光间隔：当使用兼容的闪光灯时及通过同步端子闪光的非佳能闪光灯时，对焦包围可用。如果设为“0”秒，当兼容的闪光灯充满电时，闪光灯将立即闪光且相机将进行拍摄。对于非佳能闪光灯，则在“闪光间隔”中为闪光灯的充电时间和耐久性设定适当的间隔时间。

利用间隔定时器功能进行延时摄影

延时摄影又称“定时摄影”，即利用相机的“间隔拍摄”功能，每隔一定的时间拍摄一张照片，最终形成一组照片，用这些照片生成的视频能够呈现出电视上经常看到的花朵开放、城市变迁、风起云涌等效果。

例如，一朵花的开放周期约为三天三夜共72小时，但如果每半小时拍摄一个画面，顺序记录开花的过程，需拍摄144张照片。当把这些照片生成视频并以正常帧频率放映时（每秒24幅），在6秒内即可重现花朵三天三夜的开放过程，能够给人以强烈的视觉震撼。延时摄影通常用于拍摄城市风光、自然风景、天文现象、生物演变等题材。

设定步骤

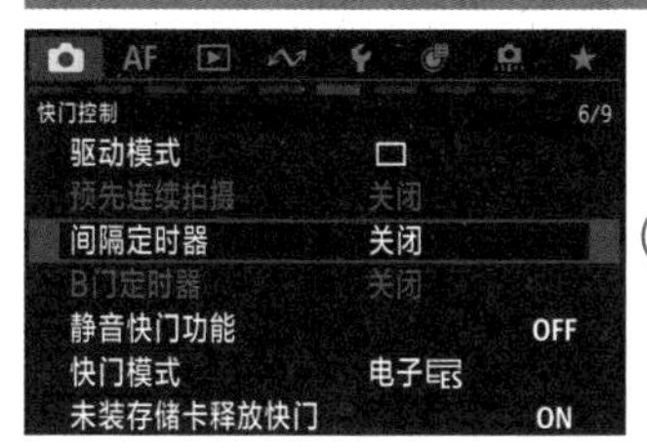

❶ 在**拍摄菜单6**中选择**间隔定时器**选项

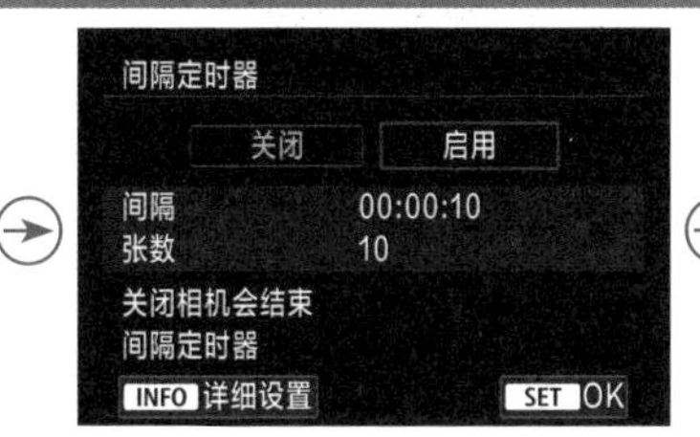

❷ 选择**启用**选项，然后点击INFO. 详细设置图标进入详细设置界面

❸ 选择间隔时间框或张数框，然后点击▲或▼图标选择间隔时间及拍摄的张数，设定完成后选择**确定**选项

使用佳能EOS R5 Mark Ⅱ进行延时摄影时需要注意以下几点。

- 驱动模式需设定为除“自拍”以外的其他模式。
- 不能使用自动白平衡，需要通过手动调节色温的方式设置白平衡。
- 一定要使用三脚架进行拍摄，否则在最终生成的视频短片中就会出现明显的跳动画面。
- 将对焦方式切换为手动对焦。
- 按短片的帧频与播放时长来计算需要拍摄的照片张数，例如，按25fps拍摄一个播放10秒的视频短片，就需要拍摄250张照片，而在拍摄这些照片时，可以自定义彼此之间的时间间隔，可以是1分钟，也可以是1小时。

通过智能手机遥控佳能 EOS R5 Mark Ⅱ 的操作步骤

在智能手机上安装佳能 Camera Connect 程序

使用智能手机遥控佳能 EOS R5 Mark Ⅱ相机时，需要在智能手机中安装佳能 Camera Connect 程序。佳能 Camera Connect 程序可在佳能 EOS R5 Mark Ⅱ相机与智能设备之间建立双向无线连接。可将使用相机拍摄的照片下载至智能设备，也可以在智能设备上显示相机镜头视野，从而遥控照相机。

用户可以根据自己所使用手机的系统，在佳能官网下载佳能 Camera Connect 程序的 Android 和 iOS 版本。

▲佳能 Camera Connect 程序图标

在相机上进行相关设置

如果要将智能手机与佳能 EOS R5 Mark Ⅱ相机的 Wi-Fi 相连接，需要先在相机菜单中进行相关设置，具体操作流程如下。

启用网络

在这个步骤中，要完成的任务是在相机中开启网络功能。

设定步骤

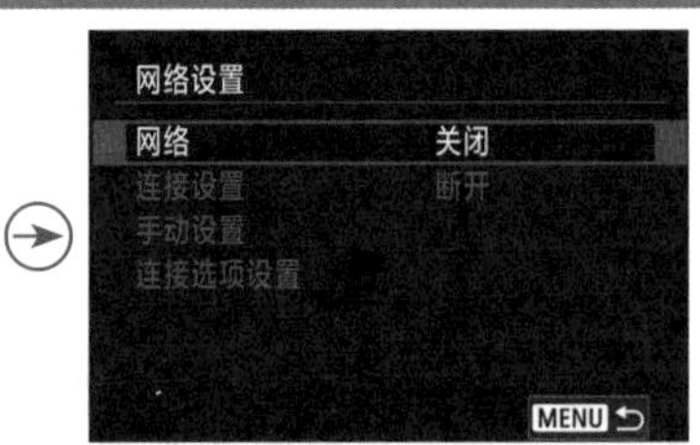

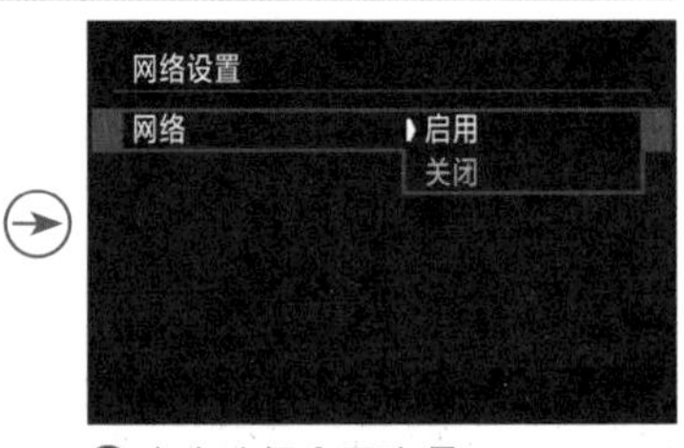

❶ 在**通信功能菜单 1** 中点击选择**网络设置**选项

❷ 点击选择**网络**选项

❸ 点击选择**启用**选项

连接至智能手机

在这个步骤中，要完成的任务是将佳能 EOS R5 Mark Ⅱ的 Wi-Fi 网络连接设备选择为智能手机，并且进行连接。

设定步骤

❶ 在**通信功能菜单 2** 中点击选择**连接至智能手机（平板电脑）**选项

❷ 点击选择 **Camera Connect**

❸ 点击选择**使用不同的连接方法**选项

❹ 如果手机已安装了Camera Connect软件，点击SET 下页图标；如未安装，则可以用手机扫描屏幕上显示的二维码，下载并安装该软件

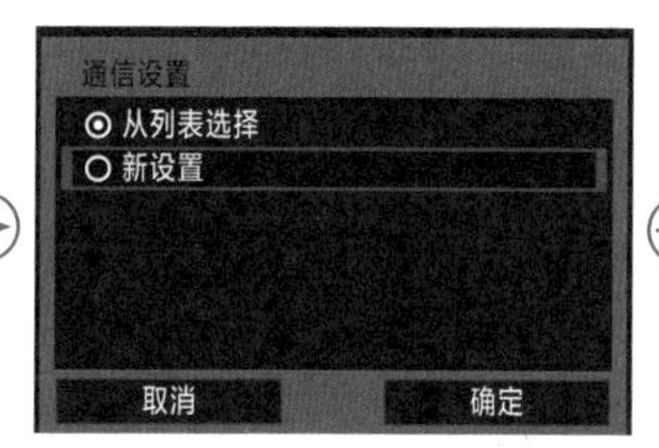

❺ 选择**新设置**选项，然后点击**确定**选项

❻ 点击**确定**选项

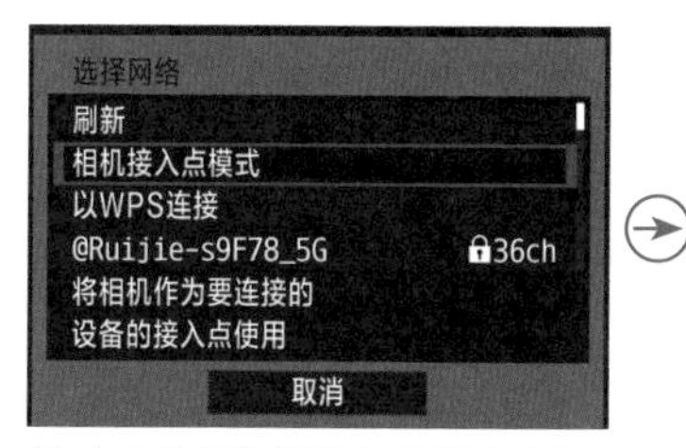

❼ 点击选择**相机接入点模式**选项

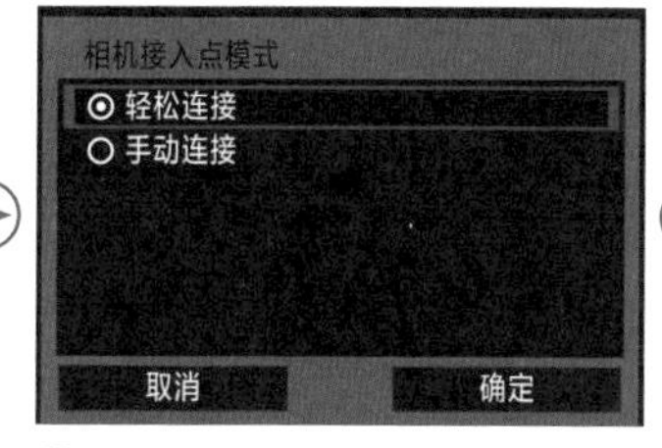

❽ 点击**轻松连接**选项，然后点击**确定**选项

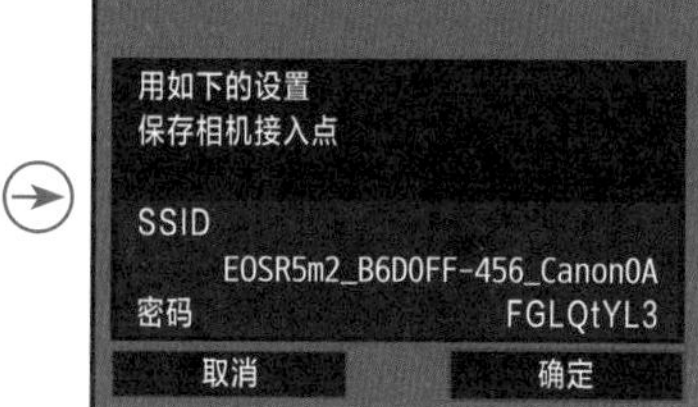

❾ 将显示相机的SSID和密码，然后点击**确定**选项保存

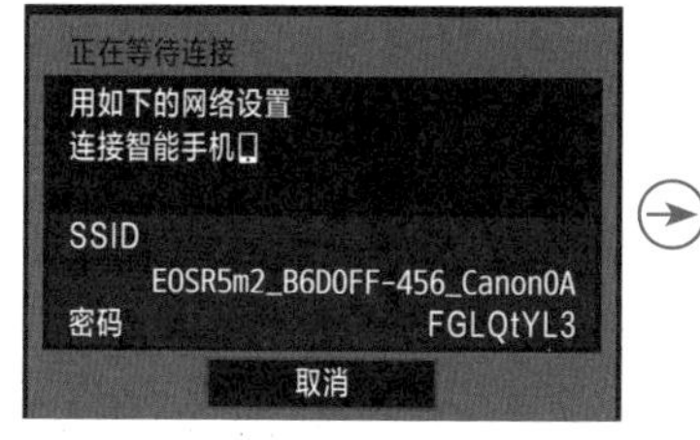

❿ 将显示此界面，此时需要转移到手机上操作

⓫ 在手机上打开Wi-Fi搜索相机上显示的Wi-Fi名称，输入密码进行连接

⓬ 打开手机上的Camera Connect软件，将显示此界面，点击相机型号

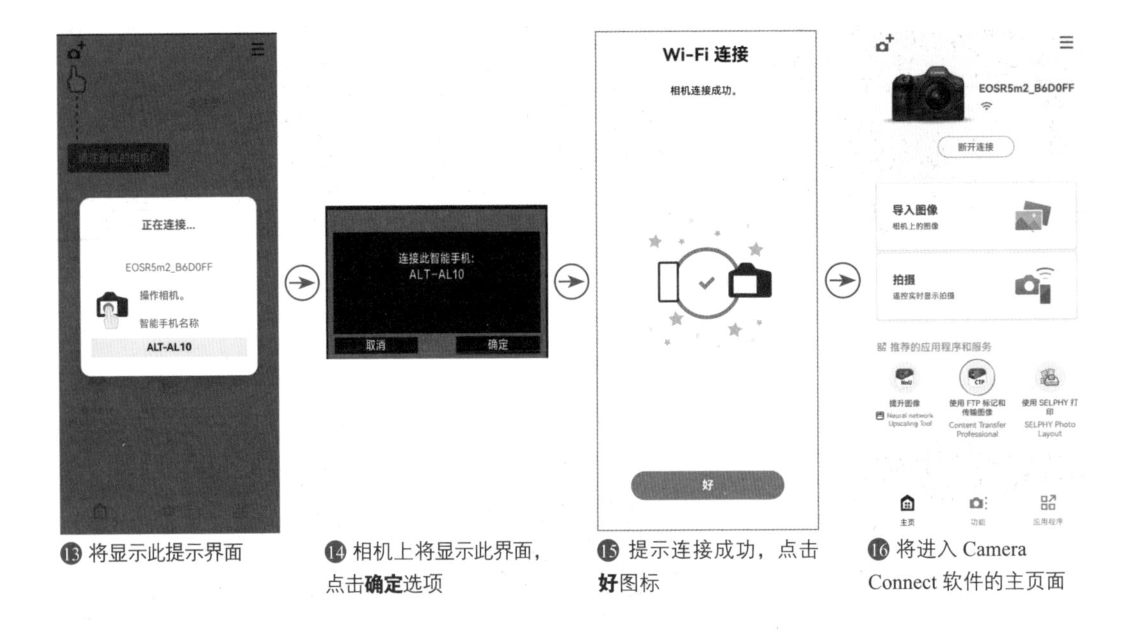

⑬ 将显示此提示界面

⑭ 相机上将显示此界面，点击**确定**选项

⑮ 提示连接成功，点击**好**图标

⑯ 将进入 Camera Connect 软件的主页面

在手机上查看并传输照片

Camera Connect 软件与相机建立连接后，通过 Camera Connect 软件可以将存储卡中的照片显示到智能手机上，用户可以查看并传输到手机，从而实现即拍即分享。

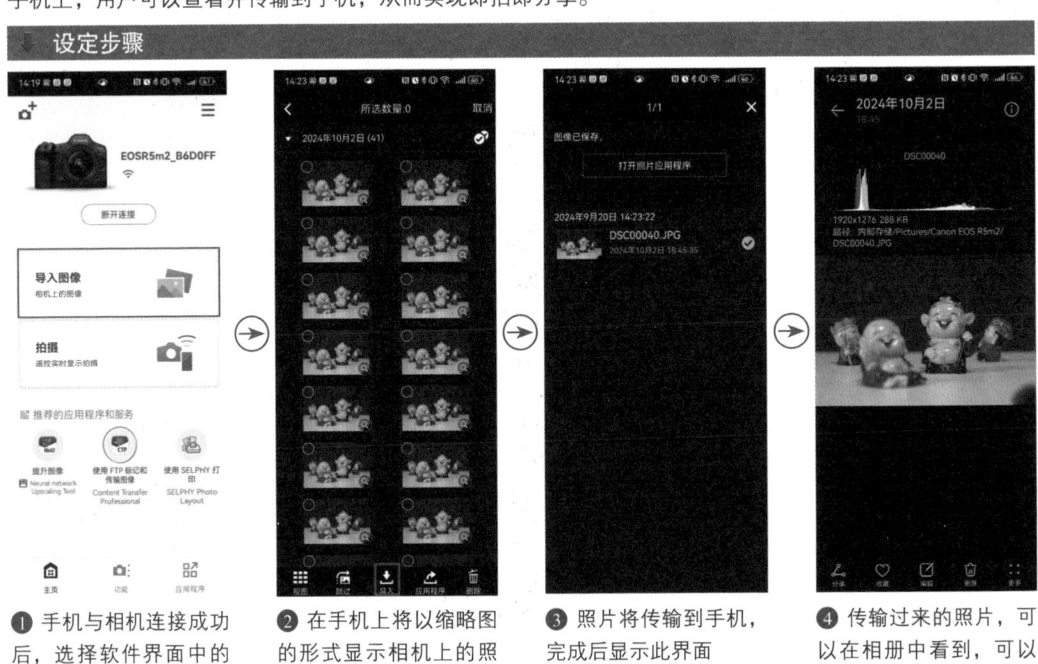

❶ 手机与相机连接成功后，选择软件界面中的**导入图像**选项

❷ 在手机上将以缩略图的形式显示相机上的照片，勾选要传输的照片，然后点击**导入**图标

❸ 照片将传输到手机，完成后显示此界面

❹ 传输过来的照片，可以在相册中看到，可以通过移动网络将照片分享到微博、QQ 好友、微信朋友圈等

用智能手机进行遥控拍摄

使用 Wi-Fi 功能将佳能 EOS R5 Mark Ⅱ相机连接到智能手机后，选择 Camera Connect 软件中的“拍摄”选项即可启动实时显示遥控功能。智能手机屏幕将显示实时显示画面，用户还可以在拍摄前进行设置，如光圈、快门速度、ISO、曝光补偿、驱动模式和白平衡模式等参数。

设定步骤

❶ 在连接上相机Wi-Fi网络的情况下，选择软件界面中的**遥控实时显示拍摄**选项

❷ 在手机中将实时显示图像，点击图中红色框所在的图标可以拍摄静态照片；点击蓝色框所在的图标可以进入设置界面

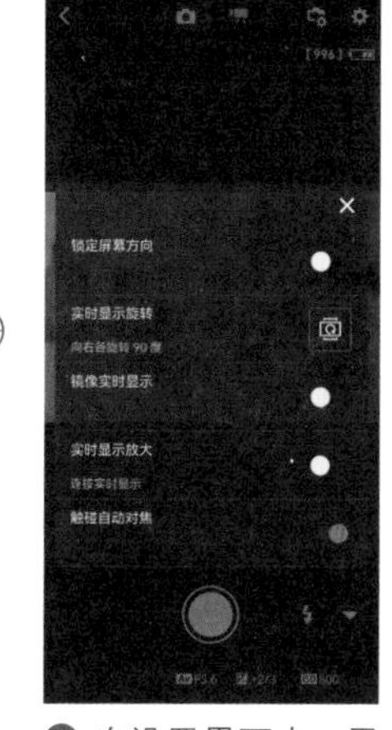

❸ 在设置界面中，用户可以设置拍摄的相关功能

❹ 在界面下方，可以对曝光组合、白平衡模式、驱动模式等常用参数进行设置

❺ 例如，点击了光圈图标，在下方显示的光圈刻表中可以滑动选择所需光圈值

❻ 例如，点击了白平衡图标，在上方显示的详细选项中可以点击选择所需白平衡模式

❼ 点击图中红色框所在的图标可以切换为短片拍摄模式

❽ 在短片拍摄界面中，同样可以在下方设置常用的参数功能

第6章 拍视频要理解的术语及必备附件

理解视频分辨率、制式、帧频、码率的含义

理解视频分辨率并进行合理设置

视频分辨率指每一个画面中所显示的像素数量，通常以水平像素数量与垂直像素数量的乘积或垂直像素数量表示。视频分辨率数值越大，画面就越精细，画质就越好。

佳能的每一代旗舰机型在视频功能上均有所增强，佳能 EOS R5 Mark Ⅱ在视频方面的一大亮点就是支持 8K DCI（8192×4320）分辨率的视频录制。

需要额外注意的是，若要享受高分辨率带来的精细画质，除了需要设置相机录制高分辨率的视频以外，还需要观看视频的设备具有该分辨率画面的播放能力。

比如录制了一段 4K-D（分辨率为 4096×2160）视频，但观看这段视频的电视、平板或者手机只支持全高清（分辨率为 1920×1080）播放，那么呈现出来视频的画质就只能达到全高清，而到不了 4K-D 的水平。

因此，建议各位在拍摄视频之前先确定输出端的分辨率上限，然后再确定相机视频的分辨率设置。从而避免因为文件过大对存储和后期等操作造成没必要的负担。

设定步骤

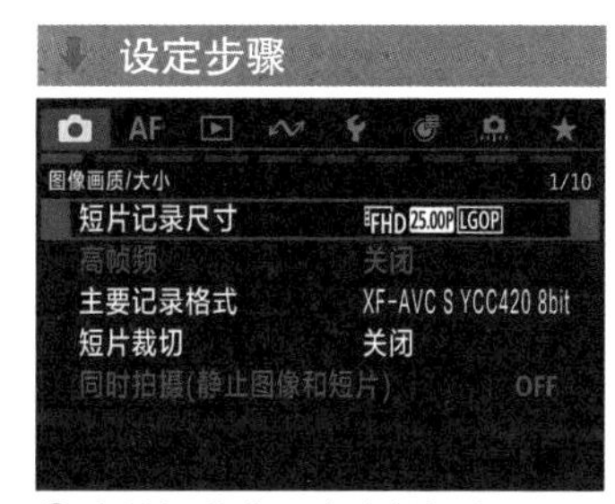

❶ 在**拍摄菜单 1** 中选择**短片记录尺寸**选项

❷ 点击第一个选项，然后选择所需选项（黄框中所示），完成后点击 SET OK 图标确定

设定系统频率

不同国家、地区的电视台所播放视频的帧频是有统一规定的，称为电视制式。全球分为两种电视制式，分别为北美、日本、韩国、墨西哥等国家使用的 NTSC 制式和中国、欧洲各国、俄罗斯、澳大利亚等国家使用的 PAL 制式。

选择不同的视频制式后，可选择的帧频会有所变化。比如选择“59.94Hz:NTSC”选项后，可选择的帧频为 239.76P、119.88P、59.94P、29.97P、23.98P；选择“50.00Hz:PAL”选项后，可选择的帧频为 200P、100P、50P、25P。所以如果在菜单中找不到自己需要的帧率，则需要考虑是不是制式设置有误。

高手点拨：需要注意的是，只有在所拍视频需要在电视台播放时，才会对视频制式有严格要求。如果只是自己拍摄上传视频平台，选择任意视频制式均可正常播放。

设定步骤

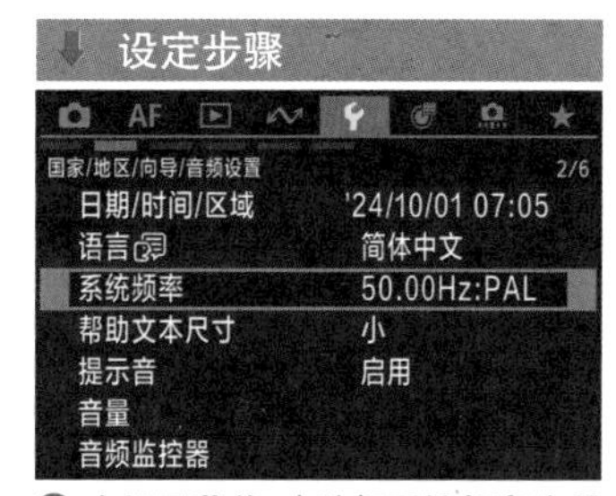

❶ 在**设置菜单2**中选择**系统频率**选项

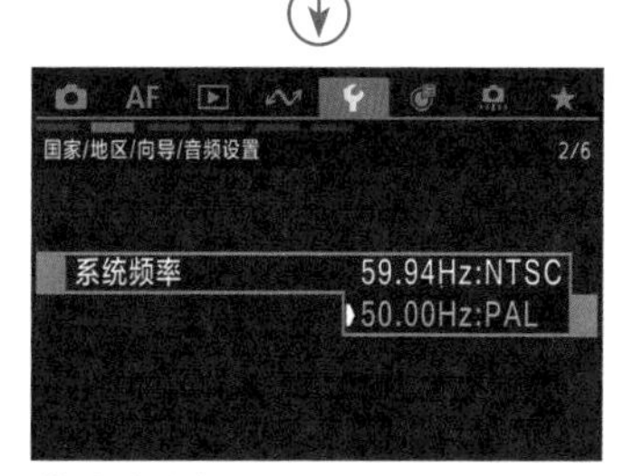

❷ 点击选择所需选项

理解帧频并进行合理的设置

无论选择哪种视频制式，均有多种帧频供选择。帧频是指一个视频里每秒展示出来的画面数（fps），在佳能相机中以单位P表示。例如，一般电影以每秒24张画面的速度播放，也就是一秒钟内在屏幕上连续显示出24张静止画面，其帧频为24P。

很显然，每秒显示的画面数多，视觉动态效果就流畅，反之，如果画面数少，观看时就会有卡顿的感觉。因此，在录制景物高速运动的视频时，建议设置为较高的帧频，从而尽量让每一个动作都更清晰、流畅；而在录制访谈、会议等视频时，则使用较低帧频录制即可。

当然，如果录制条件允许，建议以高帧数录制，这样可以在后期处理时拥有更多处理的可能性，比如得到慢镜头效果。

设定步骤

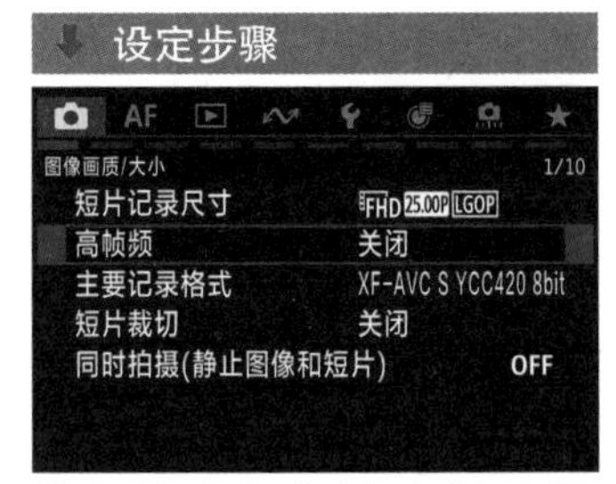

❶在**拍摄菜单1**中选择**高帧频**选项

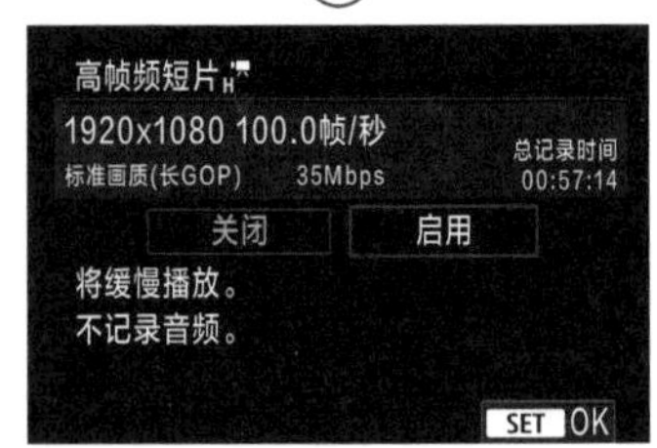

❷点击选择**启用**选项，然后点击SET OK图标确定

理解码率的含义

码率又称比特率，指每秒传送的比特（bit）数，单位为bps（Bit Per Second）。码率越高，每秒传送的数据就越多，画质就越清晰，但相应地，对存储卡的写入速度要求也更高。

在EOS R5 Mark II相机中，虽然无法直接设置码率，但却可以对压缩方法进行选择。可选择的有Intra、Intra、Intra、LGOP和LGOP 5种压缩方式，其中LGOP和LGOP的压缩率更高，码率更低。而LGOP在录制代理视频时可设置。

下面以“XF-HEVC SYCC42210bit”记录格式，8K-D或8K-U分辨率为例，各压缩模式下的码率大小（部分展示）。

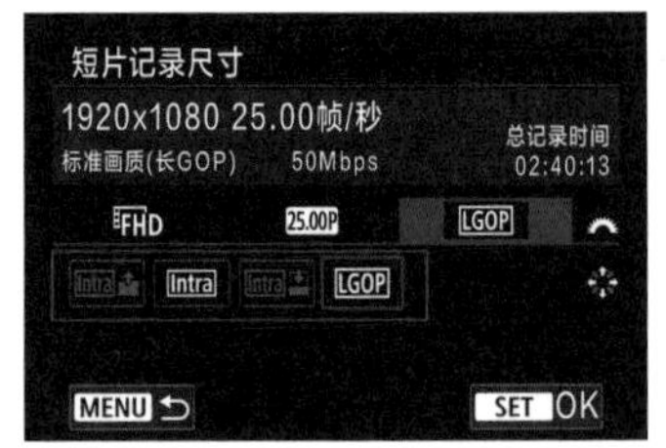

▲ 选择不同的压缩方式，以此控制码率

压缩方式	帧频（帧/秒）	总记录时间（大约值）			视频比特率（Mbps 大约值）	文件大小（MB 分钟大约值）
		64GB	256GB	1T		
高画质（帧内压缩）Intra	24.00	4分钟	17分钟	1小时9分钟	1920	13735
	23.98					
标准画质（帧内压缩）Intra	29.97	4分钟	18分钟	1小时14分钟	1800	12877
	25.00	5分钟	22分钟	1小时28分钟	1500	10731
	24.00	5分钟	23分钟	1小时32分钟	1440	10302
	23.98					
轻量画质（帧内压缩）Intra	29.97	7分钟	28分钟	1小时51分钟	1200	8585
	25.00	8分钟	34分钟	2小时13分钟	1000	7155
	24.00	8分钟	35分钟	2小时18分钟	960	6869
	23.98					
标准画质（长LGOP）LGOP	29.97	15分钟	1小时3分钟	4小时6分钟	540	3865
	25.00					
	24.00					
	23.96					

通过佳能Log保留更多画面细节

在明暗反差比较大的环境中录制视频时，很难同时保证画面中最亮和最暗的区域都有细节，如果依据亮部区域进行测光，则较暗的区域会死黑一片；如果依据暗部区域进行测光，则亮部会过曝成为无细节的白色区域。这时就可以使用佳能Log模式进行录制，从而获取更广的动态范围，最大限度地保留这些细节。

什么是 Log

在摄影领域 Log 是一种曲线，用于在光线不变的情况下，改变相机的曝光输出方式，目的是模拟人眼对光线的反应，最终使应用了 Log 曲线的相机在明暗反差较大的环境下，拍摄出类似于人眼观看效果的照片或视频。

这种技术最初被应用于高端摄影机上，近年来逐渐在家用级别的相机上广泛应用，从而使视频爱好者即使不使用昂贵的高端摄影机也能够拍摄出媲美专业人士的视频。

下面针对 Log 曲线的原理进行具体讲解。

在没有使用 Log 曲线之前，相机对光线的曝光输出反应是线性的，比如输入的亮度为 72，那么输出的亮度也是 72，如下图所示。所以当输入的亮度超出相机的动态感光范围时，相机只能拍出纯黑色或纯白色画面。

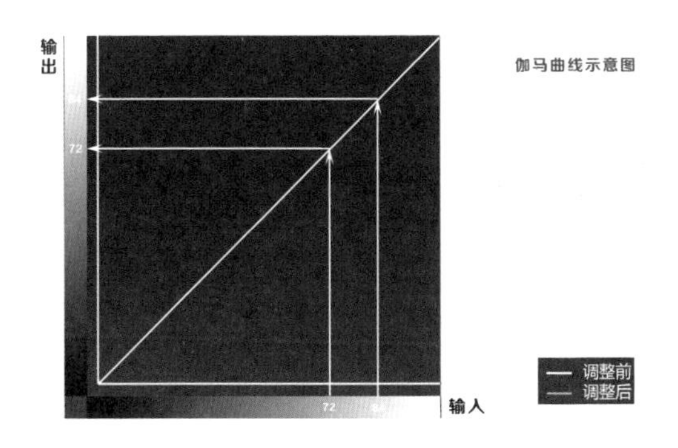

而人眼对光线的反应是非线性的，即便场景本身很暗，但人眼也可以看到一些暗部细节，当一个场景同时存在较亮或较暗区域时，人眼能够同时看到暗部与亮部的细节。因此，如果用数字公式来模拟人眼对光线的感知模型，则会形成一条曲线，如下图所示。

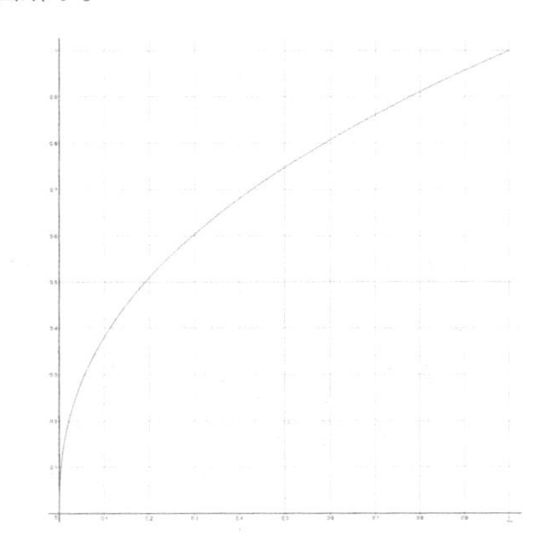

从这条曲线可以看出，人眼对暗部的光线强度变化更加敏感，相同幅度的光线强度变化在高亮时引起的视觉感知变化更小。

根据人眼的生理特性，各个厂商开发出来的 Log 曲线如下图所示。从这个图中可以看出，当输入的亮度为 20 时，输出亮度为 35，这模拟了人眼对暗部感知较为明显的特点。而对于较亮的区域而言，则适当压低其亮度，并使亮部区域的曲线斜率降低，压缩亮部的“层次”，以模拟人眼对高亮区

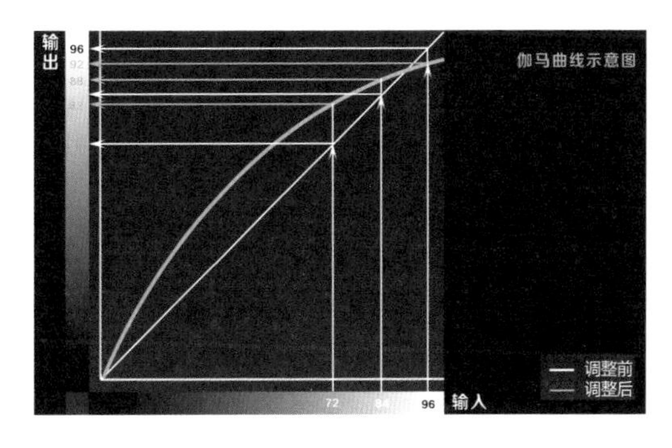

域感知变化较小的生理现象，因此，输入分别为 72 和 84 的亮度时，其亮度被压缩在 82～92 的区间。

为了模拟人眼这种对光线的感知，各个相机厂商均在相机中加入了不同的 Log 曲线，其中佳能称其为 C-Log，索尼称其为 S-Log，尼康称其为 N-Log，但其原理实际上是一样的，区别仅在于曲线形状和斜率。

认识佳能 Log

佳能Log通常被简称为Clog，是一种对数伽马曲线。这种曲线可发挥图像感应器的特性，从而保留更多的高光和阴影细节。但是用佳能Log模式拍摄的视频不能直接使用，因为此时画面色彩饱和度和对比度都很低，整体效果发灰，所以需要通过后期处理找回画面色彩。

选择预设的佳能 Log

佳能 EOS R5 Mark Ⅱ 相机提供了 6 种预设伽马曲线，用户可以根据自己想要的视频色调风格，在“自定义图像”菜单的“选择 CP 文件”中，选择 C1～C6 选项的某一个，就能应用到视频拍摄中。

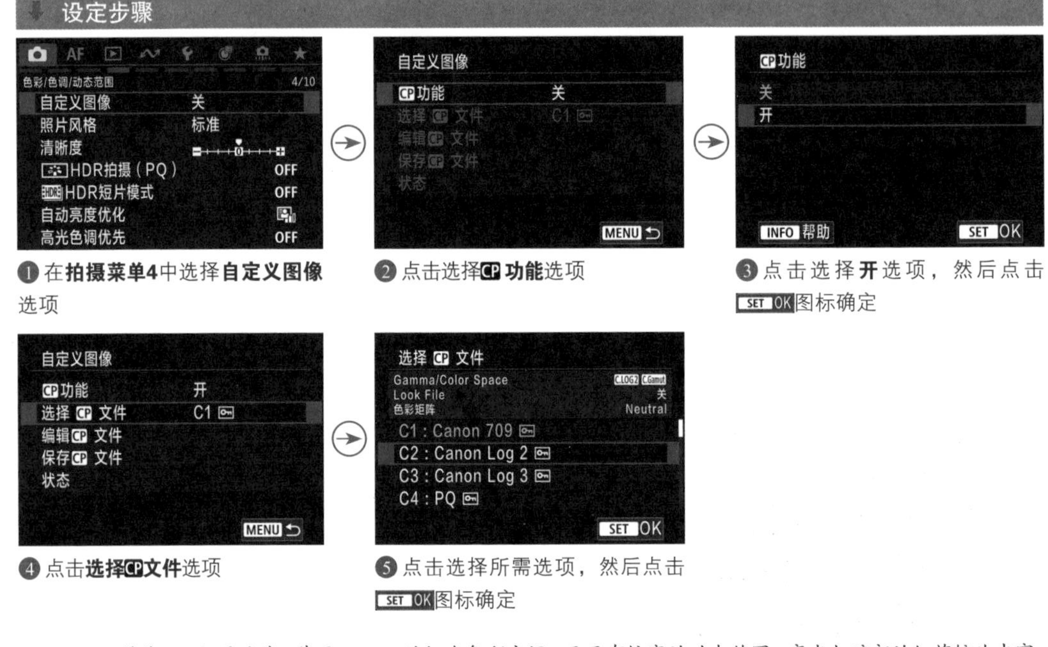

❶ 在**拍摄菜单4**中选择**自定义图像**选项

❷ 点击选择**CP功能**选项

❸ 点击选择**开**选项，然后点击 SET OK 图标确定

❹ 点击**选择CP文件**选项

❺ 点击选择所需选项，然后点击 SET OK 图标确定

- C1：佳能 709 伽马曲线，基于 BT.709 的标准色彩空间，画面有较宽的动态范围，高光与暗部的细节较为丰富，适合在兼容 BT.709 的监视器上显示，也适合不做后期处理时使用。
- C2：佳能 Log 2 伽马曲线，与佳能 Log 3 类似，也是专为视频制作设计的。佳能 Log 2 侧重于中间调的保护，感光度起点较低，阴影和中间调的画质更加细腻，同时也能捕捉到足够的高光信息，应用 Cinema Gamut 色彩空间，可以几乎 100% 覆盖可见光的佳能独有色域，色彩还原能力更强，为后期制作提供更大的灵活性和可调整性，让画面更加符合摄影师的创作意图。
- C3：佳能 Log 3 伽马曲线，这是一条适用于专业电影化制作流程的伽马曲线，它具备最大超过 13 挡的动态范围，实现了高光和暗部最大限度地保留细节，更方便后期进行调色和加工，如果想进行快速制作，也可以套用 LUT 曲线直接调用匹配，然后进行微调或者直接输出。

- C4：是 Perceptual Quantization（PQ）的应用，专为高动态范围（HDR）视频设计的伽马曲线，适用于网络视频、网络电影等领域，此伽马曲线的特点是还原再现准确性高，对媒介终端要求也高，对设备的亮度显示有一定门槛。
- C5：Hybrid Log-Gamma（HLG）伽马曲线则是应对广播电视和 EFP 直播等环境下的 HDR 需求，可以兼容普通 SDR 电视，HLG 曲线符合 ITU-R BT.2100 的 HDR 推荐操作规范，可以拍摄出与 SDR 具有高度兼容性的影像。
- C6：BT.709 Standard 伽马曲线，此伽马曲线是一种符合 ITU-R BT.709 国际标准的色彩和亮度校正标准。以其通用性、兼容性和良好的色彩表现而广泛应用于广播电视节目制作、家庭娱乐和教学视频等领域。采用 Vivid 色彩，能够确保图像在显示设备上呈现出更加自然和逼真的效果。

认识 LUT

LUT文件，全称为Look-Up-Table文件，即查找表文件。本质上，LUT是一个RAM（随机存取存储器），它将数据事先写入RAM后，每当输入一个信号就等于输入一个地址进行查表，找出地址对应的内容，然后输出。LUT文件主要用于将特定颜色映射到其他颜色，以实现快速调整色彩的目的。LUT文件在电影制作、照片后期处理、视频编辑等领域有着广泛的应用。在电影制作中，LUT文件可用于模拟不同的电影拍摄风格、调整色彩平衡、增强或减弱某种颜色等。

对于使用佳能Log模式拍摄的视频，由于其色彩不正常，所以需要通过后期处理来调整。通常的方法就是套用LUT，来实现各种不同的色调。套用LUT也被称为一级调色，主要目的是统一各个视频片段的曝光和色彩，在此基础上可以根据视频的内容及需要营造的氛围进行个性化的二级调色。

自定义注册 LUT

以前使用佳能 Log 2 或佳能 Log 3 拍视频，虽然利用相机的优秀传感器能让画面亮暗细节都保留得很好，但拍完后还要在电脑上用后期软件慢慢调整颜色，才能让视频看起来鲜艳动人。

现在佳能 EOS R5 Mark Ⅱ相机有了 Look File 功能，用户就可以先用伽马曲线拍些素材视频，然后在电脑上用 DaVinci Resolve 软件慢慢调颜色，得到满意的色调后，就可以将它输出为 LUT(.cube) 文件，然后把这个 LUT 文件拷贝到 SD 卡中，再插回佳能 EOS R5 Mark Ⅱ相机中，这样就可以在机内直接拍摄并输出套用过该 LUT 的视频了。

具体操作步骤如下。

设定步骤

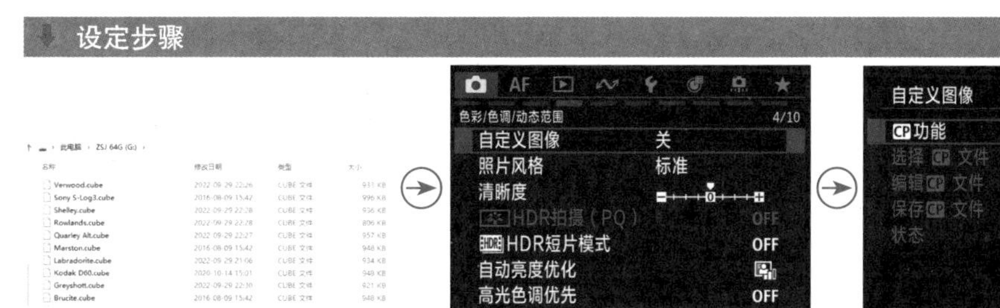

❶ 将需要载入到相机内部的lut文件，复制到存储卡的根目录下，然后将此存储卡插入相机中

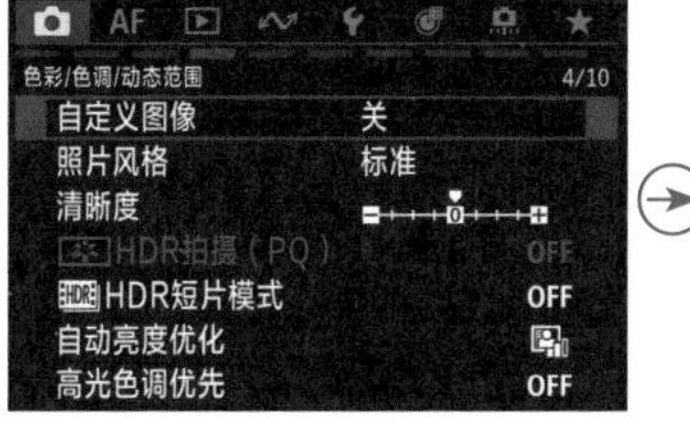

❷ 在**拍摄菜单4**中选择**自定义图像**选项

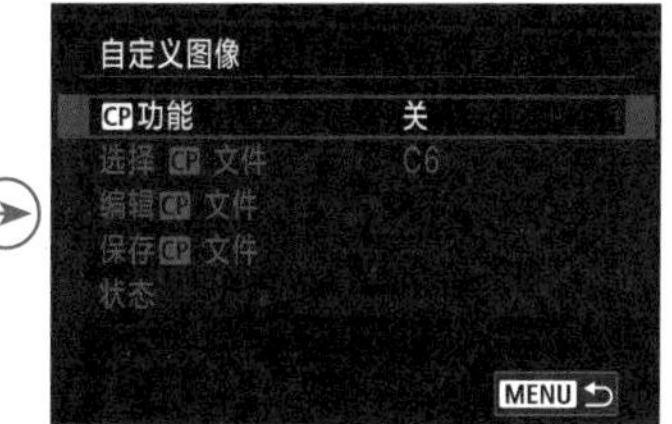

❸ 点击选择**CP功能**选项

❹点击选择**开**选项，然后点击SET OK图标确定

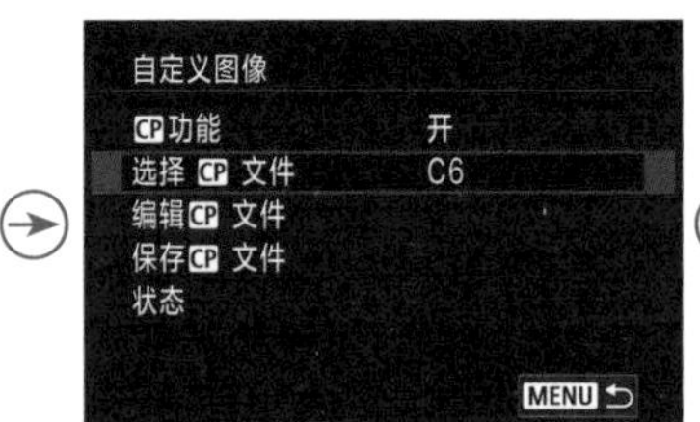

❺点击**选择CP文件**选项

❻选择 C7～C20 中的任意一个选项，然后点击SET OK图标确定，返回上级界面

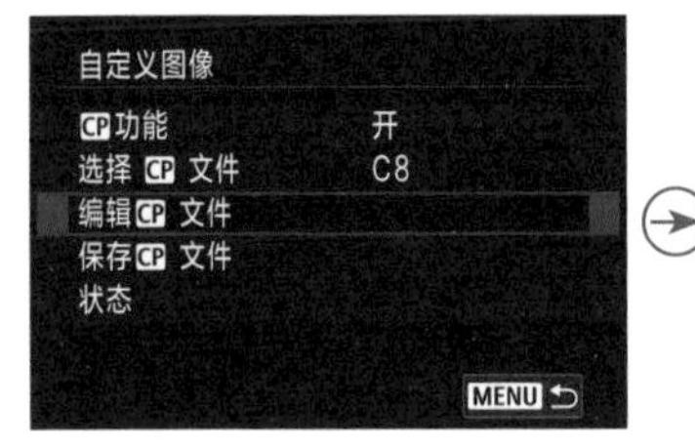

❼点击选择**编辑CP文件**选项

❽点击选择 **Gamma/Color Space** 选项

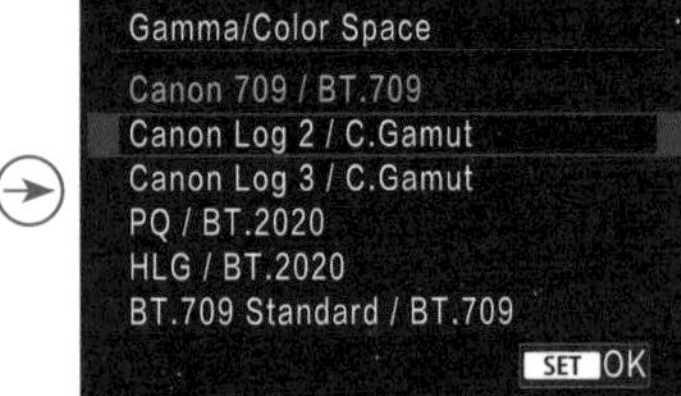

❾点击选择所需选项，然后点击SET OK图标确定

❿点击 **Look File 设置**选项

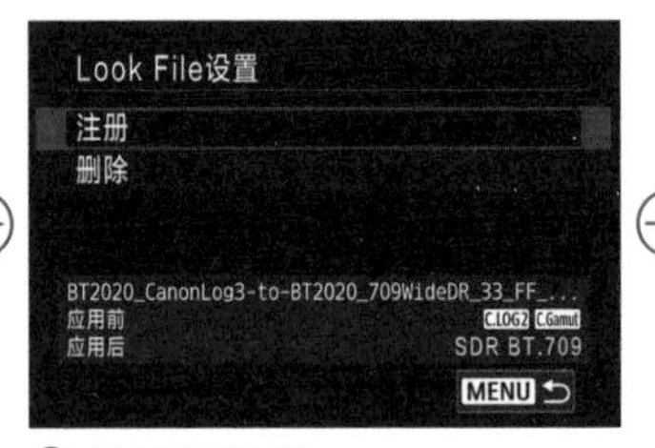

⓫点击**注册**选项

⓬即可看到存储卡中的 LUT 文件，选择一个自己所需的 LUT 文件

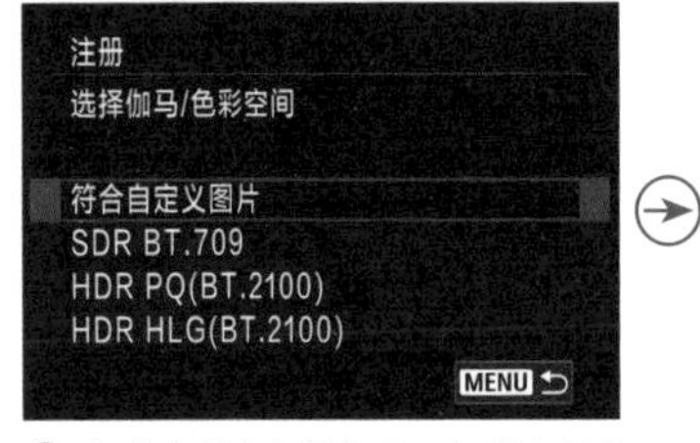

⓭在弹出的"选择伽马/色彩空间"中，选择**符合自定义图片**

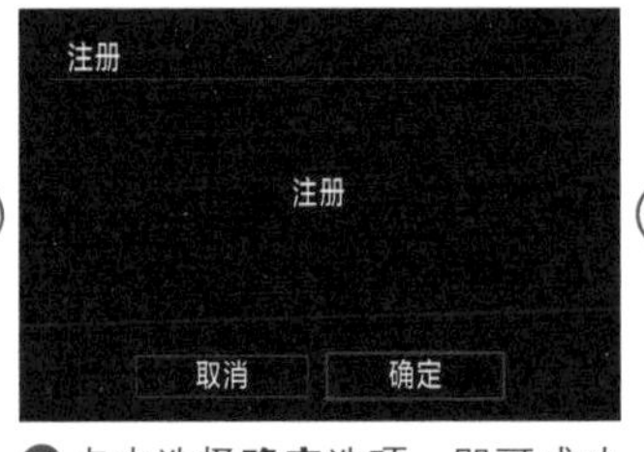

⓮点击选择**确定**选项，即可成功注册

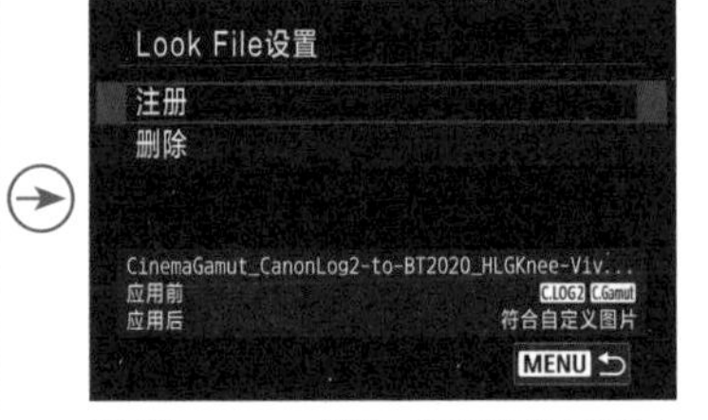

⓯按 MENU 按钮或半按快门返回使用

▲ 未开启 CP 功能时的画面色调

▲ 开启 CP 功能，并选择 C2 伽马曲线时的画面色调

▲ 开启 Look File 功能，并选择一款 LUT 文件时的画面色调

视频拍摄稳定设备

手持式稳定器

在手持相机的情况下拍摄视频，往往会产生明显的抖动。这时就需要使用可以让画面更稳定的器材，比如手持稳定器。

这种稳定器的操作无须练习，只需选择相应的模式，就可以拍出比较稳定的画面，而且其体积小、重量轻，非常适合业余视频爱好者使用。

在拍摄过程中，稳定器会不断自动进行调整，从而抵消掉手抖或在移动时造成的相机震动。

由于此类稳定器是电动的，所以在搭配上手机 App 后，可以实现一键拍摄全景、延时、慢门轨迹等特殊功能。

▲ 手持式稳定器

摄像专用三脚架

与便携的摄影三脚架相比，摄像三脚架为了更好的稳定性而牺牲了便携性。

一般来讲，摄影三脚架在3个方向上各有1根脚管，也就是三脚管。而摄像三脚架在3个方向上最少各有3根脚管，也就是共有9根脚管，再加上底部的脚管连接设计，其稳定性要高于摄影三脚架。另外，脚管数量越多的摄像专用三脚架，其最大高度也更高。

对于云台，为了在摄像时能够实现在单一方向上精确、稳定地转换视角，摄像三脚架一般使用带摇杆的三维云台。

▲ 摄像专用三脚架

滑轨

相比稳定器，利用滑轨移动相机录制视频可以获得更稳定、更流畅的镜头表现。利用滑轨进行移镜、推镜等运镜时，可以呈现出电影级的效果，因此其为更专业的视频录制设备。

另外，如果希望在录制延时视频时呈现一定的运镜效果，准备一个电动滑轨就十分有必要。因为电动滑轨可以实现微小的、匀速的持续移动，从而在短距离的移动过程中，拍摄下多张延时素材，这样通过后期合成，就可以得到连贯的、顺畅的、带有运镜效果的延时摄影画面。

▲ 滑轨

视频拍摄采音设备

在室外或者不够安静的室内录制视频时，单纯通过相机自带的麦克风和声音设置往往无法得到满意的采音效果，这时就需要使用外接麦克风来提高视频中的音质。

无线领夹麦克风

无线领夹麦克风也被称为“小蜜蜂”。其优点在于小巧便携，并且可以在不面对镜头，或者在运动过程中进行收音；但缺点是当需要对多人采音时，则需要准备多个发射端，相对来说比较麻烦。另外，在录制采访视频时，也可以将“小蜜蜂”发射端拿在手里，当作“话筒”使用。

▲ 便携的“小蜜蜂”

枪式指向性麦克风

枪式指向性麦克风通常安装在佳能相机的热靴上进行固定。因此录制一些面对镜头说话的视频，比如讲解类、采访类视频时，就可以着重采集话筒前方的语音，以避免周围环境带来的噪声。同时，在使用枪式麦克风时，也不用佩戴在身上，从而可以让被摄者的仪表更自然美观。

▲ 枪式指向性麦克风

为麦克风戴上防风罩

为避免户外录制视频时出现风噪声，建议各位为麦克风戴上防风罩。防风罩主要分为毛套防风罩和海绵防风罩，其中海绵防风罩也被称为防喷罩。

一般来说，户外拍摄建议使用毛套防风罩，其效果比海绵防风罩更好。

在室内录制时，可使用海绵防风罩，不仅能起到去除杂音的作用，还可以防止唾液喷入麦克风，这也是海绵防风罩也被称为防喷罩的原因。

▲ 毛套防风罩

▲ 海绵防风罩

视频拍摄灯光设备

在室内录制视频利用自然光来照明时，如果录制时间稍长，光线就会发生变化。比如，下午 2 点到 5 点，光线的强度和色温都在不断降低，导致画面出现由亮到暗、由色彩正常到色彩偏暖的变化，从而很难拍出画面影调、色彩一致的视频。而如果采用室内一般的灯光进行拍摄，灯光亮度又不够，打光效果也无法控制。所以，想录制出效果更好的视频，一些比较专业的室内灯光是必不可少的。

简单实用的平板 LED 灯

一般来讲，在拍摄视频时往往需要比较柔和的灯光，让画面中不会出现明显的阴影，并且呈现柔和的明暗过渡。而在不增加任何其他配件的情况下，平板LED灯本身就能通过大面积的灯珠打出比较柔和的光。

当然，也可以为平板LED灯增加色片、柔光板等配件，让光质和光源色产生变化。

▲ 平板 LED 灯

更多可能的 COB 影视灯

这种灯的形状与影室闪光灯非常像，并且同样带有灯罩卡口，从而让影室闪光灯可用的配件在COB影视灯上均可使用，让灯光更可控。

常用的配件有雷达罩、柔光箱、标准罩和束光筒等，可以打出或柔和或硬朗的光线。

因此，丰富的配件和光效是更多的人选择COB影视灯的原因。有时候人们也会把COB影视灯当作主灯，把平板LED灯辅助灯当作进行组合打光。

▲ COB 影视灯搭配柔光箱

短视频博主最爱的 LED 环形灯

如果不懂布光，或者不希望在布光上花费太多时间，只需要在面前放一盏LED环形灯，就可以均匀地打亮面部并形成眼神光了。

当然，LED环形灯也可以配合其他灯光使用，可以让面部光影更均匀。

▲ LED 环形灯

简单实用的三点布光法

三点布光法是拍摄短视频、微电影常用的布光方法。“三点”分别为位于主体侧前方的主光，以及另一侧的辅光和侧逆位的轮廓光。

这种布光方法既可以打亮主体，将主体与背景分离，还能够营造一定的层次感、造型感。

一般情况下，相对辅光，主光的光质要硬一些，从而让主体形成一定的阴影，增加影调的层次感。既可以使用标准罩或蜂巢来营造硬光，也可以通过相对较远的灯位来提高光线的方向性。也正是这个原因，在三点布光法中，主光的距离往往比辅光要远一些。辅助光作为补充光线，其强度应该比主光弱，主要用来形成较为平缓的明暗对比。

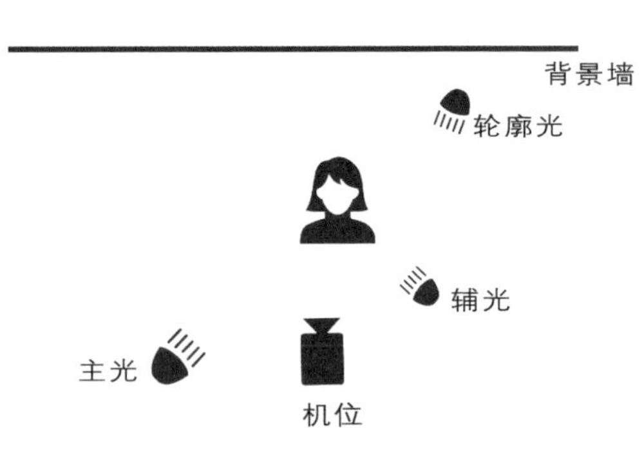

在三点布光法中，也可以不要轮廓光，而用背景光来代替，从而降低人物与背景的对比，让画面整体更明亮，影调也更自然。如果想为背景光加上不同颜色的色片，还可以通过色彩营造独特的画面氛围。

用氛围灯让视频更美观

前面讲解的灯光基本上只有将场景照亮的作用，但如果想让场景更美观，那么还需要购置氛围灯，从而为视频画面增加不同颜色的灯光效果。

例如，在右图所示的场景中，笔者的身后使用了两盏氛围灯，一盏能够自动改变颜色，一盏是恒定的暖黄色。下面展示的三个主播背景，同样使用了不同的氛围灯。

要布置氛围灯可以直接在电商网站上以“氛围灯”为关键词进行搜索，找到不同类型的灯具，也可以用“智能 LED 灯带”为关键词进行搜索，购买可以按自己的设计布置成为任意形状的灯带。

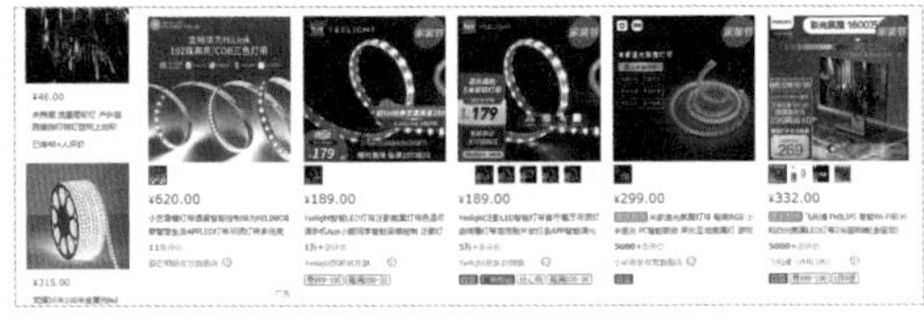

用外接电源进行长时间录制

在进行持续的长时间视频录制时，一块电池的电量很有可能不够用。而如果更换电池，则势必会导致拍摄中断。为了解决这个问题，各位可以使用外接电源进行连续录制。

由于外接电源可以使用充电宝进行供电，因此只需购买一块大容量的充电宝，就可以大大延长视频录制时间。

另外，如果在室内固定机位进行录制，还可以选择直接连接插座的外接电源进行供电，从而可以完全避免在长时间拍摄过程中出现电量不足的问题。

▲ 可直连插座的外接电源

▲ 可连接移动电源的外接电源

▲ 通过外接电源让充电宝给相机供电

第 7 章

拍视频必学的镜头语言

推镜头的 6 大作用

强调主体

推镜头是指镜头从全景或别的大景位由远及近，向被摄对象推进拍摄，最后使景别逐渐变成近景或特写镜头，最常用于强调画面的主体。例如，下面的组图展示了一个通过推镜头强调居中讲解女孩的效果。

突出细节

推镜头可以通过放大来突出事物细节或人物表情、动作，从而使观众得以知晓剧情的重点在哪里，以及人物对当前事件的反应。例如，在早期的很多谈话类节目中，当被摄对象谈到伤心处，摄影师都会推上一个特写，以展现含满泪花的眼睛。

引入角色及剧情

推镜头这种景别逐渐变小的运镜方式进入感极强，也常被用于视频的开场，在交代地点、时间、环境等信息后，正式引入主角或主要剧情。许多导演都会把开场的任务交给气势恢宏的推镜头，从大环境逐步过渡到具体的故事场景，如徐克的《龙门飞甲》。

制造悬念

当推镜头作为一组镜头的开始镜头使用时，往往可以制造悬念。例如，一个逐渐推进角色震惊表情的镜头可以引发观众的好奇心——角色到底看到了什么才会如此震惊?

改变视频的节奏

通过改变推镜头的速度可以影响和调整画面节奏，一个缓慢向前推进的镜头给人一种冷静思考的感觉，而一个快速向前推进的镜头给人一种突然间有所醒悟、有所发现的感觉。

减弱运动感

当以全景表现运动的角色时，速度感是显而易见的。但如果以推镜头到特写的景别来表现角色，则会由于没有对比而弱化运动感。

拉镜头的 6 大作用

展现主体与环境的关系

拉镜头是指摄影师通过拖动摄影器材或以变焦的方式，将视频画面从近景逐渐变换到中景甚至全景的操作，常用于表现主体与环境关系。例如，下面的拉镜头展现了模特与直播间的关系。

以小见大

例如，先特写面包店剥落的油漆、被打破的玻璃窗，然后逐渐后拉呈现一场灾难后的城市。这个镜头就可以把整个城市的破败与面包店连接起来，有以小见大的作用。

体现主体的孤立、失落感

拉镜头可以将主体孤立起来。比如，一个女人站在站台上，火车载着她唯一孩子逐渐离去，架在火车上的摄影机逐渐远离女人，就能很好地体现出她的失落感。

引入新的角色

在后拉过程中，可以非常合理地引入新的角色和元素。例如，在一间办公室中，领导正在办公，通过后拉镜头的操作，将旁边整理文件的秘书引入画面，并与领导产生互动，如果空间够大，还可以继续后拉，引入坐在旁边焦急等待的办事群众。

营造反差

在后拉镜头的过程中，由于引入了新元素，因此可以借助新元素与原始信息营造反差。例如，特写一个身着凉爽服装的女孩，镜头后拉，展现的环境却是冰天雪地。

又如，特写一个正襟危坐、西装革履的主持人，镜头拉远之后，却发现他穿的是短裤、拖鞋。

营造告别感

拉镜头从视频效果上看起来是观众在后退，从故事中抽离出去，这种退出感、终止感具有很强的告别意味，因此如果视频找不到合适的结束镜头，不妨试一下拉镜头。

摇镜头的 6 大作用

介绍环境

摇镜头是指机位固定，通过旋转摄影器材进行拍摄，分为水平摇拍及垂直摇拍。左右水平摇镜头适合拍摄壮阔的场景，如山脉、沙漠、海洋、草原和战场；上下摇镜头适用于展示人物或建筑的雄伟，也可用于展现峭壁的险峻。

模拟审视观察

摇镜头的视觉效果类似于一个人站在原地不动，通过水平或垂直转动头部，仔细观察所处的环境。摇镜头的重点不是起幅或落幅，而是在整个摇动过程中展现的信息，因此不宜过快。

强调逻辑关联

摇镜头可以暗示两个不同元素间的一种逻辑关系。例如，当镜头先拍摄角色，再随着角色的目光摇镜头拍摄衣橱，观众就能明白两者之间的联系。

转场过渡

在一个起幅画面后，利用极快的摇摄使画面中的影像全部虚化，过渡到下一个场景，可以给人一种时空穿梭的感觉。

表现动感

当拍摄运动的对象时，先拍摄其由远到近的动态，再利用摇镜头表现其经过摄影机后由近到远的动态，可以很好地表现运动物体的动态、动势、运动方向和运动轨迹。

组接主观镜头

当前一个镜头表现的是一个人环视四周，下一个镜头就应该用摇镜头表现其观看到的空间，即利用摇镜头表现角色的主观视线。

移镜头的 4 大作用

赋予画面流动感

移镜头是指拍摄时摄影机在一个水平面上左右或上下移动（在纵深方向移动则为推/拉镜头）进行拍摄，拍摄时摄影机有可能被安装在移动轨上或安装在配滑轮的脚架上，也有可能被安装在升降机上进行滑动拍摄。由于采用移镜头方式拍摄时，机位是移动的，所以画面具有一定的流动感，这会让观众感觉仿佛置身画面中，视频画面会更有艺术感染力。

展示环境

移镜头展示环境的作用与摇镜头十分相似，但由于移镜头打破了机位固定的限制，可以随意移动，甚至可以越过遮挡物展示空间的纵深感，因而移镜头表现的空间比摇镜头更有层次，视觉效果更为强烈。

最常见的是在旅行过程中，将拍摄器材贴在车窗上拍摄快速后退的外景。

模拟主观视角

以移镜头的运动形式拍摄的视频画面，可以形成角色的主观视角，展示被摄角色以穿堂入室、翻墙过窗、移动逡巡的形式看到的景物。这样的画面能给观众很强的代入感，有身临其境之感。

在拍摄商品展示、美食类视频时，常用这种运镜方式模拟仔细观察、检视的过程。此时，手持拍摄设备缓慢移动进行拍摄即可。

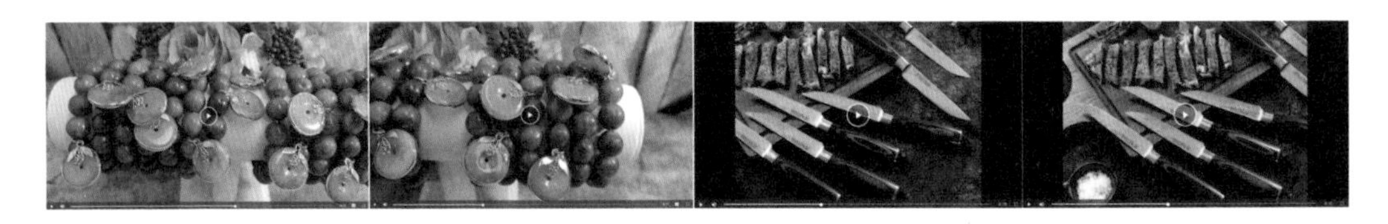

创造更丰富的动感视角

在具体拍摄时，如果拍摄条件有限，摄影师可能更多地采用简单的水平或垂直移镜拍摄，但如果有更大的团队、更好的器材，可综合使用移镜、摇镜及推拉镜头，以创造更丰富的动感视角。

跟镜头的 3 种拍摄方式

跟镜头又称“跟拍”，是跟随被摄对象进行拍摄的镜头运动方式。跟镜头可连续而详尽地表现角色在行动中的动作和表情，既能突出运动中的主体，又能交代动体的运动方向、速度、体态及其与环境的关系。按摄影机的方位可以分为前跟、后跟（背跟）和侧跟 3 种方式。

前跟常用于采访，即拍摄器材在人物前方，形成“边走边说”的效果。

体育视频通常为侧面拍摄，表现运动员运动的姿态。

后跟用于追随线索人物游走于一个大场景之中，将一个超大空间里的方方面面一一介绍清楚，同时还能保证时空的完整性。根据剧情，还可以表现角色被追赶、跟踪的效果。

升降镜头的作用

上升镜头是指相机的机位慢慢升起，从而表现被摄体的高大。在影视剧中，也被用来表现悬念；而下降镜头的方向则与之相反。升降镜头的特点在于能够改变镜头和画面的空间，有助于增强戏剧效果。

例如，在电影《一路响叮当》中，使用了升镜头来表现高大的圣诞老人角色。

在电影《盗梦空间》中，使用升镜头表现折叠起来的城市。

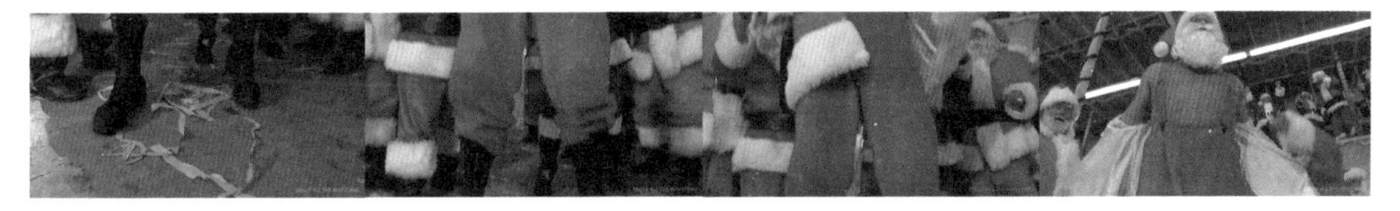

需要注意的是，不要将升降镜头与摇镜头混为一谈。比如，机位不动，仅将镜头仰起，此为摇镜头，

展现的是拍摄角度的变化，而不是高度的变化。

甩镜头的作用

甩镜头是指一个画面拍摄结束后，迅速旋转镜头到另一个方向的镜头运动方式。由于甩镜头时，画面的运动速度非常快，所以该部分画面内容是模糊不清的，但这正好符合人眼的视觉习惯（与快速转头时的视觉感受一致），所以会给观赏者带来较强的临场感。

值得一提的是，甩镜头既可以在同一场景中的两个不同主体间快速转换，模拟人眼的视觉效果；也可以在甩镜头后直接接入另一个场景的画面（通过后期剪辑进行拼接），从而表现同一时间、不同空间中并列发生的事情，此法在影视剧制作中经常出现。在电影《爆裂鼓手》中有一段精彩的甩镜头示范，镜头在老师与学生间不断甩动，体现了两者之间的默契与音乐的律动。

环绕镜头的作用

将移镜头与摇镜头组合起来，就可以实现一种比较炫酷的运镜方式——环绕镜头。

实现环绕镜头最简单的方法，就是将相机安装在稳定器上，然后手持稳定器，在尽量保持相机稳定的前提下绕人物走一圈儿，也可以使用环形滑轨。

通过环绕镜头可以 360° 全方位地展现主体，经常用于突出新登场的人物，或者展示景物的精致细节。

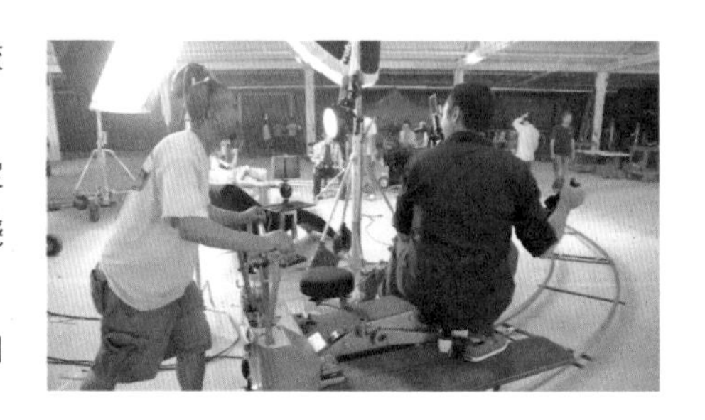

例如，一个领袖发表演说，摄影机在他们后面做半圆形移动，使领袖保持在画面的中央，这就突出了一个中心人物。在电影《复仇者联盟》中，当多个人员集结时，就是使用了这样的镜头来表现集体的力量。

镜头语言之“起幅”与“落幅”

无论使用前面讲述的推、拉、摇、移等诸多种运动镜头中的哪一种，在拍摄时这个镜头通常都是由3部分组成的，即起幅、运动过程和落幅。

理解“起幅”与“落幅”的含义和作用

起幅是指在运动镜头开始时的画面。即从固定镜头逐渐转为运动镜头的过程中，拍摄的第一个画面被称为起幅。

为了让运动镜头之间的连接没有跳动感或割裂感，往往需要在运动镜头的结尾处逐渐转为固定镜头，称为落幅。

除了可以让镜头之间的连接更加自然和连贯，起幅和落幅还可以让观赏者在运动镜头中看清画面中的场景。其中起幅与落幅的时长一般为1秒左右，如果画面信息量比较大，如远景镜头，则可以适当延长时间。

在使用推、拉、摇、移等运镜手法进行拍摄时，都以落幅为重点，落幅画面的视频焦点或重心是整个段落的核心。

如右侧图中上方为起幅，下方为落幅。

起幅与落幅的拍摄要求

由于起幅和落幅是固定镜头，考虑到画面的美感，在构图时要严谨。尤其是在拍摄到落幅阶段时，镜头停稳的位置、画面中主体的位置和所包含的景物均要进行精心设计。

如右侧图上方起幅使用V形构图，下方落幅使用水平线构图。

停稳的时间也要恰到好处。过晚进入落幅，则在与下一段起幅衔接时会出现割裂感，而过早进入落幅，又会导致镜头停滞的时间过长，让画面显得僵硬、死板。

在镜头开始运动和停止运动的过程中，镜头速度的变化要尽量均匀、平稳，从而让镜头衔接更加自然、顺畅。

空镜头、主观镜头与客观镜头

空镜头的作用

空镜头又称景物镜头，根据镜头所拍摄的内容，可分为写景空镜头和写物空镜头。写景空镜头多为全景、远景，也称为风景镜头；写物空镜头则大多为特写和近景。

空镜头的作用有渲染气氛，也可以用来借景抒情。

例如，当在一档反腐视频节目结束时，旁白是“留给他的将是监狱中的漫漫人生”，画面是监狱高墙及墙上的电网，并且随着背景音乐逐渐模糊直到黑场。这个空镜头暗示了节目主人公余生将在高墙内度过，未来的漫漫人生将会是灰暗的。

此外，还可以利用空镜头进行时空过渡。

镜头一：中景，小男孩走出家门。

镜头二：全景，森林。

镜头三：近景，树木局部。

镜头四：中景，小男孩在森林中行走。

在这组镜头中，镜头二与镜头三均为空镜，很好地起到了时空过渡的效果。

客观镜头的作用

客观镜头的视点模拟的是旁观者或导演的视点，对镜头所展示的事情不参与、不判断、不评论，只是让观众有身临其境之感，因此也称为中间镜头。

新闻报道就大量使用了客观镜头，只报道新闻事件的状况、发生的原因和造成的后果，不做任何主观评论，让观众去评判和思考。画面是客观的，内容是客观的，记者立场也是客观的，从而达到新闻报道客观、公正的目的。例如，下面是一个记录白天鹅栖息地的纪录片截图。

客观镜头的客观性包括两层含义。

客观反映对象自身的真实性。

对拍摄对象的客观描述。

主观镜头的作用

从摄影的角度来说，主观性镜头就是摄影机模拟人的观察视角，视频画面展现人观察到的情景，这样的画面具有较强的代入感，也被称为第一视角画面。

例如，在电影中，当角色通过望远镜观察时，下一个镜头通常都会模拟通过望远镜观看到的景物，这就是典型的第一视角主观性镜头。

网络上常见的美食制作讲解、台球技术讲解、骑行风光、跳伞、测评等类型的视频，多数采用主观性镜头。在拍摄这样的主观镜头时，多数采用将 GoPro 等便携式摄像设备固定在拍摄者身上的方式，有时也会采用手持式拍摄，因为画面的晃动能更好地模拟一个人的运动感，将观众带入情节画面。

在拍摄剧情类视频时，一个典型的主观镜头，通常是由一组镜头构成的，以告诉观众谁在看、看什么、看到后的反应及如何看。

回答这四个问题可以安排下面这样一组镜头。

一镜是人物的正面镜头，这个镜头要强调看的动作，回答是谁在看。

二镜是人物的主观性镜头，这个镜头要强调所看到的内容，回答人物在看什么。

三镜是人物的反应镜头，这个镜头侧重强调看到后的情绪，如震惊、喜悦等。

四镜是带关系的主观镜头，一般是将拍摄器材放在人物的后面，以高于肩膀的高度拍摄。这个镜头能够揭示看与被看的关系，体现二者的空间关系。

第 8 章

利用佳能 EOS R5 Mark Ⅱ拍摄视频的基本流程

拍摄视频短片的基本流程

使用佳能 EOS R5 Mark Ⅱ相机拍摄短片的操作比较简单。下面介绍一下短片拍摄的基本流程。

❶ 拨动静止图像拍摄/短片记录开关对齐图标。

❷ 按MODE按钮，转动主拨盘可选择以何种拍摄模式拍摄短片。如果希望手动控制短片的曝光量，可将拍摄模式选择为M挡；如果希望相机自动控制短片的曝光量，可将拍摄模式选择为A+或挡；如果希望优先光圈或快门拍摄短片，则可以将拍摄模式选择为Av或Tv，选择完后按下SET按钮确认。

❸ 在拍摄短片前，可以通过自动或手动的方式先对主体进行对焦。在光圈优先、快门优先及手动拍摄模式下，还需调整曝光组合。

❹ 按下短片拍摄按钮，即可开始录制短片。

❺ 录制完成后，再次按下短片拍摄按钮结束录制。

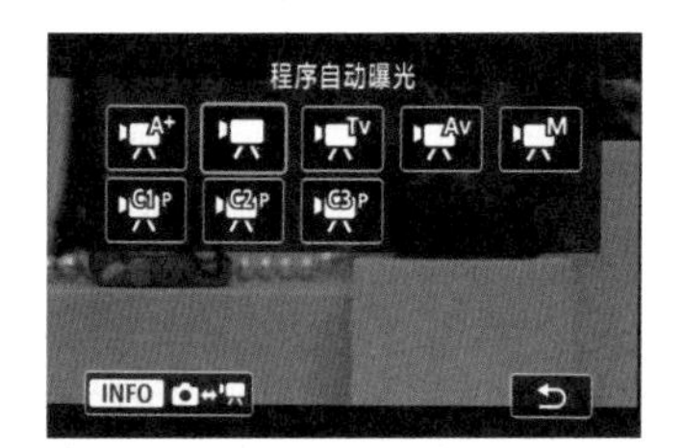

▲ 选择拍摄模式

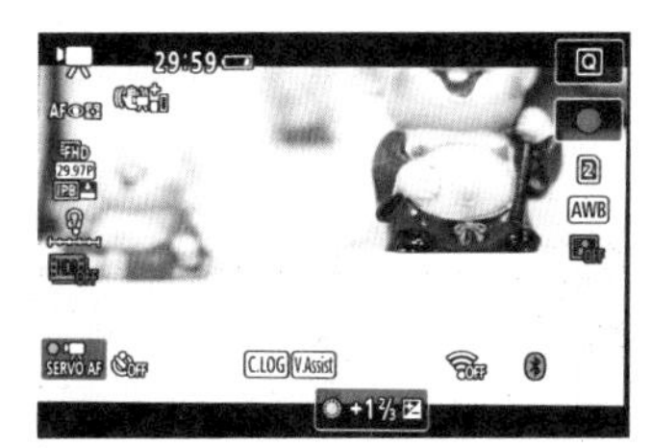

▲ 在拍摄前，可以先半按快门进行自动对焦，或者转动镜头对焦环进行手动对焦

▲ 按下红色的短片拍摄按钮，将开始录制短片，此时会在屏幕右上角显示一个红色的圆

虽然上面的流程看上去很简单，但在实际操作过程中涉及若干知识点，如设置视频短片参数、设置视频拍摄模式、正确认识短片信息、开启视频伺服自动对焦、设置视频自动对焦灵敏感度、设置录音参数和设置时间码参数等，只有理解并正确设置这些参数，才能够录制出一个合格的视频。

确定视频格式和画质

跟设置照片的尺寸、画质一样，录制视频时需要关注视频文件的相关参数。如果录制的视频只是家用的普通短片，采用全高清分辨率即可，但是如果要作为商业短片使用，则需要录制高帧频的 4K 视频。所以在录制视频之前，一定要设置好视频的参数。

设置视频格式与画质的方法

佳能 EOS R5 Mark Ⅱ在视频方面的一大亮点是支持 8K 录制的相机，最高支持以 59.94P/50P 的帧频机内录制分辨率为 8192×4320 的 8K DCI 短片或分辨率为 7680×4320 的 8K UHD 短片。此外，同样支持机内录制数据容量小的4K SRAW 60P/50P。在后面的表格中详细介绍了佳能EOS R5 Mark Ⅱ相机常见视频格式、尺寸、帧频参数的含义。

在设置分辨率前，需要先通过“主要记录格式”菜单选择视频的记录格式，在不同的记录格式下，能够设置的选项也不同。

设定步骤

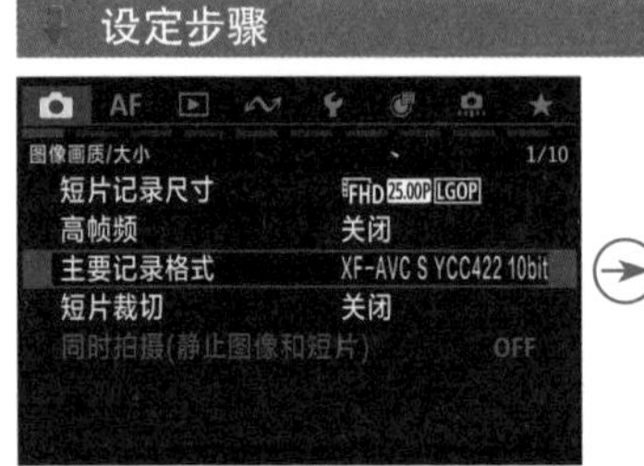

❶ 在**拍摄菜单 1** 中选择**主要记录格式**选项

❷ 点击选择所需选项，然后点击 SET OK 图标确定

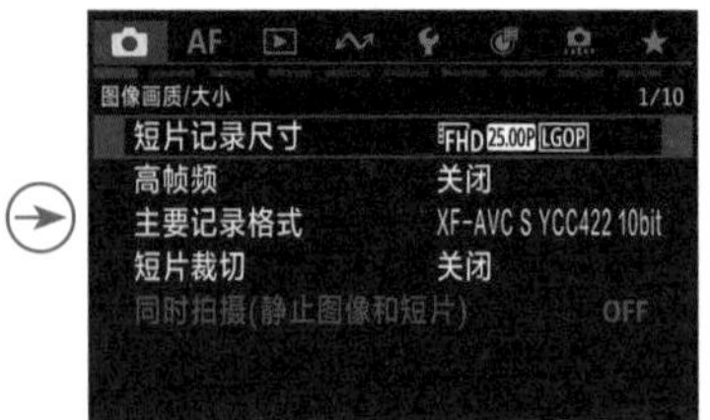

❸ 在**拍摄菜单 1** 中选择**短片记录尺寸**选项

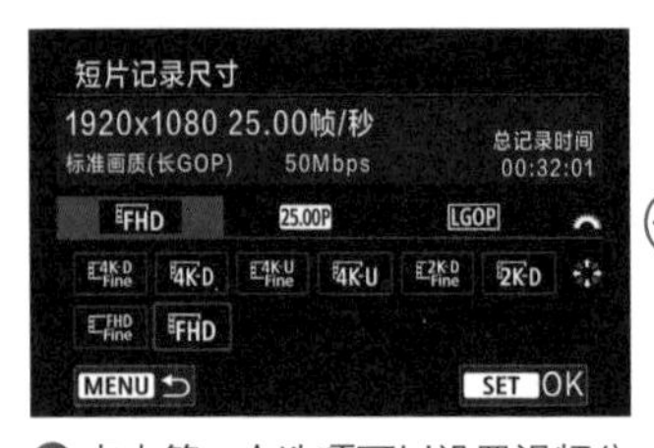

❹ 点击第一个选项可以设置视频分辨率

❺ 点击第二个选项可以设置视频帧频

❻ 点击第三个选项可以设置视频压缩方式，点击 SET OK 图标确定

在“主要记录格式”菜单中，可以选择 RAW、XF-HEVC S 和 XF-AVC S 格式类型。其中 RAW 格式的短片，会以数字方式将来自图像感应器的原始的、未经处理的数据记录至存储卡中，用户可以使用 DPP 或其他后期编辑软件进行后期处理。而 XF-HEVC S 与 XF-AVC S 短片均采用了佳能原生的视频格式，其中 XF-HEVC S 基于 H.265/HEVC 标准，而 XF-AVC S 则是 MPEG-4 AVC/H.264 的形式。这两种格式在显著提升数据压缩效率的同时，依然能够保持卓越的图像画质。

主要记录格式	编解码器	亮度、色相、饱和度（YCbCr）/ 色深	说明
XF-HEVC S YCC422 10bit	H.265/HEVC	4 ∶ 2 ∶ 2/10-bit	适合后期需要在电脑上编辑视频的用户选用。某些软件可能无法播放
XF-HEVC S YCC420 10bit	H.265/HEVC	4 ∶ 2 ∶ 0/10-bit	-
XF-AVC S YCC420 8bit	MPEG-4 AVC/H.264	4 ∶ 2 ∶ 0/8-bit	此记录格式具有广泛的兼容性。在“HDR 拍摄（PQ）”设为“HDR PQ”时不可用
XF-AVC S YCC422 10bit	MPEG-4 AVC/H.264	4 ∶ 2 ∶ 2/10-bit	适合后期需要在电脑上编辑视频的用户选用。某些软件可能无法播放

在“短片记录尺寸”菜单中，第一个选项为分辨率，可以选择以下表格中的视频分辨率选项来录制短片。

分辨率	图像大小	长宽比	说明
8K-D	8192×4320	约17：9	在“主要记录格式”设为 XF-HEVC S 开头的选项时可用。8K 分辨率在启用“高帧频”或“短片裁切”时、使用 RF-S 或 EF-S 镜头时不可用
8K-U	7680×4320	16：9	
4K-D Fine/4K-D	4096×2160	约17：9	带 Fine 的选项具有更高的图像画质和更低的压缩率。 启用“高帧频”或“短片裁切”及使用 RF-S 或 EF-S 镜头时不可选带 Fine 的选项
4K-U Fine/4K-U	3840×2160	16：9	
2K-D Fine/2K-D	2048×1080	约17：9	
FHD Fine/FHD	1920×1080	16：9	

在“短片记录尺寸”菜单中，第二个选项为帧频，可以选择以下表格中的帧频来录制短片。

239.8P 119.9P 59.94P 29.97P	200.0P 100.0P 50.00P 25.00P	23.98P 24.00P
分别以 239.76 帧 / 秒、119.9 帧 / 秒、59.94 帧 / 秒、29.97 帧 / 秒的帧频率记录短片。适用于电视制式为 NTSC 的地区（北美、日本、韩国、墨西哥等）。239.8P在启用“高帧频”功能时有效	分别以 200 帧 / 秒、110 帧 / 秒、50 帧 / 秒、25 帧 / 秒的帧频率记录短片。适用于电视制式为 PAL 的地区（欧洲、俄罗斯、中国、澳大利亚等）。200.0P在启用“高帧频”功能时有效	分别以 23.98 帧 / 秒和 24 帧 / 秒的帧频率记录短片，适用于电影。将视频制式设为“50.00Hz:PAL”时，23.98P选项可用

当在“主要记录格式”菜单中选择了“RAW”选项时，可以选择的帧频如下表如所。

系统频率	分辨率	图像大小	帧频	RAW类型
59.94Hz:NTSC	RAW	8192×4320	59.94P	RAW
			29.97P、24.00P、23.98P	RAW RAW
50.00Hz:PAL			50.00P	RAW
			25.00P、24.00P	RAW RAW
59.94Hz:NTSC	S RAW	4096×2160	59.94P、29.97P、24.00P、23.98P	RAW RAW
50.00Hz:PAL			50.00P、25.00P、24.00P	

在“短片记录尺寸”菜单中第三个选项为压缩方法，可以选择以下表格中的压缩方式来录制短片。

压缩方式	说明
Intra 高画质（帧内压缩）	一次压缩一个帧进行记录，虽然文件大小会比使用“长 GOP”时大，但短片会更适合编辑。此选项在“主要记录格式”设为“XF-AVC S YCC4：2：2 10bit”时可用
Intra 标准画质（帧内压缩）	选择此选项拍摄的短片，文件大小要比使用Intra时小，因此在相同的存储卡容量下，可以记录更长时间的短片。当分辨率设定为8K-D或8K-U时，或者“主要记录格式”设定为“XF-AVC SYCC4：2：2 10bit”时可用
Intra 轻量画质（帧内压缩）	选择此选项，短片将以更低的比特率记录，文件大小会比使用Intra时更小，在相同的存储卡容量下，可以记录比使用Intra更长时间的短片。当分辨率设定为8K-D或8K-U时，或者“主要记录格式”设定为“XF-AVC SYCC4：2：2 10bit”时可用
LGOP 标准画质（长LGOP）/LGOP 轻量画质（长LGOP）	一次高效地压缩多个帧进行记录。由于文件大小比使用帧内压缩时小，因此在存储卡容量相同的情况下，短片记录时间会更长。

利用短片裁切拉近被拍摄对象

在佳能 EOS R5 Mark Ⅱ相机上安装了 RF 或 EF 系列镜头时，可以通过“短片裁切”菜单来设置是否对照片的中央进行裁切，以获得和使用长焦镜头拍摄时一样的拉近效果。

如果安装的是RF-S、EF-S系列镜头，则拍摄出来的画面与使用RF或EF系列镜头拍摄并应用“短片裁切”功能后的视角相同，如果再启用“短片裁切”功能，则可以获得更加拉近的画面效果。

设定步骤

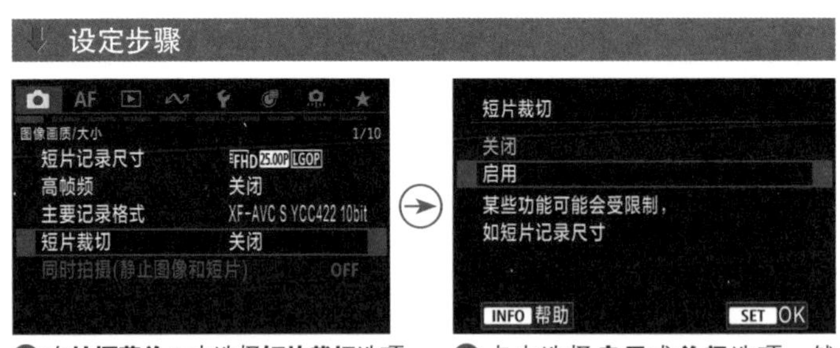

❶ 在**拍摄菜单 1** 中选择**短片裁切**选项

❷ 点击选择**启用**或**关闭**选项，然后点击 SET OK 图标确定

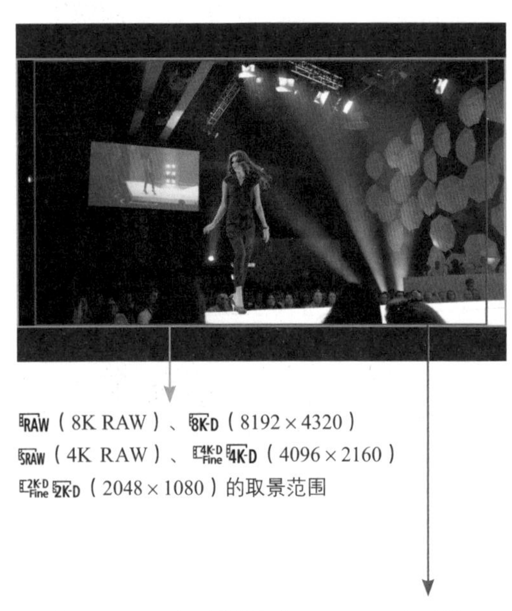

RAW（8K RAW）、8K-D（8192×4320）
RAW（4K RAW）、4K-D Fine 4K-D（4096×2160）
2K-D Fine 2K-D（2048×1080）的取景范围

8K-U（7680×4320）、4K-U Fine 4K-U（3840×2160）、FHD Fine FHD（1920×1080）的取景范围

▲ 安装 RF 或 EF 镜头，并且“短片裁切”功能设为“关闭”时

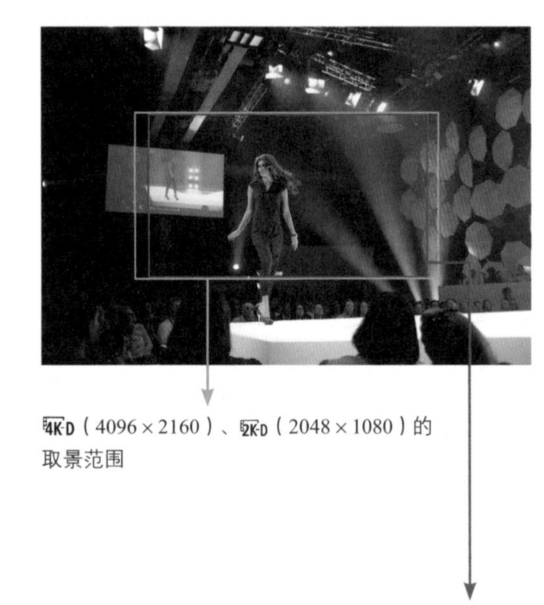

4K-D（4096×2160）、2K-D（2048×1080）的取景范围

4K-U（3840×2160）、FHD（1920×1080）的取景范围

▲ 安装 RF 或 EF 镜头，并且“短片裁切”功能设为“启用”时；安装 RF-S、EF-S 镜头时

根据存储卡及时长设置视频画质

与不同尺寸、压缩比的照片文件大小不同一样，录制视频时，如果使用了不同的视频尺寸、帧频或压缩比，视频文件的大小也会相去甚远。

因此，拍摄视频前一定要预估自己使用的存储卡可以记录的视频时长，以避免录制视频时由于要临时更换存储卡，而不得不中断视频录制的尴尬。

在下面的表格中，列举了佳能 EOS R5 Mark Ⅱ相机设置 RAW、8K-D或8K-U分辨率，在不同容量的存储卡上预计的记录时间、短片比特率和文件尺寸。

记录格式	压缩方式	帧频（帧/秒）	总记录时间（大约值）			视频比特率（Mbps大约值）	文件大小（MB分钟大约值）
			64GB	256GB	1T		
RAW	标准RAW RAW	29.97	3分钟	13分钟	51分钟	2600	18631
		25.00					
		24.00					
		23.98					
	轻RAW RAW	59.94	3分钟	13分钟	51分钟	2600	18631
		50.00					
		29.97	5分钟	20分钟	1小时19分钟	1670	11979
		25.00	6分钟	24分钟	1小时34分钟	1400	10048
		24.00	6分钟	25分钟	1小时39分钟	1340	9619
		23.98					
XF-HEVC S YCC422 10bit	高画质（帧内压缩）Intra	24.00	4分钟	17分钟	1小时9分钟	1920	13735
		23.98					
	标准画质（帧内压缩）Intra	29.97	4分钟	18分钟	1小时14分钟	1800	12877
		25.00	5分钟	22分钟	1小时28分钟	1500	10731
		24.00	5分钟	23分钟	1小时32分钟	1440	10302
		23.98					
	轻量画质（帧内压缩）Intra	29.97	7分钟	28分钟	1小时51分钟	1200	8585
		25.00	8分钟	34分钟	2小时13分钟	1000	7155
		24.00	8分钟	35分钟	2小时18分钟	960	6869
		23.98					
	标准画质（长LGOP）LGOP	29.97	15分钟	1小时3分钟	4小时6分钟	540	3865
		25.00					
		24.00					
		23.96					
XF-HEVC S YCC420 10bit	标准画质（长LGOP）LGOP	29.97	21分钟	1小时25分钟	5小时33分钟	400	2863
		25.00					
		24.00					
		23.96					

了解短片拍摄状态下的信息显示

在短片拍摄模式下，屏幕会显示若干参数，了解这些参数的含义，有助于摄影师快速调整相关参数，从而提高录制视频的效率、成功率及品质。

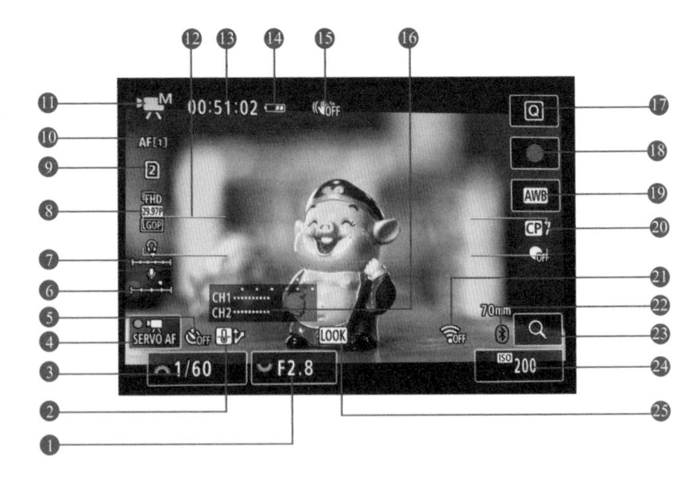

❶ 光圈
❷ 过热控制
❸ 快门速度
❹ 短片伺服自动对焦
❺ 短片自拍定时器、
❻ 音频录音电平（手动输入）
❼ 耳机音量
❽ 短片记录尺寸
❾ 用于记录/回放的存储卡
❿ 自动对焦区域模式
⓫ 拍摄模式
⓬ 对焦框
⓭ 短片可记录时间
⓮ 电池电量
⓯ 图像稳定器（短片数码IS）
⓰ 音频录音电平指示标尺
⓱ 速控图标
⓲ 短片拍摄按钮（开始记录）
⓳ 白平衡
⓴ 自定义图像
㉑ Wi-Fi功能
㉒ 蓝牙功能
㉓ 放大按钮
㉔ ISO感光度
㉕ LOCK图标

在短片拍摄模式下，连续按下 INFO 按钮，可以在不同的信息显示内容之间进行切换。

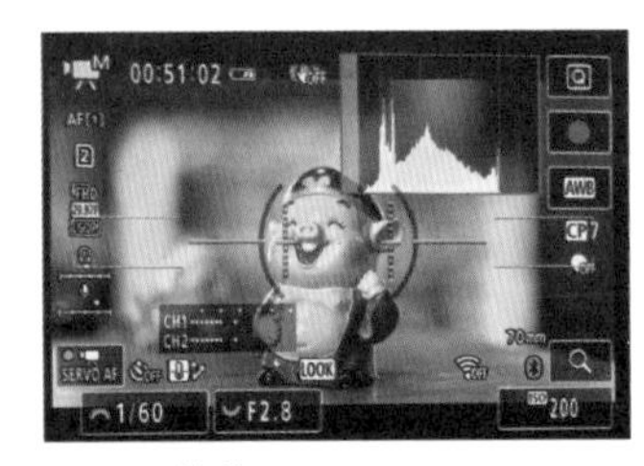

▲ 显示柱状图

▲ 显示全部参数

▲ 显示主要参数

▲ 只显示图像

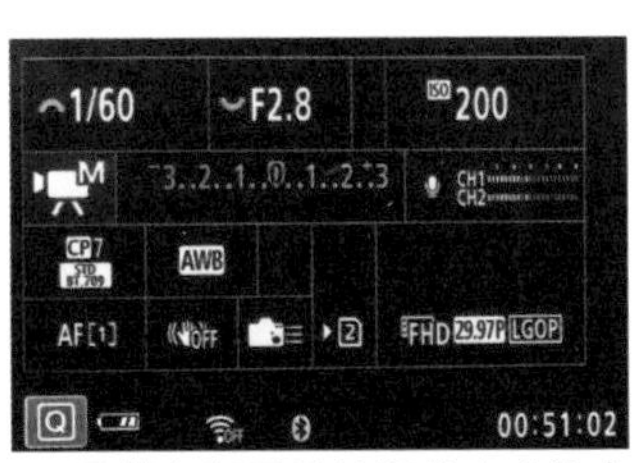

▲ 屏幕上仅显示拍摄信息（没有图像）

设置视频拍摄模式

与拍摄照片一样，拍摄视频时也可以采用多种不同的拍摄模式，如自动拍摄模式、光圈优先拍摄模式、快门优先拍摄模式、手动拍摄模式等。

如果对于曝光要素不太理解，可以直接设置为自动拍摄模式或程序自动拍摄模式。

如果希望精确控制画面的亮度，可以将拍摄模式设置为手动拍摄模式。但在这种拍摄模式下，需要摄影师手动控制光圈、快门速度和感光度3个要素。下面分别讲解这3个要素的设置思路。

- 光圈：如果希望拍摄的视频场景具有电影效果，可以将光圈设置得稍微大一点，从而虚化背景获得浅景深效果。反之，如果希望拍摄出来的视频画面远近都比较清晰，就需要将光圈设置得稍微小一点。
- 感光度：在设置感光度时，主要考虑的是整个场景的光照条件。如果光照不是很充分，可以将感光度设置得稍微大一点；反之则可以降低感光度，以获得较为优质的画面。
- 快门速度：对于视频的影响比较大，在下面的章节中将进行详细讲解。

理解快门速度对视频的影响

在曝光三要素中，无论是在拍摄照片还是拍摄视频时，光圈和感光度作用都是一样的，但快门速度对于视频录制有着特殊的意义，下面进行详细讲解。

根据帧频确定快门速度

从视频效果来看，大量摄影师总结出来的经验是应该将快门速度设置为帧频2倍的倒数。此时录制出来的视频中运动物体的表现是最符合肉眼观察效果的。

比如视频的帧频为25P，那么快门速度应设置为1/50秒（25乘以2等于50，再取倒数，为1/50）。同理，如果帧频为50P，则快门速度应设置为1/100秒。

但这并不是说，在录制视频时快门速度只能锁定不变。在一些特殊情况下，需要利用快门速度调节画面亮度时，在一定范围内进行调整是没有问题的。

快门速度对视频效果的影响

拍摄视频的最低快门速度

当需要降低快门速度提高画面亮度时，快门速度不能低于帧频的倒数。比如帧频为25P时，快门速度不能低于1/25秒。而事实上，也无法设置比1/25秒更低的快门速度，因为佳能相机在录制视频时会自动锁定帧频倒数为最低快门速度。

▲ 在昏暗环境下录制时，可以适当降低快门速度以保证画面亮度

拍摄视频的最高快门速度

当需要提高快门速度降低画面亮度时，其实对快门速度的上限是没有硬性要求的。但快门速度过高时，由于每一个动作都会被清晰定格，从而导致画面看起来很不自然，甚至会出现失真的情况。

这是因为人的眼睛是有视觉时滞的，也就是看到高速运动的景物时，会出现动态模糊的效果。而当使用过高的快门速度录制视频时，运动模糊消失了，取而代之的是清晰的影像。比如在录制一些高速奔跑的景象时，由于双腿每次摆动的画面都是清晰的，就会看到很多条腿的画面，也就导致画面出现失真、不正常的情况。

因此，建议在录制视频时，快门速度最好不要高于最佳快门速度的 2 倍。

▲ 当电影画面中的人物进行快速移动时，画面中出现动态模糊效果是正常的

快门优先或手动拍摄模式下拍摄视频时的快门速度

佳能 EOS R5 Mark Ⅱ 在 Tv 快门优先或 M 手动拍摄模式下，可用的快门速度一般为 1/8000 ~ 1/8s，不过因记录模式和帧频，最低速度会有所不同，当帧频设为 239.76 帧 / 秒或 200.00 帧 / 秒时，最低速度为 1/250s（NTSC）或 1/200s（PAL），帧频设为 119.88 帧 / 秒或 100.00 帧 / 秒时，最低速度为 1/125s（NTSC）或 1/100s（PAL）。使用延时短片拍摄时，最高快门速度为 1/4000s。

设置对焦相关的菜单

开启短片伺服自动对焦

佳能最近几年发布的相机均具有录制视频时伺服自动对焦功能，即当视频中的对象移动时，能够自动对其进行跟焦，以确保被拍摄对象在视频中的影像是清晰的。

但此功能需要通过设置“短片伺服自动对焦”菜单选项来开启。

设定步骤

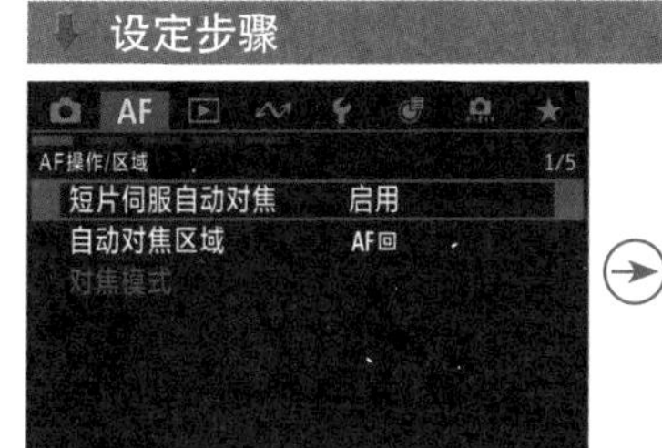

❶ 在**自动对焦菜单 1** 中选择**短片伺服自动对焦**选项

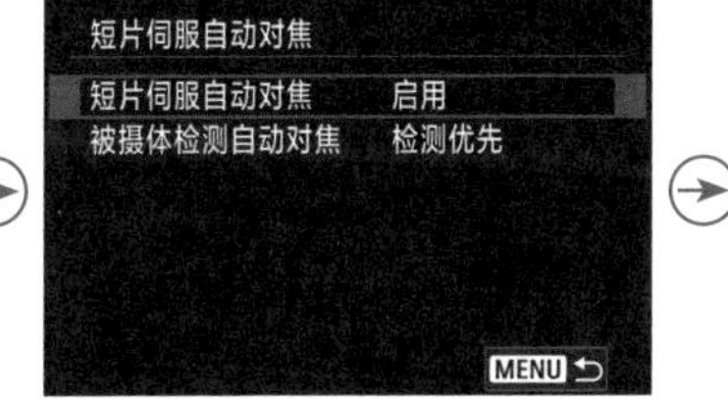

❷ 点击选择**短片伺服自动对焦**选项

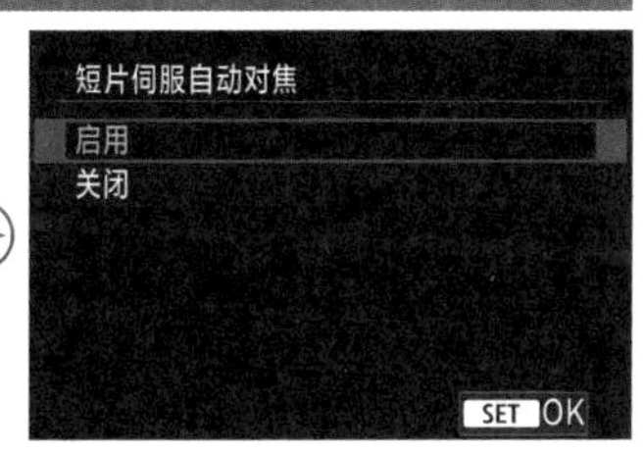

❸ 点击选择**启用**选项，然后点击 SET OK 图标确定

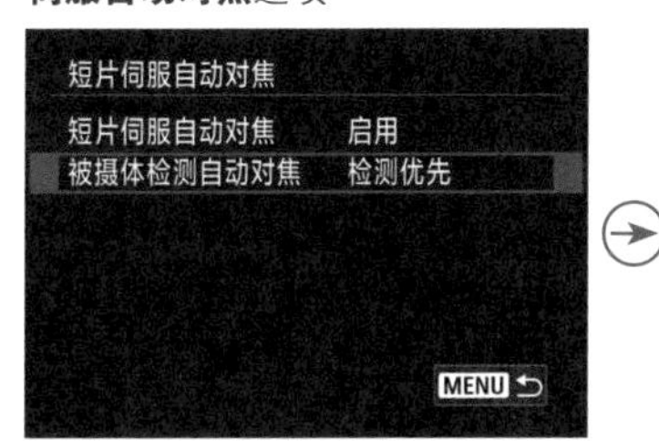

❹ 点击选择**被摄体检测自动对焦**选项

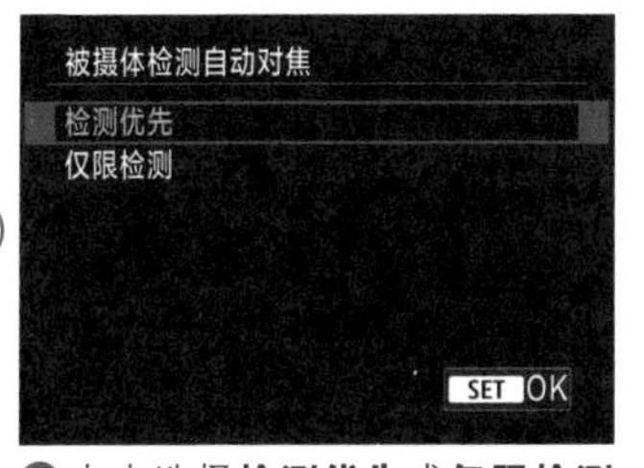

❺ 点击选择**检测优先**或**仅限检测**选项，然后点击 SET OK 图标确定

将“短片伺服自动对焦”菜单设为“启用”，然后按下 SET 按钮即可使相机在视频拍摄期间，即使不半按快门，也能根据被摄对象的移动状态不断调整对焦，以保证始终对被摄对象进行对焦。

但在使用该功能时，相机的自动对焦系统会持续工作，当不需要跟焦被摄体，或者将对焦点锁定在某个位置时，可通过按下 SET 按钮或点击屏幕左下角的 SERVO AF 图标来停止该功能。

▲ 启用此功能后，点一下要对焦的位置进行对焦

▲ 按下 SET 按钮，对焦框会变成一个双线框效果

▲ 随着车辆在画面的移动，会持续追踪对焦车辆

▲ 车辆移动到画面右侧，对焦框仍然在车辆上。不过，当追踪的被摄体跑出画面后，再次回到画面中，相机不会继续追踪对焦，需要重新对焦，然后按 SET 按钮

通过上面的图片可以看出，红色玩具小车不规则运动时，相机是能够准确跟焦的。

如果将“短片伺服自动对焦”菜单设为“关闭”，那么只有保持半按快门按钮期间，相机会对被摄体持续对焦。

如果将“被摄体检测自动对焦”选项设为“检测优先”，那么相机使用所选的对焦区域模式，在该模式区域范围内自动选择被摄体进行对焦，但会优先“检测的被摄体”菜单中所选择的被摄体。

如果将“被摄体检测自动对焦”选项设为“仅限检测”，仅对“检测的被摄体”菜单中所选择的被摄体进行伺服自动对焦，如果未检测到被摄体，则会停止伺服自动对焦。

短片伺服自动对焦追踪灵敏度

当录制短片时，在使用了短片伺服自动对焦功能的情况下，可以在“短片伺服自动对焦追踪灵敏度”菜单中设置自动对焦追踪灵敏度。

灵敏度选项有 7 个等级，如果设置为偏向灵敏端的数值，那么当被摄体偏离自动对焦点或者有障碍物从自动对焦点面前经过时，自动对焦点会对焦其他物体或障碍物。

而如果设置偏向锁定端的数值，则自动对焦点会锁定被摄体，而不会轻易对焦到别的位置。

设定步骤

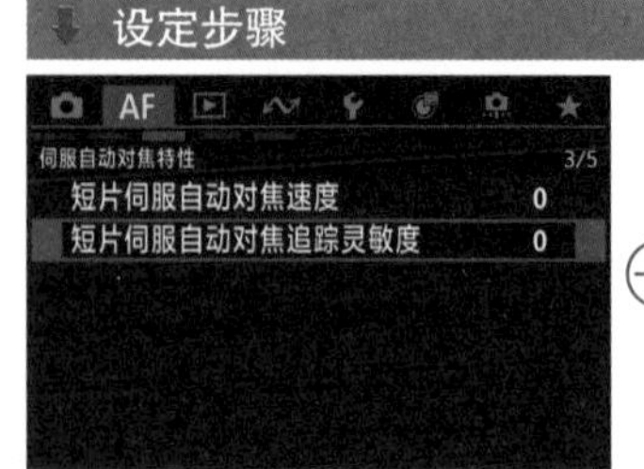

❶ 在**自动对焦菜单 3** 中选择**短片伺服自动对焦追踪灵敏度**选项

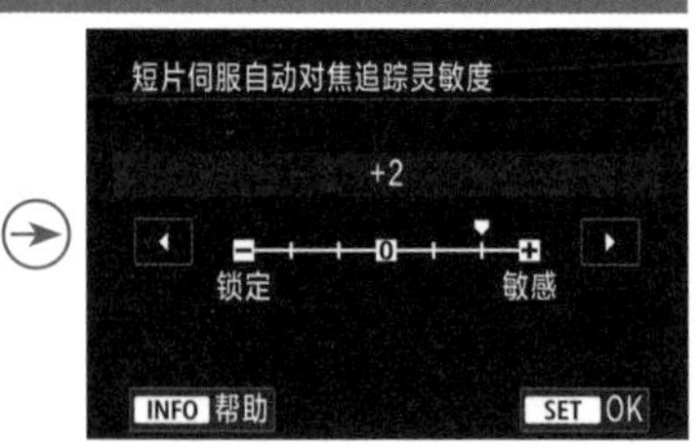

❷ 点击◀或▶图标选择所需的灵敏度等级，然后点击SET OK图标确定

- 锁定（-3/-2/-1）：偏向锁定端，可以使相机在自动对焦点丢失原始被摄体的情况下，也不太可能追踪其他被摄体。设置的负数值越低，相机追踪其他被摄体的概率就越小。这种设置，可以在摇摄期间或者有障碍物经过自动对焦点时，防止自动对焦点立即追踪非被摄体的其他物体。
- 敏感（+1/+2/+3）：偏向锁定端，可以使相机在追踪覆盖自动对焦点的被摄体时更敏感。设置数值越高，对焦就越敏感。这种设置适用于想要持续追踪与相机之间的距离发生变化的运动被摄体时，或者要快速对焦其他被摄体时的录制场景。

例如，在上面的图示中，摩托车手短暂地被其他摄影师遮挡，此时如果对焦灵敏度过高，焦点就会落在其他的摄影师上，而无法跟随摩托车手。因此，这个参数一定要根据具体拍摄的情况来灵活设置。

短片伺服自动对焦速度

当启用“短片伺服自动对焦”功能时，可以在“短片伺服自动对焦速度”菜单中设定在录制短片时，短片伺服自动对焦功能的对焦速度。

可以将自动对焦转变速度从标准速度0调整为慢（7个等级之一）或快（2个等级之一），以获得所需短片效果。

如果设置为7，切换对焦时会慢慢地对焦到新的被摄体上，在拍摄营造舒缓转移焦点的短片画面效果时，可以设置为慢的数值。

如果设置为2，切换对焦时会一下就对焦到新的被摄体上，在拍摄爆发力强的短片画面效果时，可以设置为快的数值。

高手点拨：“自动对焦速度”并不是越快越好。当需要变换对焦主体时，为了让焦点的转移更加自然、柔和，往往需要画面中出现由模糊到清晰的过程，此时就需要设置较慢的自动对焦速度来实现。

设定步骤

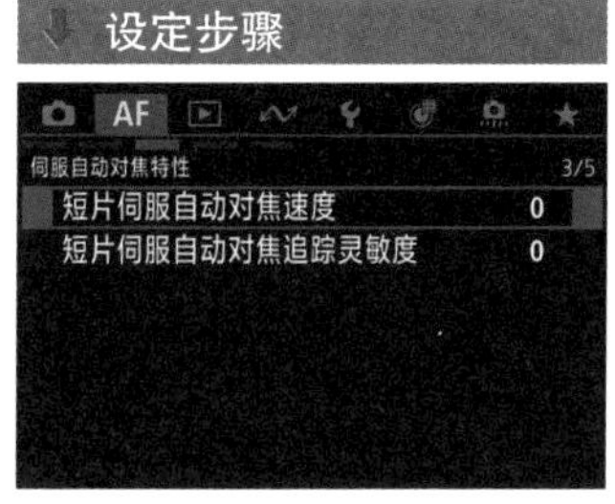

❶ 在**自动对焦菜单3**中选择**短片伺服自动对焦速度**选项

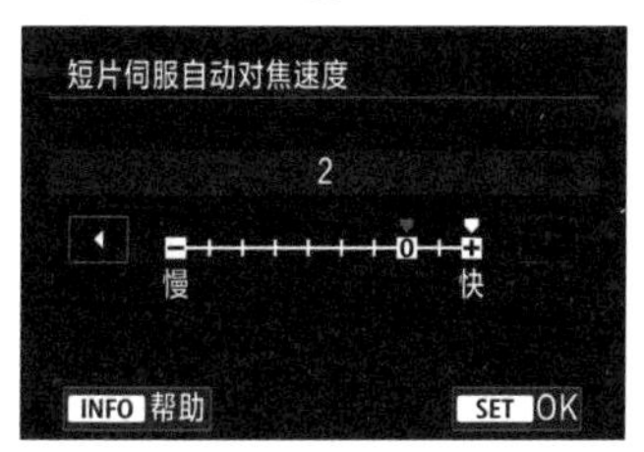

❷ 点击◀或▶图标选择所需快慢等级，然后点击SET OK图标确定

切换被追踪被摄体

“切换被追踪被摄体”菜单设置在拍摄时短片，当主体被画面中出现其他被摄体遮挡时，相机切换被追踪被摄体时的速度。

选择“标准”选项，相机在根据构图方式确定主被摄体后，会追踪被摄体或相应地切换到其他被摄体。

选择“锁定”选项，与使用“标准”相比，其会晚一些切换被追踪被摄体。

选择“敏感”选项，会以较快的速度切换至新的被追踪被摄体。

设定步骤

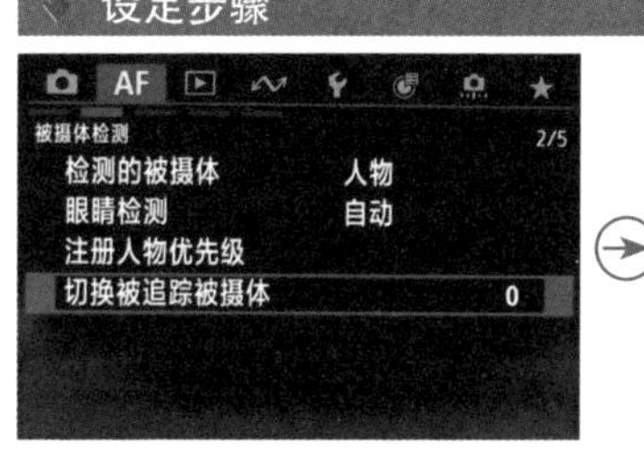

❶ 在**自动对焦菜单2**中选择**切换被追踪被摄体**选项

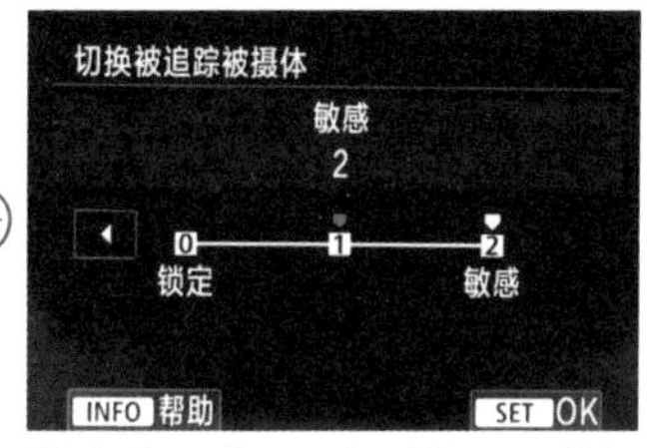

❷ 点击◀或▶图标选择所需快慢等级，然后点击SET OK图标确定

▲ 以对焦在小汽车为例

▲ 设置为“敏感”时，当画面中出现手时，对焦框立刻对焦到手掌上了

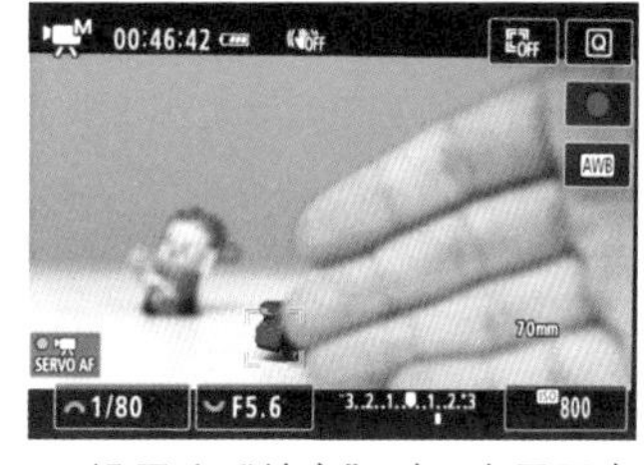

▲ 设置为“锁定”时，当画面中出现手时，对焦框仍保持在汽车上

动作优先

在佳能 EOS R5 Mark Ⅱ 相机录制足球、排球或篮球的比赛视频时，可以将画面中的运动员作为检测和自动对焦追踪的优先被摄体。

开启此功能后，相机启用卓越的高速识别分析能力，能够以较高的帧速率精准地捕捉并分析多个人物、关节动态及球体位置等关键信息。在篮球比赛中，针对传球、投篮等瞬息万变的动作，传统单点自动对焦或仅依赖人物识别的自动对焦系统，往往难以迅速且准确地锁定运动中的球员，尤其是当画面中存在多名球员交错移动时，更难以即时捕捉投篮、进攻等决定性瞬间。

在这类拍摄场景中，佳能 EOS R5 Mark Ⅱ 相机能够智能识别并跟踪关键动作，锁定主要被拍摄对象。目前，该功能已覆盖足球、排球、篮球三大热门体育项目，为体育摄影爱好者及专业摄影师提供了前所未有的拍摄体验。

设定步骤

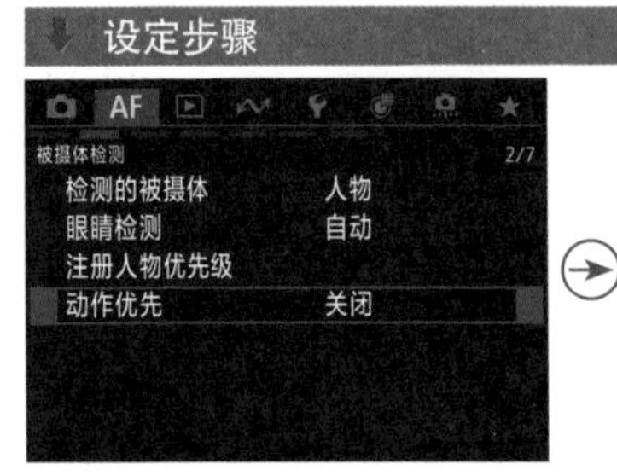

❶ 在**自动对焦菜单 2** 中选择**动作优先**选项

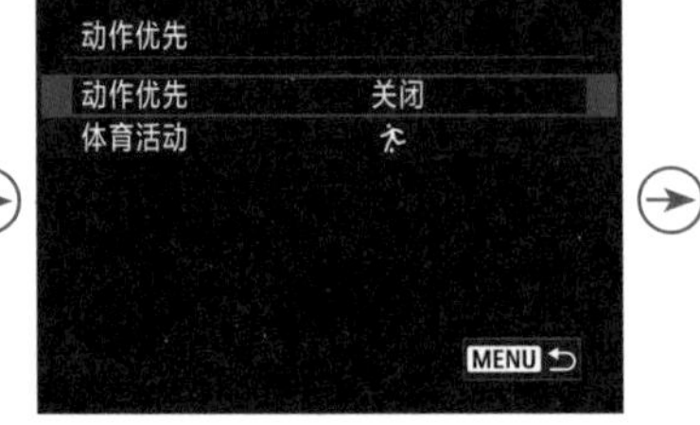

❷ 点击选择**动作优先**选项

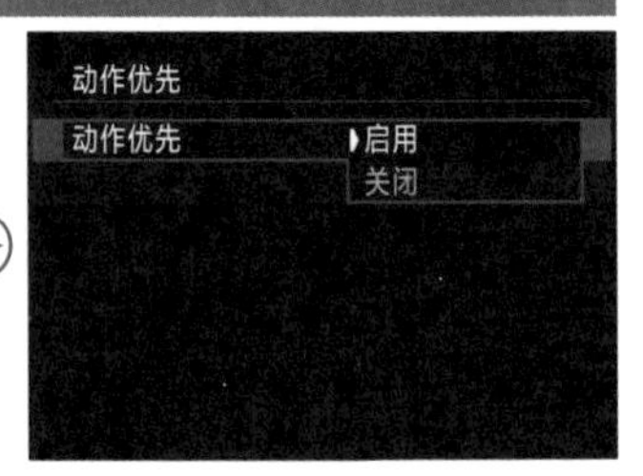

❸ 点击选择**启用**或**关闭**选项

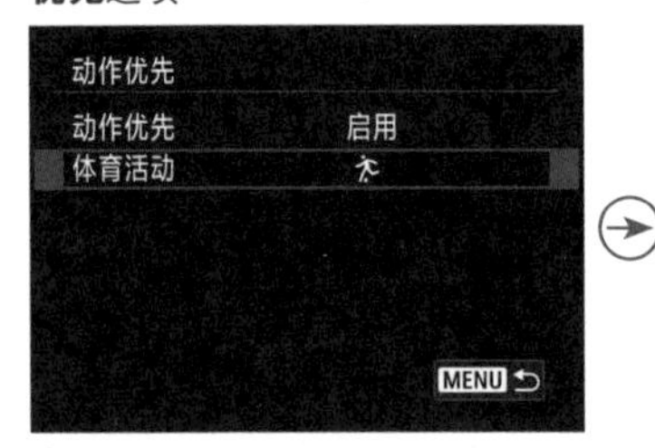

❹ 点击选择**体育活动**选项

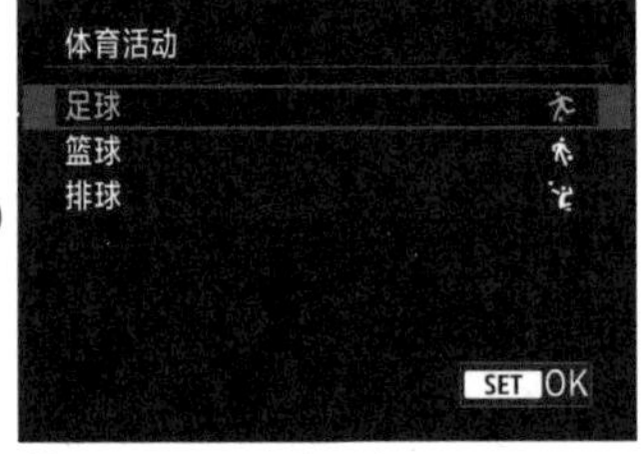

❺ 点击选择所需选项，然后点击 SET OK 图标确定

高手点拨：动作优先功能在静态照片、“检测的被摄体”菜单设为“人物”，“快门模式”菜单设为“电子ES”时不可用。

◀ 在录制打篮球的视频时，可以启用“动作优先”功能『焦距：30mm ┆ 光圈：F8 ┆ 快门速度：1/640s ┆ 感光度：ISO320』

设置录音参数并监听现场音

录音

使用相机内置的麦克风可录制单声道声音，通过将带有立体声微型插头（直径为 3.5mm）的外接麦克风连接至相机，可以录制立体声，在“录音”菜单中选择“开”选项，即可在拍摄短片时录制声音，配合“音频设置”菜单中的参数设置，可以实现多样化的录音控制。

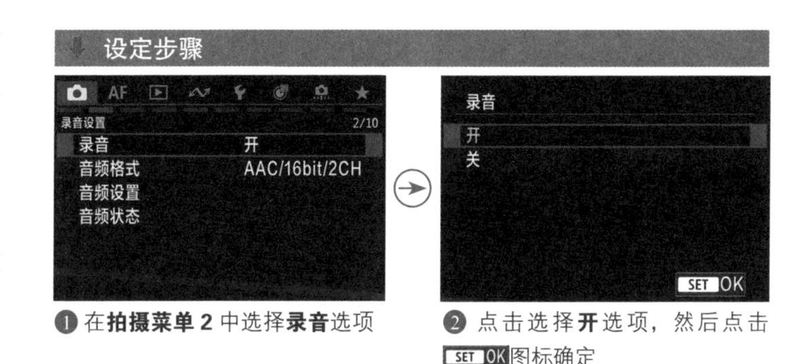

❶ 在**拍摄菜单 2** 中选择**录音**选项

❷ 点击选择**开**选项，然后点击 SET OK 图标确定

音频设置

在“音频设置”菜单中，用户可以根据拍摄需要，设置麦克风录音参数。在此菜单中，可以对内置麦克风、外接麦克风和多功能热靴麦克风进行相关设置，可用的选项根据所使用不同麦克风而有所不同。

在“记录模式”中选择“自动”选项，录音音量将会自动调节；选择“手动”选项，可以在“录音电平”界面中将录音音量的电平调节为 64 个等级之一，适用于高级用户。

将“风声抑制”设置为“启用”选项，则可以降低户外录音时的风声噪声，包括某些低音调噪声（此功能对内置麦克风或多功能热靴麦克风有效）；在无风的场所录制时，建议选择“关”选项，以便能录制到更加自然的声音。

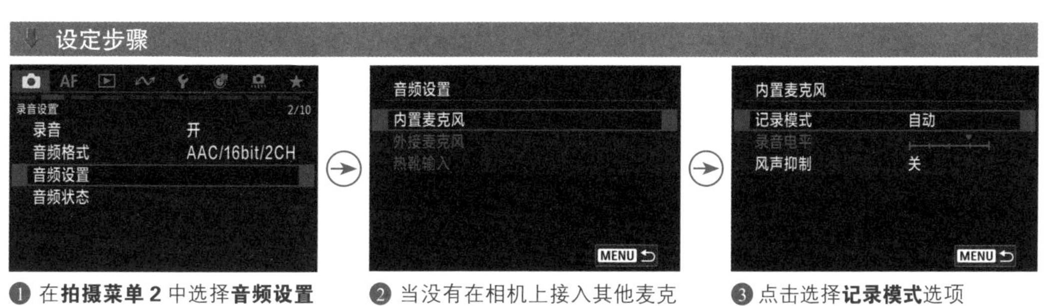

❶ 在**拍摄菜单 2** 中选择**音频设置**选项

❷ 当没有在相机上接入其他麦克风时，只可选择**内置麦克风**选项

❸ 点击选择**记录模式**选项

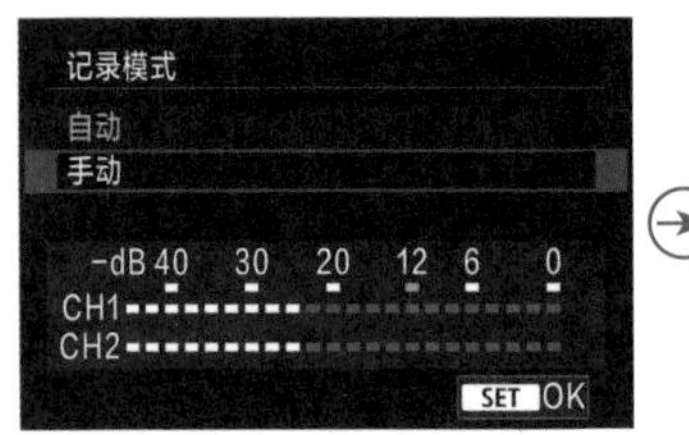

❹ 点击选择**自动**或**手动**选项，然后点击SET OK图标确定

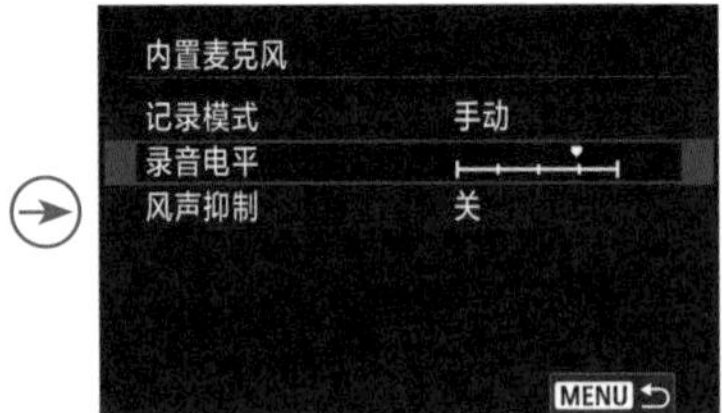

❺ 如果上一步中选择了**手动**选项，可以选择**录音电平**选项

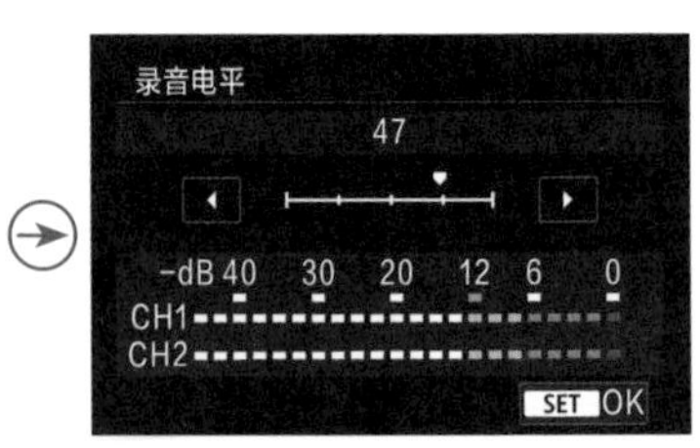

❻ 点击◀或▶图标选择所需音量等级，然后点击SET OK图标确定

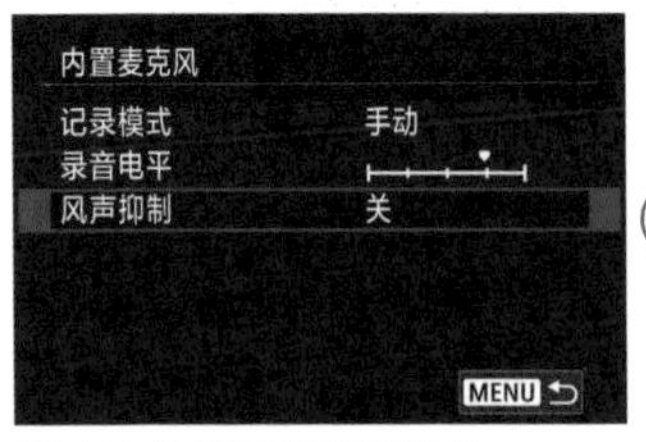

❼ 点击选择**风声抑制**选项

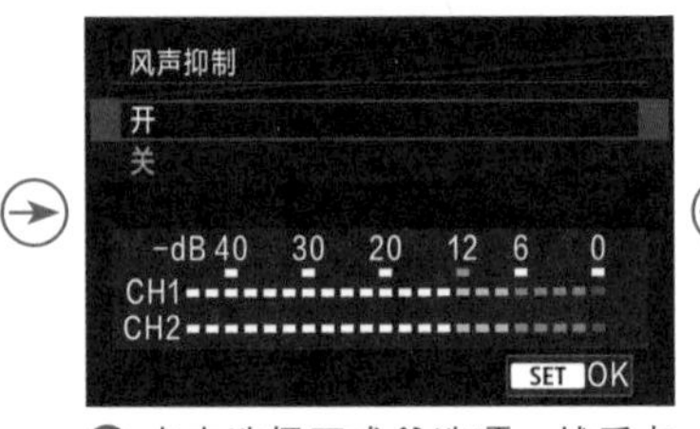

❽ 点击选择**开**或**关**选项，然后点击SET OK图标确定

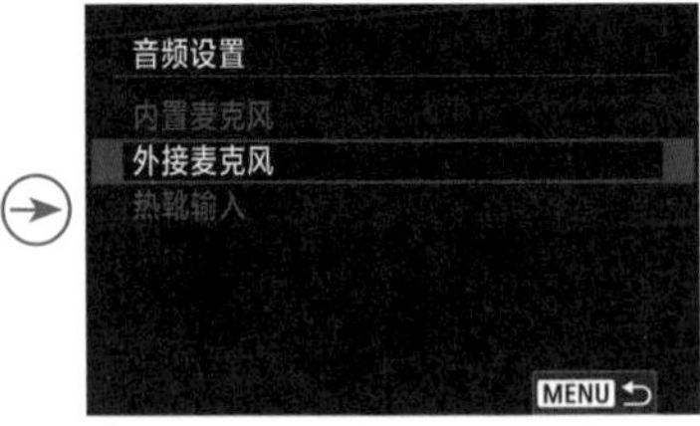

❾ 如果在相机上插入外接麦克风时，可选择**外接麦克风**选项

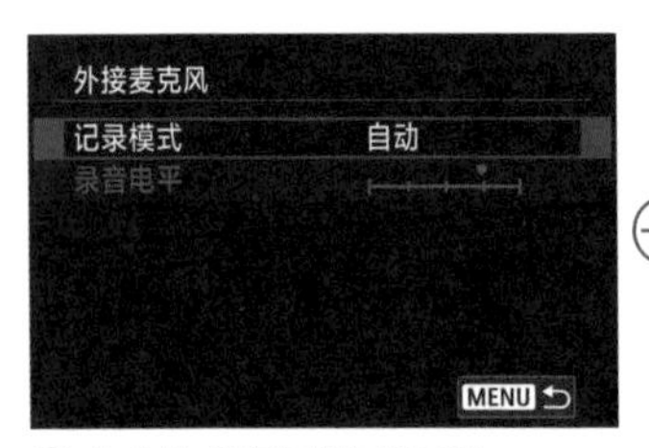

❿ 点击选择**记录模式**选项

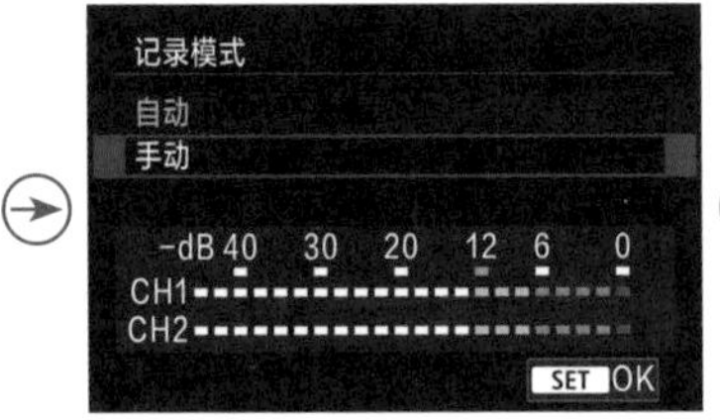

⓫ 点击选择**自动**或**手动**选项，然后点击SET OK图标确定

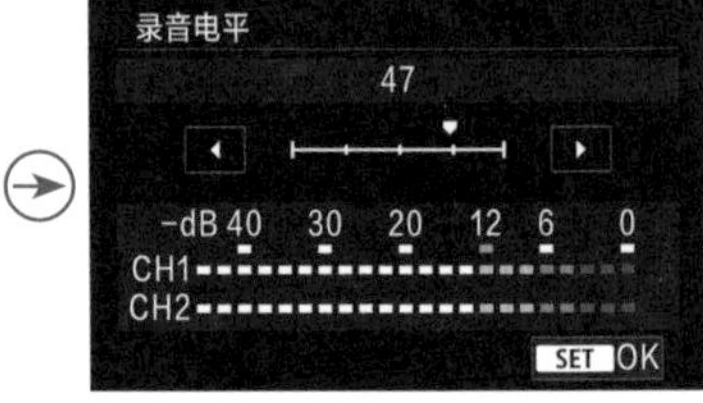

⓬ 如果上一步中选择了**手动**选项，可以在**录音电平**界面中点击◀或▶图标选择所需的音量等级，然后点击SET OK图标确定

监听视频声音

在录制现场声音的视频时，监听视频声音非常重要，而且，这种监听需要持续整个录制过程。

因为在使用收音设备时，有可能因为没有更换电池或其他未知因素，导致现场声音没有被录制到视频中。

有时现场可能会有很低的噪声，这种声音是否会被录入视频，一个确认方法就是在录制时监听，另外也可以通过回放来核实。

通过将配备有 3.5mm 直径微型插头的耳机连接到相机的耳机端子上，即可在短片拍摄期间听到声音。

如果使用的是外接立体声麦克风，可以听到立体声声音。要调整耳机的音量，按Q按钮并选择∩，然后转动主拨盘或速控转盘 2 调节音量。

高手点拨： 如果拍摄的视频还要进行专业的后期处理，那么，现场即使有均衡的低噪声也不必过于担心，因为后期软件可以轻松去除这样的噪声。

▲ 耳机端子

音频格式

通过“音频格式”菜单，可以设定短片记录声音中的音频格式。选择“LPCM/24bit/4CH”选项，支持四声道录制和播放，适合需要多声源录制或立体声效果的场景。选择“AAC/16bit/2CH”选项，则会将录音限制为双声道，但仍然能够提供清晰和高质量的音质，且文件相对较小，更适合存储和传输。

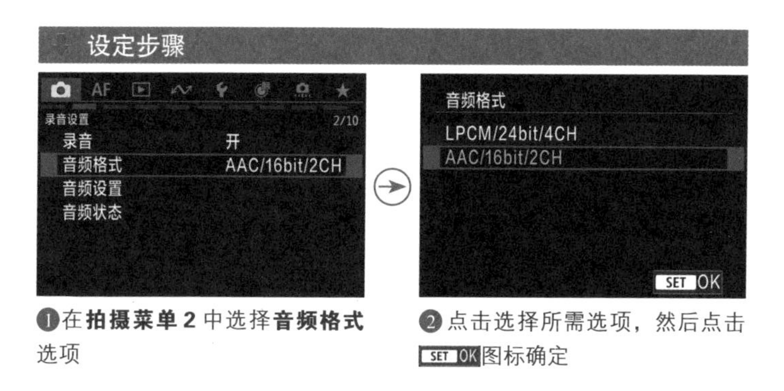

❶在**拍摄菜单2**中选择**音频格式**选项

❷点击选择所需选项，然后点击SET OK图标确定

设置视频短片拍摄相关参数

灵活运用相机的防抖功能

佳能EOS R5 Mark Ⅱ微单相机配置了图像稳定器，当在短片拍摄模式下启用相机的“影像稳定器模式”功能后，可以在短片拍摄期间以电子方式校正相机抖动，即使使用没有防抖功能的镜头，也能校正相机抖动，从而获得清晰的短片画面。

使用配备有内置光学防抖功能的镜头时，将镜头的防抖开关置于“ON”，可以获得更强大的相机防抖效果；如果将镜头的防抖开关置于“OFF”，短片数码IS功能将会不起作用。

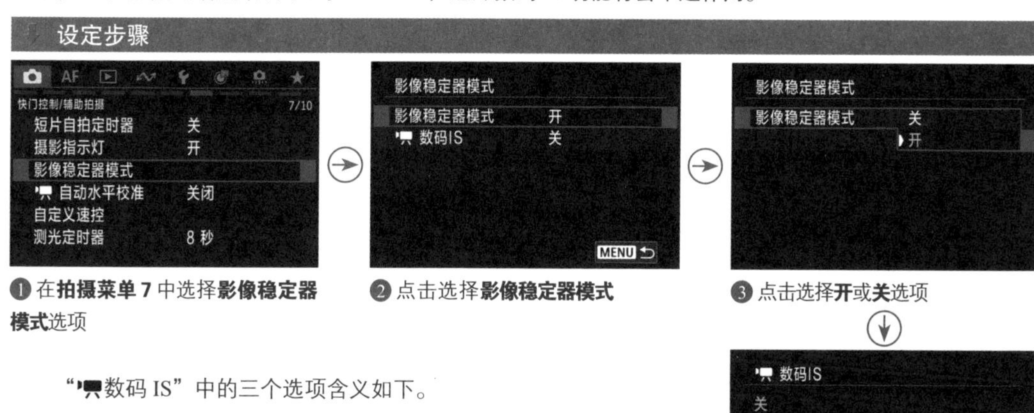

❶在**拍摄菜单7**中选择**影像稳定器模式**选项

❷点击选择**影像稳定器模式**

❸点击选择**开**或**关**选项

❹在**数码IS中**点击选择**开**、**关**或**增强**选项，然后点击SET OK图标确定

“数码IS”中的三个选项含义如下。

- 关：选择此选项，则关闭使用短片数码IS的图像稳定功能。
- 开：选择此选项，在拍摄短片过程中会校正相机抖动以获得清晰的画面，不过图像将略微放大。
- 增强：与选择“开”选项时相比，可以校正更严重的相机抖动，不过图像也将进一步放大。

利用定时功能实现自拍视频

与“自拍”驱动模式一样，在短片拍摄时，佳能 EOS R5 Mark Ⅱ相机也支持自拍。有了这个功能，摄影师也可以进入自己所拍摄的视频中，非常实用。在“短片自拍定时器”菜单中，用户可以选择2秒或10秒自拍。

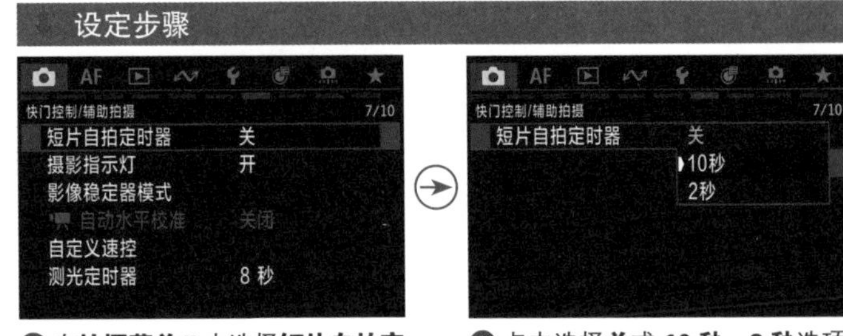

❶ 在**拍摄菜单 7** 中选择**短片自拍定时器**选项

❷ 点击选择**关**或 **10 秒**、**2 秒**选项

HDMI 显示

通过“HDMI 显示”菜单可以指定短片通过 HDMI 记录到外部设备时的显示方式。

选择“📷+🖵”选项，可以通过 HDMI 输出将短片同时显示在相机屏幕和其他设备上。不过像图像回放或菜单显示等操作，会通过 HDMI 显示在其他设备上，而非显示在相机上。

选择“🖵”选项，在通过 HDMI 输出期间会关闭相机屏幕，而仅在其他设备上显示。

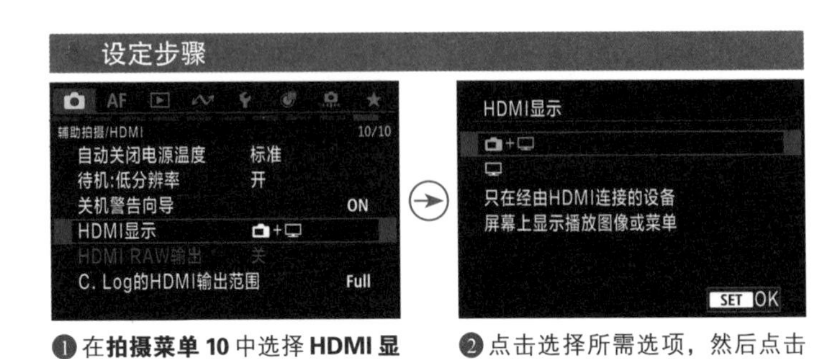

❶ 在**拍摄菜单 10** 中选择 **HDMI 显示**选项

❷ 点击选择所需选项，然后点击 SET OK 图标确定

利用斑马线定位过亮或过暗区域

拍摄照片时有高光警告提示曝光区域，而使用佳能 EOS R5 Mark Ⅱ相机录制视频时，同样提供了能帮助用户查看画面曝光的斑马线。通过“斑马线设置”菜单，用户可以指定在什么亮度级别的图像区域上方或周围显示斑马线图案，从而精确地定位过暗或过亮的区域。

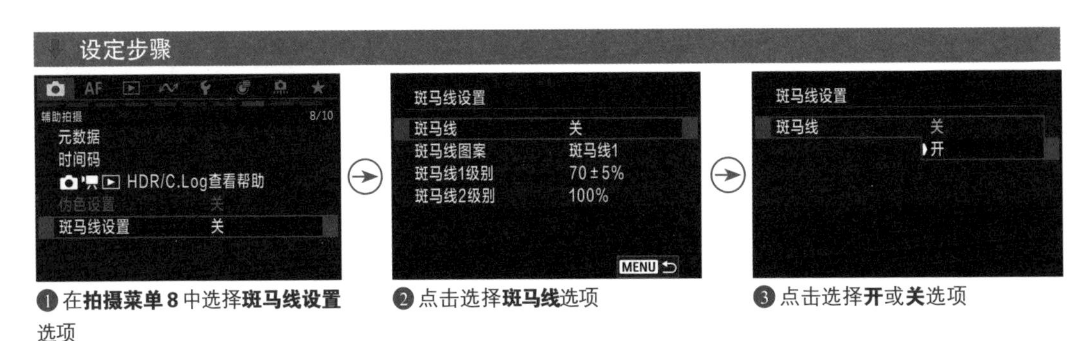

❶ 在**拍摄菜单 8** 中选择**斑马线设置**选项

❷ 点击选择**斑马线**选项

❸ 点击选择**开**或**关**选项

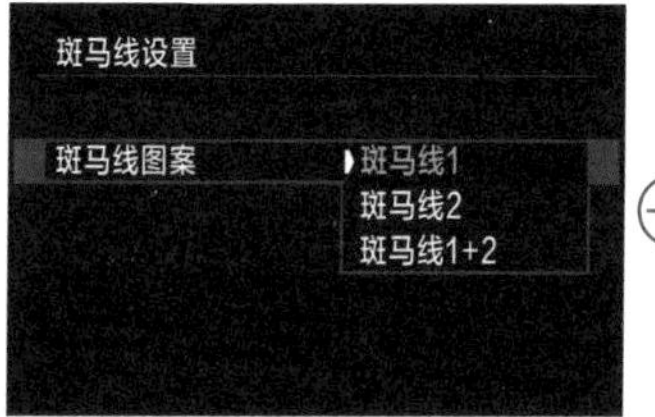

❹ 若在步骤❷中选择了**斑马线图案**选项，在此可以选择显示哪种斑马线

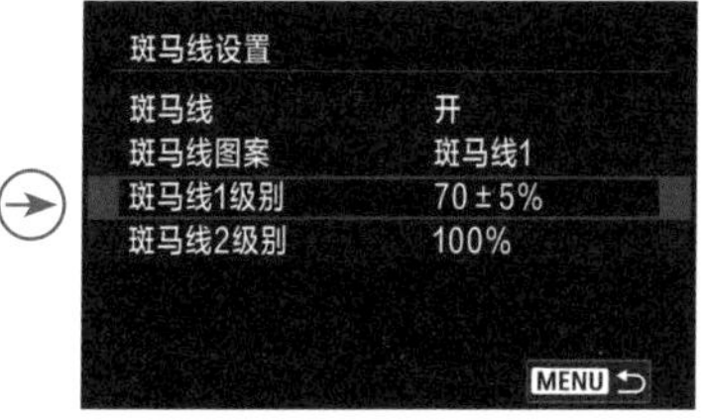

❺ 若选择了**斑马线 1 级别**选项

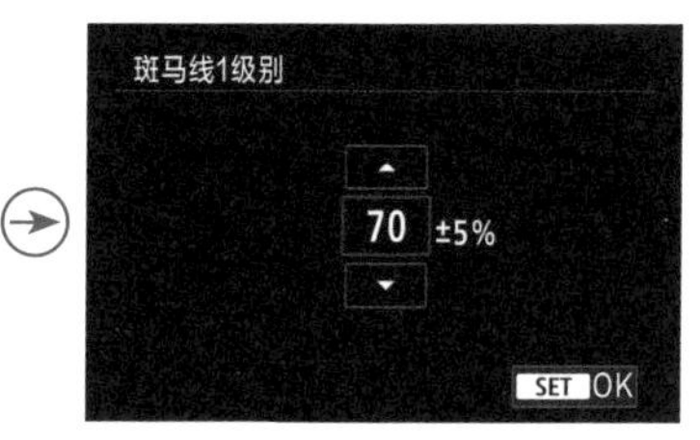

❻ 在此可以选择斑马线 1 的显示级，然后点击SET OK图标确定

❼ 若选择了**斑马线 2 级别**选项

❽ 在此可以选择斑马线 2 的显示级，然后点击SET OK图标确定

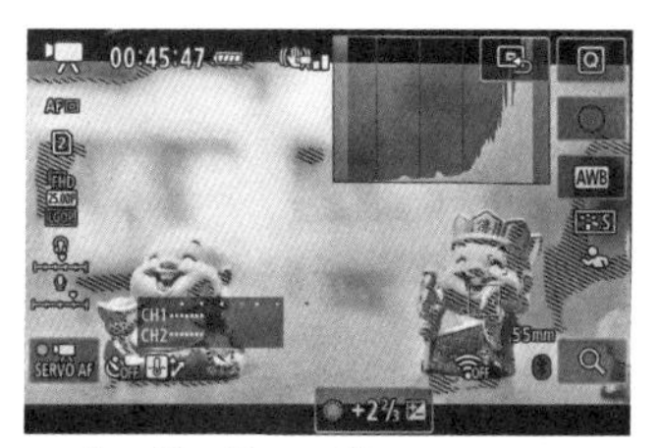

▲ 斑马线 1 的显示效果

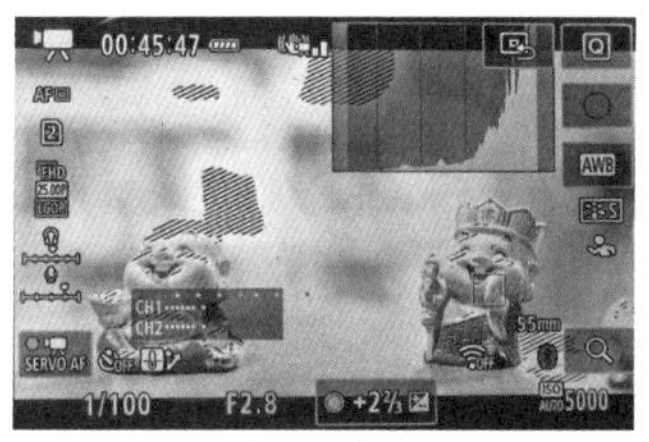

▲ 斑马线 2 的显示效果

▲ 启用斑马线功能，可以帮助用户了解画面曝光『焦距：28mm ┆ 光圈：F8 ┆ 快门速度：1/100s ┆ 感光度：ISO100』

- 斑马线：选择“开”选项，启用斑马线功能；选择“关”选项，则不启用斑马线功能。
- 斑马线图案：可以选择斑马线 1、斑马线 2 或斑马线 1+2 的显示模式。选择“斑马线 1”选项，在具有指定亮度的区域周围显示向左倾斜的条纹；选择“斑马线 2”选项，在超过指定亮度的区域周围显示向右倾斜的条纹；选择“斑马线 1+2”选项，将同时显示两种斑马线，当两种区域重叠时，将优先显示斑马线 1。
- 斑马线 1 级别：设定斑马线 1 的显示级别。当超过设定的数值时，画面中即显示斑马线 1。
- 斑马线 2 级别：设定斑马线 2 的显示级别。当超过设定的数值时，画面中即显示斑马线 2。

利用伪色显示功能了解画面曝光

伪色显示功能能够帮助摄影师快速判断相机的曝光是否在正常范围内。通过将不同的颜色映射到实际数据值，摄影师可以直观地看到图像中不同区域的曝光情况，从而及时调整相机设置，以拍摄出更好的视频。

伪色显示功能采用红、绿、蓝三原色组合成的 6 种颜色，以表示不同的亮度等级。如红色表示高光溢出区域，黄色表示次亮的高光区域，粉色表示比 18% 灰亮一级，绿色表示 18% 灰，蓝色表示次黑的阴影区域，紫色表现黑色溢出区域，这种方式使摄影师可以通过画面中显示的颜色，快速识别图像中不同区域的曝光状态。

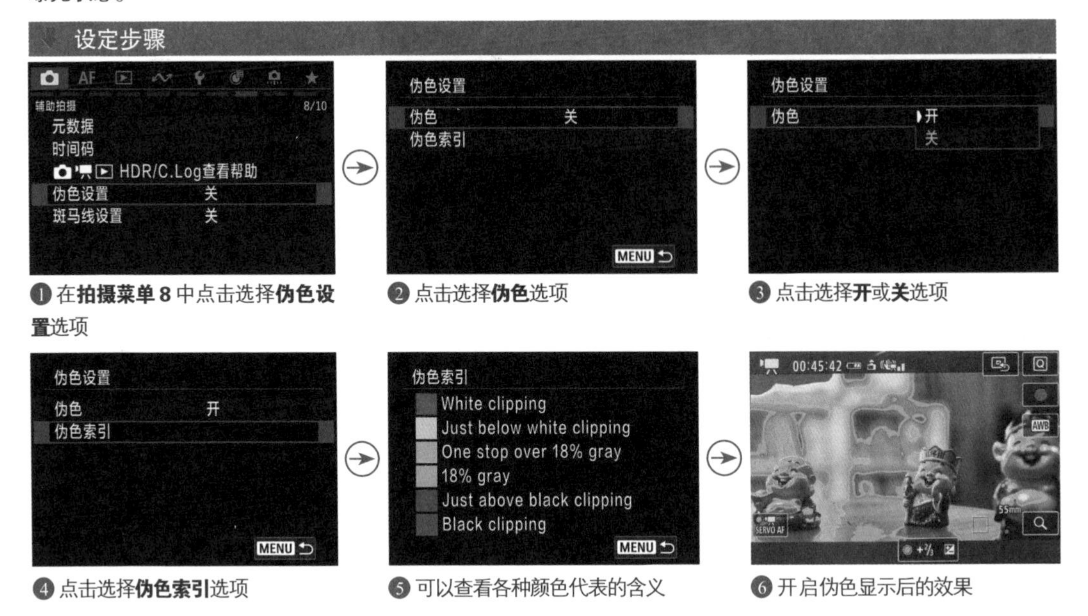

❶ 在**拍摄菜单 8** 中点击选择**伪色设置**选项

❷ 点击选择**伪色**选项

❸ 点击选择**开**或**关**选项

❹ 点击选择**伪色索引**选项

❺ 可以查看各种颜色代表的含义

❻ 开启伪色显示后的效果

高手点拨：开启此功能后，自动亮度优化、斑马线设置、手动对焦峰值、同时拍摄（静止图像和短片）功能不可用。

自动低速快门

当在光线不断发生变化的复杂环境中拍摄时，有时被摄体会比较暗。通过将"自动低速快门"菜单选项设置为"启用"，则当被摄体较暗时，相机会自动降低快门速度（NTSC 模式下最慢为 1/30s，PAL 模式下最慢为 1/25s）来获得曝光正常的画面；而选择"关闭"选项时，虽然录制的画面会比选择"启用"选项时暗，但是被摄体会更清晰一些，因此能够更好地拍摄动作画面。

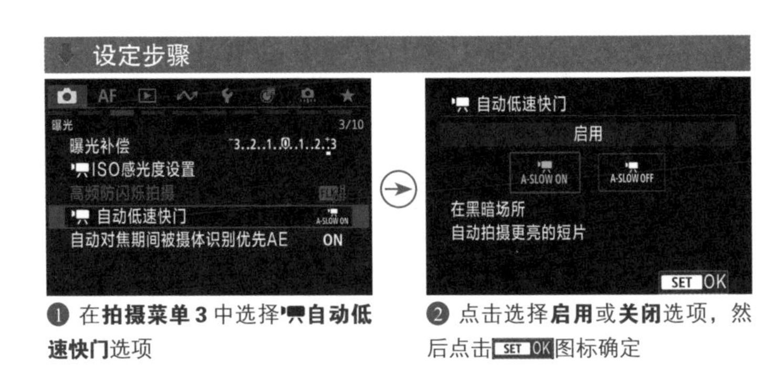

❶ 在**拍摄菜单 3** 中选择**自动低速快门**选项

❷ 点击选择**启用**或**关闭**选项，然后点击 SET OK 图标确定

无须后期直接拍出竖画幅视频

使用佳能 EOS R5 Mark Ⅱ相机录制的视频，经常会传输到智能手机或其他设备上播放观看，启用“添加'🎥旋转信息”功能，可以自动为垂直使用相机录制的视频添加方向信息，以便在智能手机或其他设备上实现同方向播放。

设定步骤

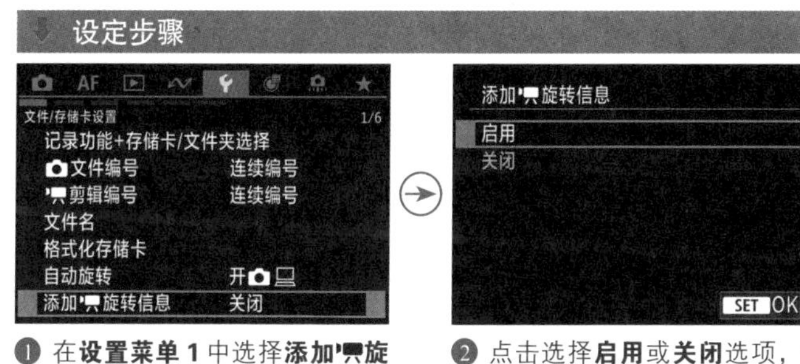

❶ 在**设置菜单 1** 中选择**添加'🎥旋转信息** 选项

❷ 点击选择**启用**或**关闭**选项，然后点击SET OK图标确定

高手点拨：当前许多短视频平台均鼓励创作者拍摄竖画幅视频，使用这个功能就能够帮助创作者在竖拿相机拍摄时，直接拍摄出符合手机观看体验的视频。

- 启用：选择此选项，以录制视频时的方向在智能手机或其他设备上播放。
- 关闭：选择此选项，无论录制视频时的方向是水平还是垂直，在智能手机或其他设备上播放时，都以水平方向进行播放。

改变短片旋转信息

“改变短片旋转信息”菜单的功能是让用户手动添加旋转信息，通过手动选择一个方向，在播放短片时即以所选方向进行播放。

设定步骤

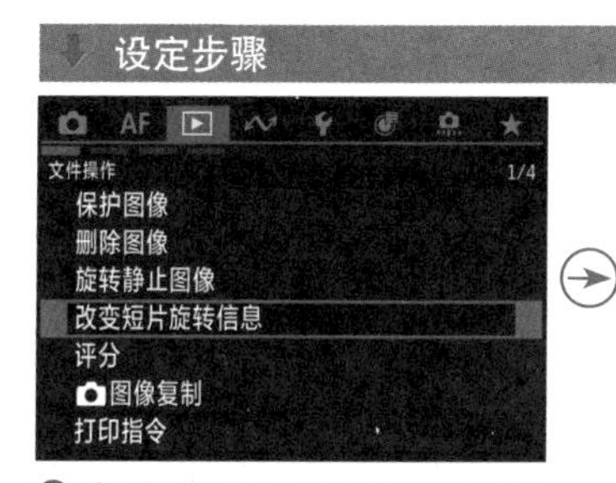

❶ 在**回放菜单 1** 中选择**改变短片旋转信息**选项

❷ 左右滑动选择要修改的短片，然后点击SET图标

❸ 每点击一下SET图标，将按向上、向左、向右的顺序依次改变方向信息。如在此界面中是向上

❹ 如在此界面中是向左

❺ 如在此界面中是向右

短片自动水平校准

启用“'𝄞自动水平校准”菜单可以帮助用户拍摄出更加稳定和水平的视频画面。在手持相机拍摄短片时，难免会有所晃动而使画面倾斜，这时就可以使用此功能自动检测并调整相机的水平角度，从而避免画面出现倾斜或歪斜的情况。

❶ 在**拍摄菜单 7** 中选择**自动水平校准**选项

❷ 点击选择**启用**或**关闭**选项

预录设置

佳能 EOS R5 Mark Ⅱ相机提供了一项非常实用的视频拍摄功能——预录。这一功能允许相机记录用户在按下短片拍摄按钮前 3 秒或 5 秒的画面。

预录功能特别适用于一些难以预判的拍摄场景，例如，在体育赛事、野生动物摄影或任何快速变化的场景中，摄影师可能很难精确捕捉到想要的瞬间。通过启用预录功能，相机能够在拍摄按钮被按下之前就已经开始记录，从而大大增加了捕捉到关键瞬间的可能性。

通过“预录设置”菜单选择“开”选项，并在“记录时间”选项中设置好预录时间（3 秒或 5 秒），然后在短片记录待机期间，相机会自动预记录，当按下短片拍摄按钮录制短片时，相机会自动将预录时间段内的画面与正式拍摄的内容无缝衔接，最终生成一个完整的视频文件。

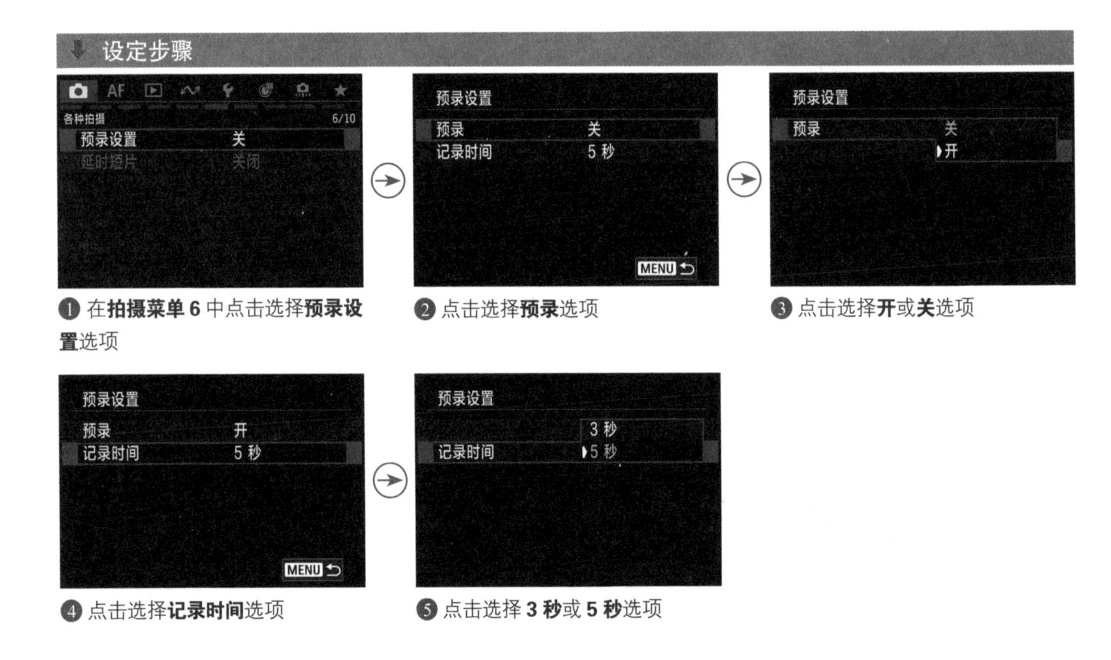

❶ 在**拍摄菜单 6** 中点击选择**预录设置**选项

❷ 点击选择**预录**选项

❸ 点击选择**开**或**关**选项

❹ 点击选择**记录时间**选项

❺ 点击选择 **3 秒**或 **5 秒**选项

录制代理短片

在使用 4K 或 8K 画质录制短片后，因为短片文件较大，在后期编辑时，容易出现软件卡顿或处理短片文件时间过长的情况，此时可以使用代理文件来实现快速编辑的目的。

虽然主流视频编辑软件中提供了转换代理文件的功能，但还是比较烦琐，此时可以利用佳能 EOS R5 Mark Ⅱ相机的录制代理短片功能。

启用此功能后，相机在前期录制时能同步录制一个文件尺寸、比特率都比较小的代理短片文件，而编辑代理短片文件远比编辑高质量的短片文件的处理速度要快，当处理完成后，在渲染导出短片文件时，将代理短片文件替换成原始短片文件，从而可以得到最终高质量的短片文件。

另外，因为代理短片的视频文件尺寸较小，因此还适合传输至智能手机或网络上。

在相机中插入两张存储卡后，在“记录功能 + 存储卡 / 文件夹选择”的“记录选项”子菜单中选择“[1]主[2]代理”选项，然后在“主要记录格式”菜单中设置记录到存储卡 1 中主短片的格式，相机会根据此设置情况自动设置代理短片的记录格式、分辨率和帧频。

设定步骤

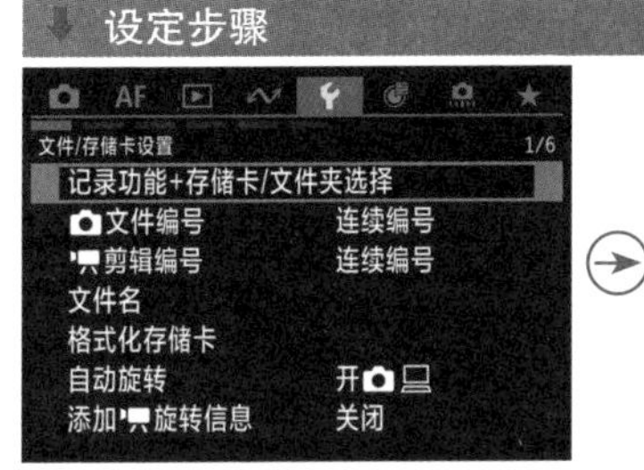

❶ 在**设置菜单 1** 中选择**记录功能 + 存储卡 / 文件夹选择**选项

❷ 点击选择**记录选项**

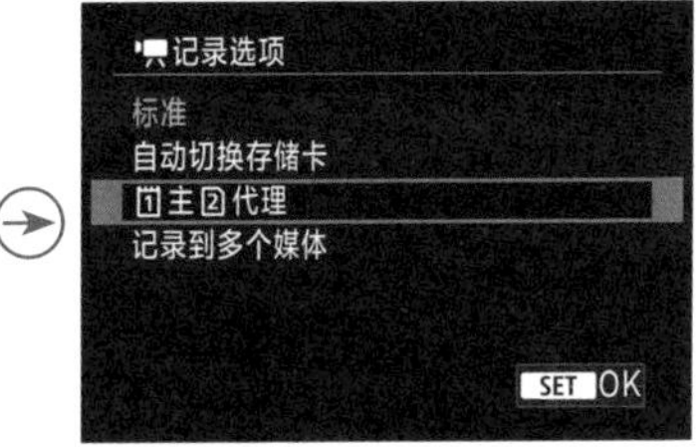

❸ 点击选择**[1]主[2]代理**选项，然后点击SET OK图标确定

❹ 在**拍摄菜单 1** 中选择**主要记录格式**选项，然后在此界面中点击选择所需选项，点击SET OK图标确定

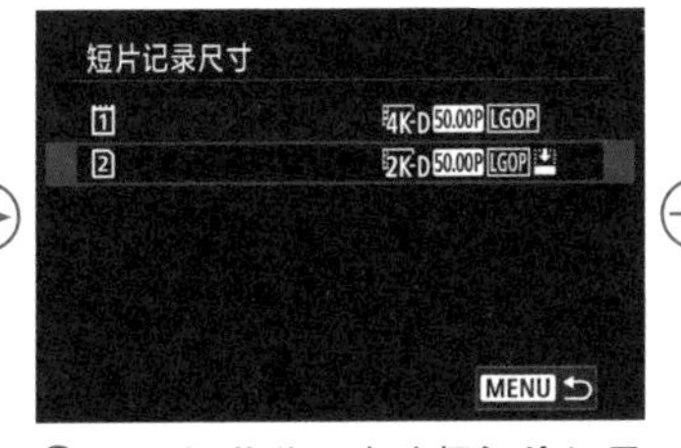

❺ 在**拍摄菜单 1** 中选择**短片记录尺寸**选项，在此界面先选择[1]，并在下级菜单中设置好分辨率、帧率和压缩方式，然后选择[2]

❻ 存储卡 2 中选项根据存储卡 1 中的设置自动匹配，比如存储卡中主短片选择为4K-D 50.00P LGOP，此处分辨率为2K-D

❼ 帧频也与主短片相同

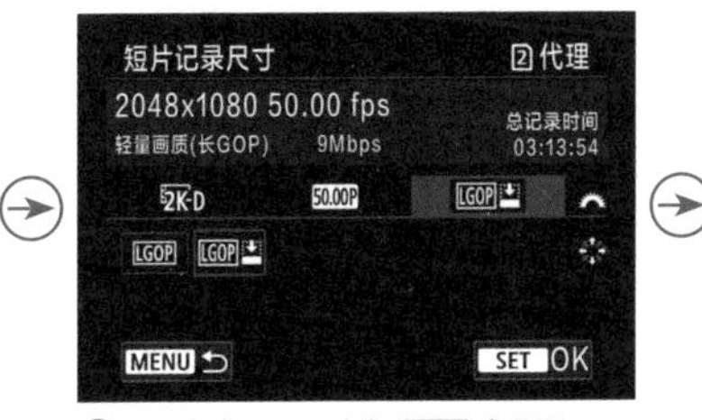

❽ 压缩率可以选择LGOP或LGOP，然后点击SET OK图标确定

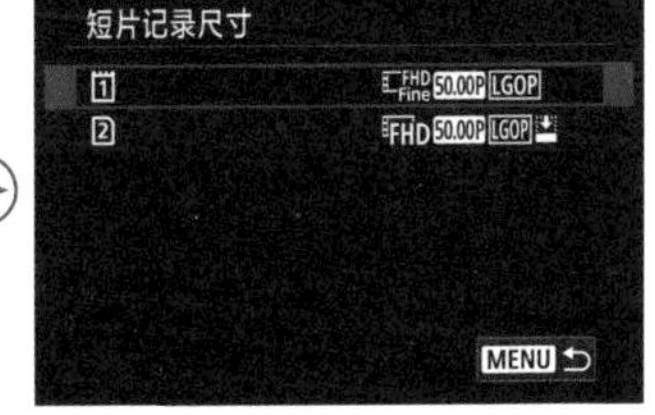

❾ 如果存储卡 1 中的主视频选择为FHD 50.00P LGOP，则存储卡 2 中的分辨率也变成高清

主短片设置与自动配置的代理短片设置的对应关系如下。

主短片设置		代理短片设置（自动设定）	
记录格式	图像大小	记录格式	图像大小
XF-HEVC S YCC422 10bit XF-HEVC S YCC420 10bit	4096×2160 2048×1080	XF-HEVC S YCC420 10bit	2048×1080
	3840×2160 1920×1080		1920×1080
XF-AVC S YCC420 8bit XF-AVC S YCC422 10bit	4096×2160 2048×1080	XF-AVC S YCC420 8bit	2048×1080
	3840×2160 1920×1080		1920×1080
RAW	8192×4320 4096×2160	XF-AVC S YCC420 8bit	2048×1080

同时拍摄静止图像和短片

佳能 EOS R5 Mark Ⅱ相机可以在不中断录制短片的情况下，完全按下快门按钮使用单拍或连拍的方式可以拍摄照片。

此功能适用于活动、体育赛事或纪录片等场景，在这类场景中，摄影师可能同时需要视频和照片，用以往的操作不能同时实现，而使用此功能就大大方便了摄影师的操作。

需要注意的是，此功能需要在相机中安装两张存储卡时才能使用，短片会保存到存储卡 1 中，照片会保存到存储卡 2 中。

通过“同时拍摄（静止图像和短片）”菜单，用户可以设置拍摄照片时的驱动模式，以及保存 JPEG 照片的画质。

高手点拨：有些摄影师可能认可通过从视频中截取某一帧的方法，同样可以获得视频中的图像，但实际上使用此方法所获得的图像，比在拍摄视频时同时拍摄照片获得的图像质量稍低一些。

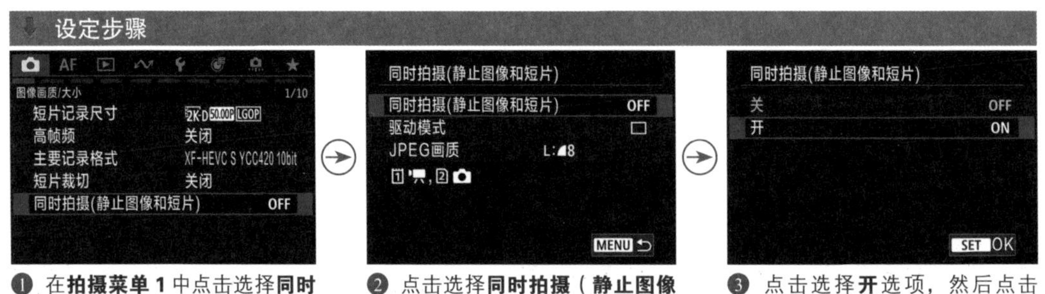

❶ 在**拍摄菜单 1** 中点击选择**同时拍摄（静止图像和短片）**选项

❷ 点击选择**同时拍摄（静止图像和短片）**选项

❸ 点击选择**开**选项，然后点击 SET OK 图标确定

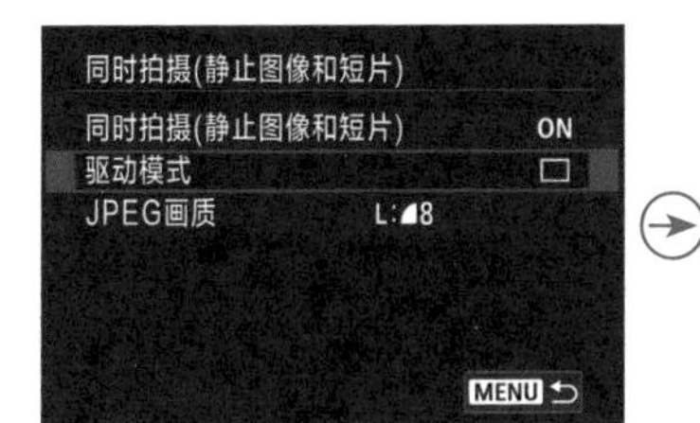

❹ 点击选择**驱动模式**选项

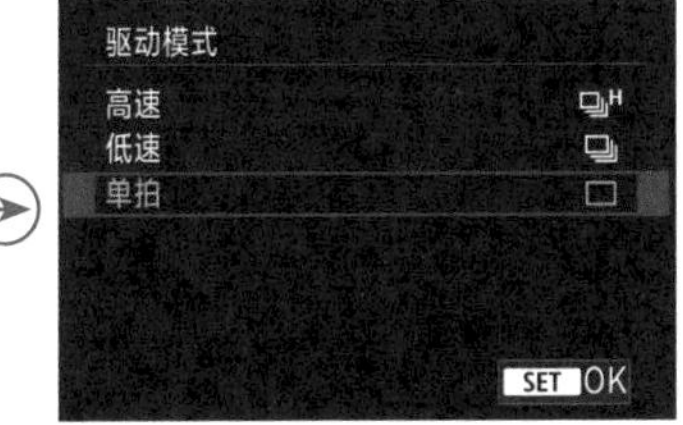

❺ 点击选择**高速、低速**或**单拍**选项，然后点击SET OK图标确定

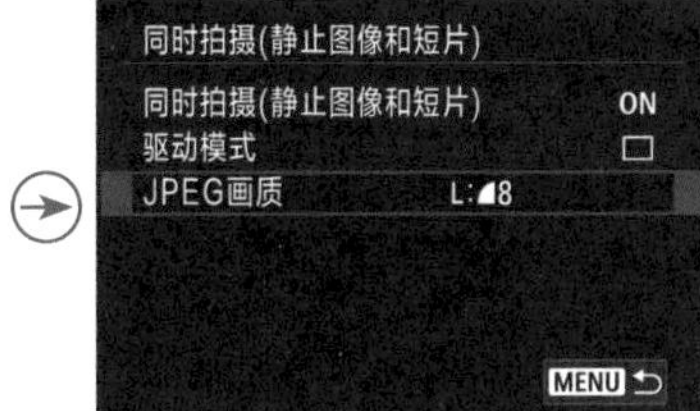

❻ 点击选择 **JPEG 画质**选项

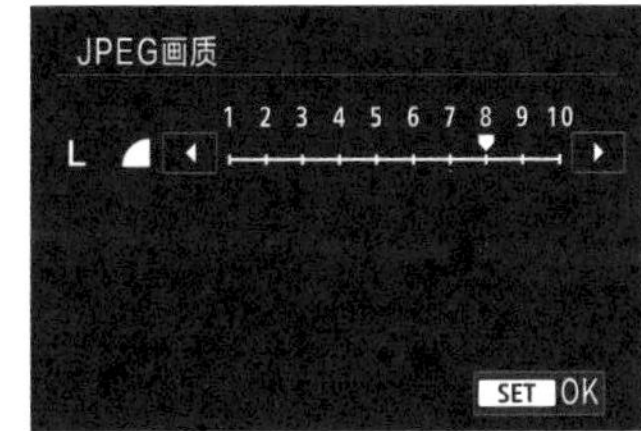

❼ 点击◀或▶图标选择所需的数值，然后点击SET OK图标确定

- 同时拍摄（静止图像和短片）：选择“开”选项，可以在录制短片时，按下快门按钮拍摄照片。选择“关”选项，则不能同时拍摄短片和照片。
- 驱动模式：选择“高速”选项，在“系统频率”设为“59.94Hz:NTSC”时，按下快门按钮以约7.5张/秒的速度连拍照片，在设为“50.00Hz:PAL”时，按下快门按钮以约6.2张/秒的速度连拍照片。选择“低速”选项，在“系统频率”设为“59.94Hz:NTSC”时，按下快门按钮以约5张/秒的速度连拍照片，在设为“50.00Hz:PAL”时，按下快门按钮以约4.1张/秒的速度连拍照片。选择“单拍”选项，按下快门按钮只拍摄一张照片。
- JPEG 画质：从1～10级别中选择所拍摄的JPEG照片画质。

▼在观看火壶表演时，通常会录制下整个表演过程，在录制过程时，当发现画面相当精彩时，就可以利用此功能来拍摄照片『焦距：200mm ┆ 光圈：F4 ┆ 快门速度：1/400s ┆ 感光度：ISO1000』

录制延时短片

虽然，现在新款手机普遍具有拍摄延时短视频的功能，但可控参数较少、画质不高，因此，如果要拍摄更专业的延时短片，还是需要使用相机。

下面讲解如何利用佳能 EOS R5 Mark Ⅱ 相机的“延时短片”功能拍摄一个无声的视频短片。

设定步骤

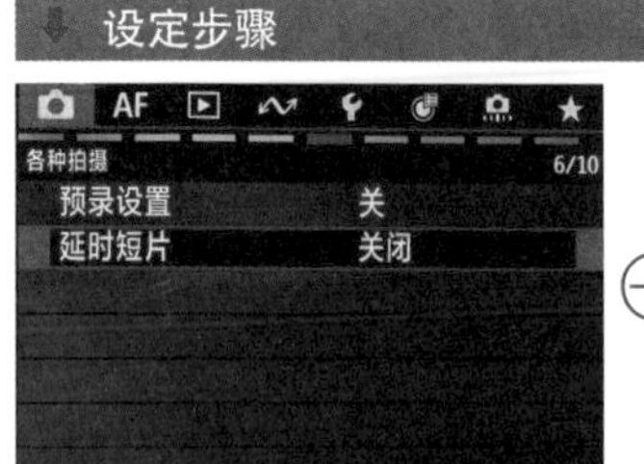

❶ 在**拍摄菜单 6** 中选择**延时短片**选项

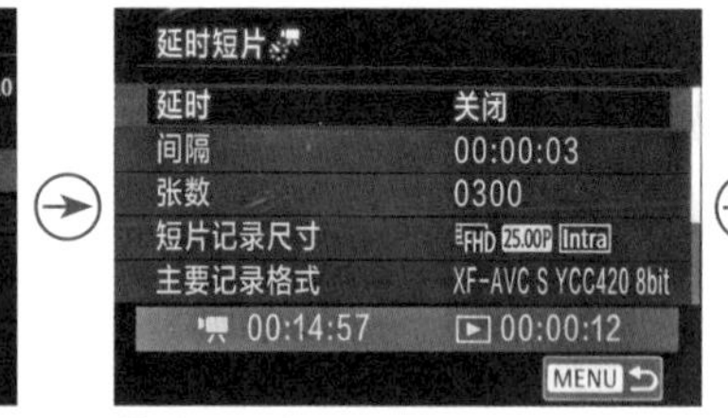

❷ 点击选择**延时**选项

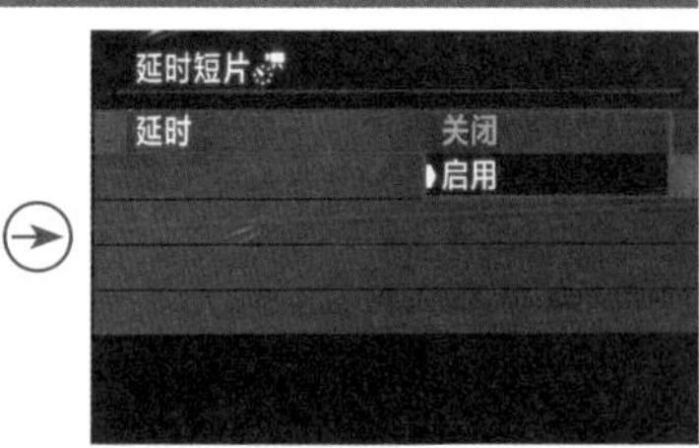

❸ 点击选择**启用**选项

❹ 点击选择**间隔**选项

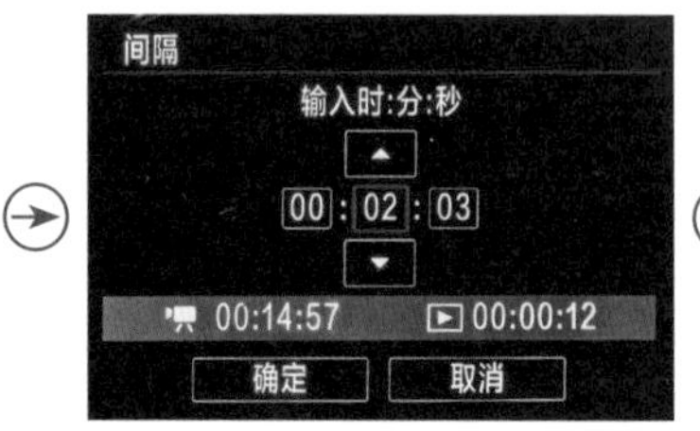

❺ 点击选择间隔数字框，然后点击▲或▼图标选择所需的间隔时间，设置完成后点击选择**确定**选项

❻ 点击选择**张数**选项

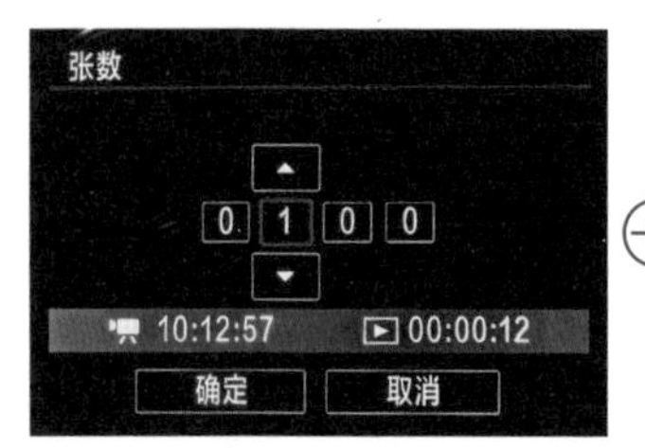

❼ 点击选择张数的数字框，然后点击▲或▼图标选择所需张数，设置完成后点击选择**确定**选项

❽ 点击选择**短片记录尺寸**选项

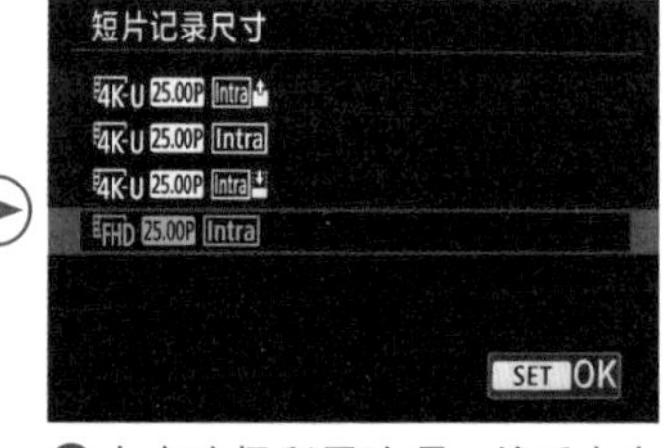

❾ 点击选择所需选项，然后点击SET OK图标确定

❿ 点击选择**主要记录格式**选项

⓫ 点击选择所需选项，然后点击SET OK图标确定

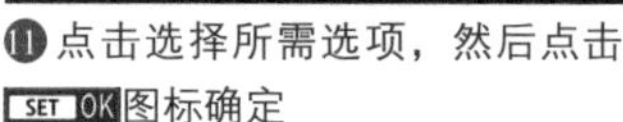

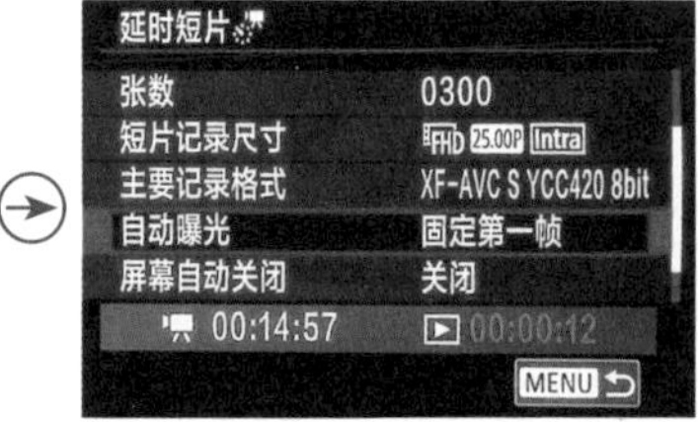

⓬ 点击选择**自动曝光**选项

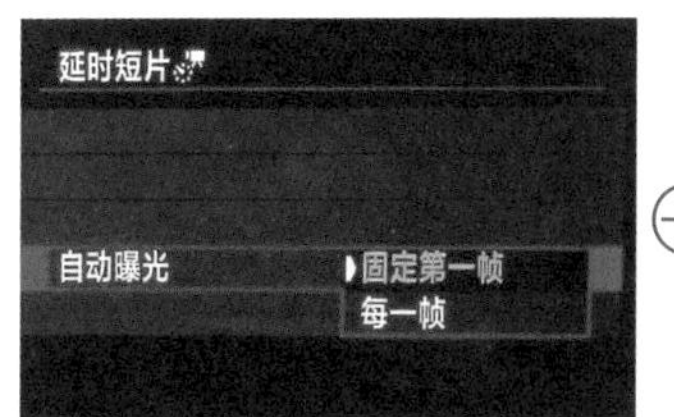

⑬点击选择**固定第一帧**或**每一帧**选项

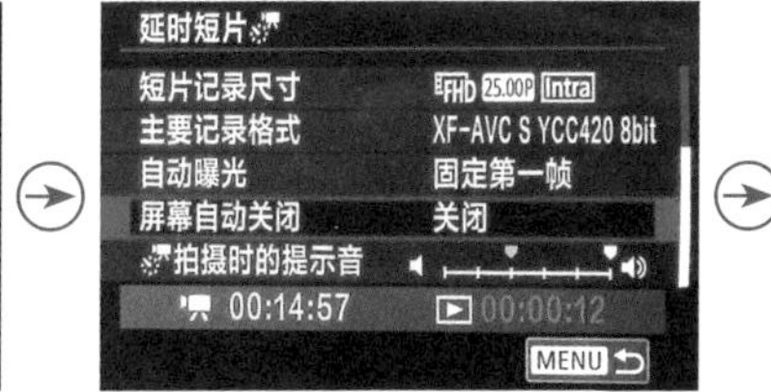

⑭点击选择**屏幕自动关闭**选项

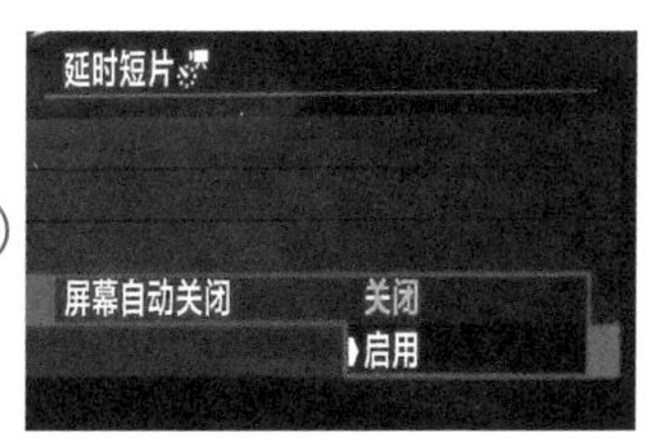

⑮点击选择**启用**或**关闭**选项

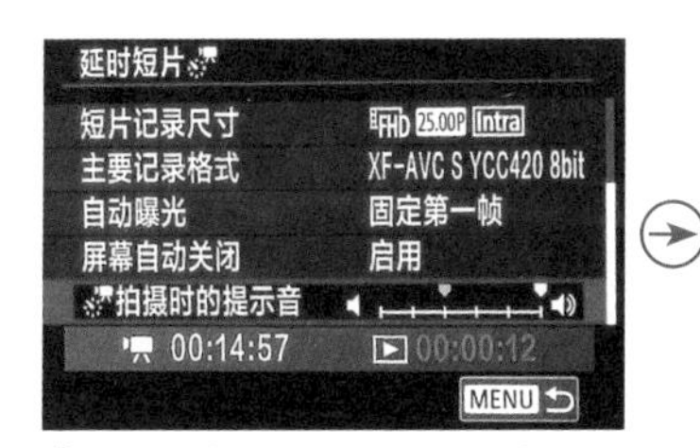

⑯点击选择**拍摄时的提示音**选项

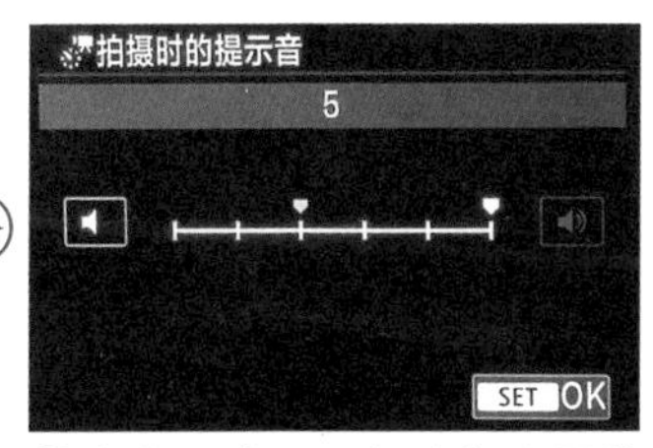

⑰点击◀或▶图标选择所需数值，然后点击SET OK图标确定

- 延时：选择“启用”选项，激活延时短片功能；选择“关闭”选项，则不使用延时短片功能。
- 间隔：可在“00:00:02”至“99:59:59”设定间隔时间。
- 拍摄张数：可在“0002”~“3600”张设定拍摄张数。如果设定为3600，NTSC模式下生成的延时短片将约为2分钟，PAL模式下生成的延时短片将约为2分24秒。
- 短片记录尺寸：将显示可用的短片记录尺寸（分辨率、帧频和压缩方式的组合）。根据“主要记录格式”设置，会显示不同的选项。
- 主要记录格式：选择延时短片的记录格式，可以选择“XF-HEVC S YCC422 10bit”“XF-AVC S YCC422 10bit”及“XF-AVC S YCC422 8bit”。
- 自动曝光：选择“固定第一帧”选项，拍摄第一张照片时，会根据测光自动设定曝光，首次拍摄的曝光和其他拍摄设定将被应用到后面的拍摄中；选择“每一帧”选项，每次拍摄都将根据测光自动设定合适的曝光。
- 屏幕自动关闭：选择“关闭”选项，会在延时短片拍摄期间屏幕上显示图像。不过，在开始拍摄大约30分钟后屏幕显示会关闭；选择“启用”选项，将在开始拍摄大约10秒后关闭屏幕显示。
- 拍摄时的提示音：选择“关闭”选项，在拍摄时不会发出提示音；选择“启用”选项，则每次拍摄时都会发出提示音。

完成设置后，相机会显示按拍摄预计需要拍多长时间，以及按当前制式的放映时长。

高手点拨：如果录制的延时场景时间跨度较大，如持续几天，则“间隔”数值可以适当加大。如果希望拍摄延时视频时景物的变化细腻一些，则可以加大“拍摄张数”数值。

▲ 这组图是从视频中截取的。利用“延时短片”功能，将鲜花绽放的整个过程在极短的时间内展示出来，极具视觉震撼力

录制 HDR 短片

HDR 短片适用于高反差场景，其能够较好地保留场景中的高光与阴影中的细节。当在“HDR 短片记录”菜单中选择“启用”选项后，按照普通短片的录制流程拍摄即可。

不过由于 HDR 的工作模式是多帧进行合并以创建 HDR 短片，所以短片的某些部分可能会出现失真现象。为了减少这种失真现象，推荐使用三脚架稳定相机拍摄。

- HDR 短片记录：选择“开启”选项，即启用 HDR 短片拍摄，为了更好地表现画面亮部区域，还需要开启“HDR 拍摄（PQ）”功能。选择“关闭”，则不使用 HDR 短片拍摄。
- 阴影补偿：用于调整阴影和图像其他暗部区域的亮度。
- 饱和度：用于调整画面整体的色彩的强度。
- 限制最大亮度：选择“关闭”选项时，最大亮度不受限制，在支持亮度超过 1000 尼特的监视器上查看短片时，建议使用此选项。选择“1000 尼特”选项时，最大亮度会被限定在约 1000 尼特。

设定步骤

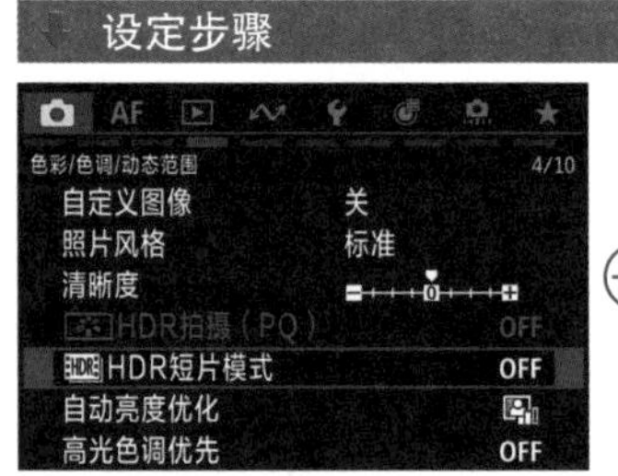

❶ 在**拍摄菜单 4** 中选择 **HDR 短片模式**选项

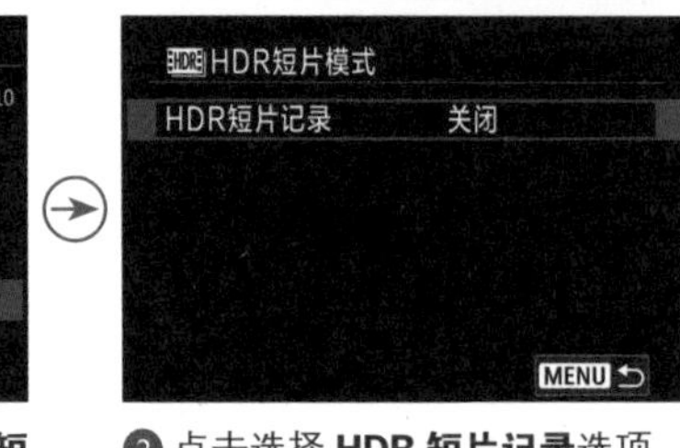

❷ 点击选择 **HDR 短片记录**选项

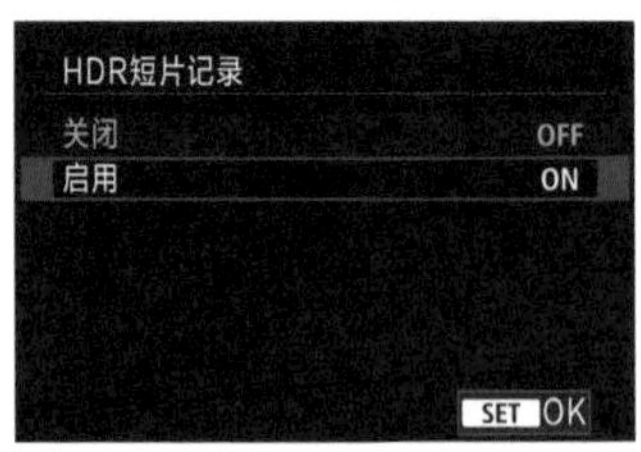

❸ 点击选择**启用**选项，然后点击 SET OK 图标确定

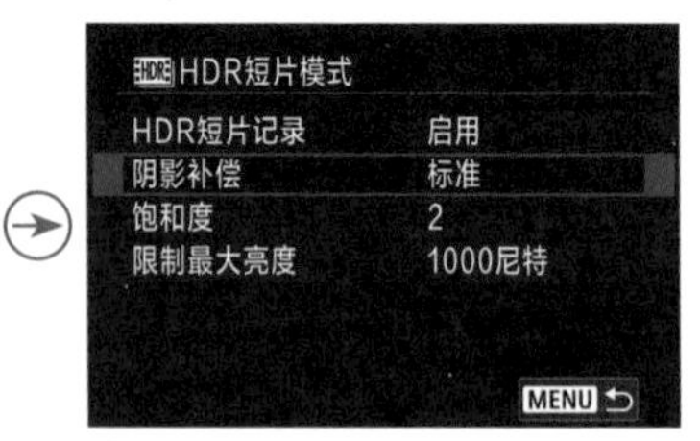

❹ 点击选择**阴影补偿**选项

❺ 点击选择所需选项，并预览图像效果

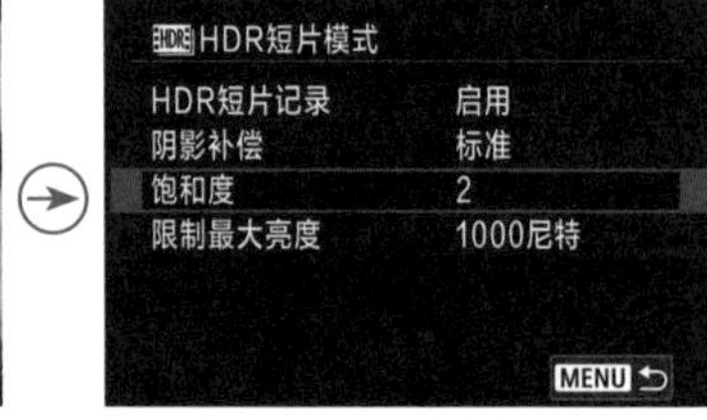

❻ 点击选择**饱和度**选项

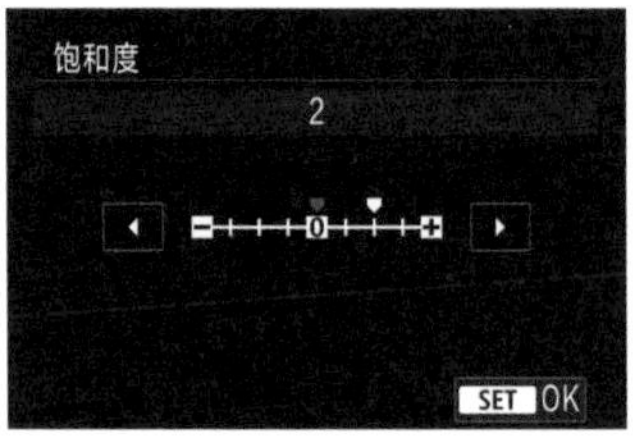

❼ 点击◀或▶图标选择所需数值，然后点击 SET OK 图标确定

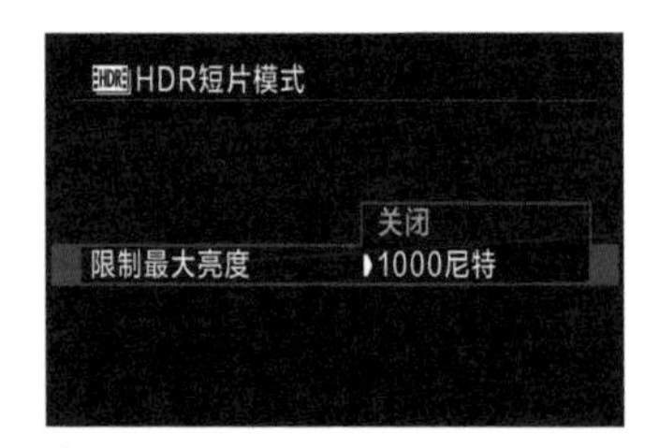

❽ 当开启“HDR 拍摄（PQ）”功能时，**限制最大亮度**选项可用，在此界面中选择**关闭**或 **1000 尼特**选项

录制高帧频短片

让视频短片的视觉效果更丰富的方法之一，就是调整视频的播放速度，使其加速或减速，呈现快放或慢动作效果。

加速视频的方法很简单，通过后期处理将 1 分钟的视频压缩在 10 秒内播放完毕即可。

而要获得高质量的慢动作视频效果，则需要在前期录制出高帧频视频。例如，在默认情况下，如果以 25 帧/秒的帧频录制视频，1 秒只能录制 25 帧画面，回放时也是 1 秒。

但如果以 100 帧/秒的帧频录制视频，1 秒则可以录制 100 帧画面，所以，当以常规 25 帧/秒的速度播放视频时，1 秒内录制的动作则呈现为 4 秒，呈现出电影中常见的慢动作效果。这种视频效果特别适合表现那些重要的瞬间或高速运动的拍摄题材，如飞溅的浪花、腾空的摩托车、起飞的鸟儿等。

设定步骤

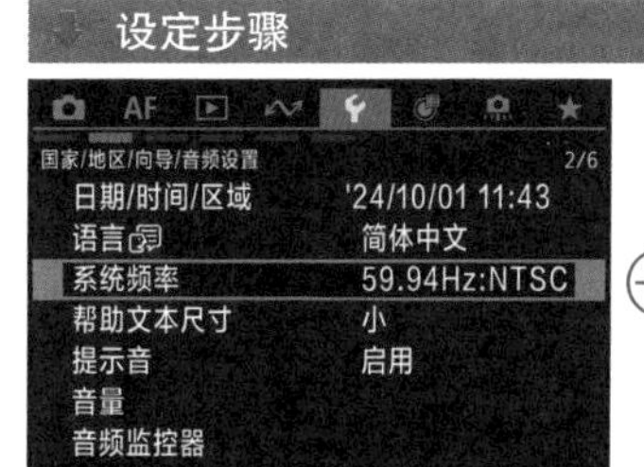

❶ 在**设置菜单 2** 中选择**系统频率**选项

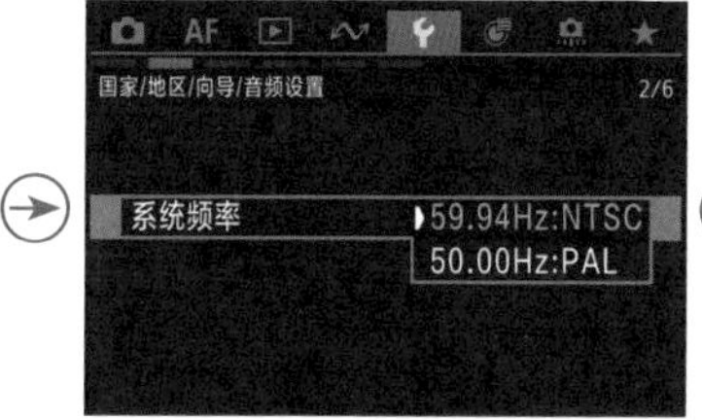

❷ 点击选择 **59.94Hz:NTSC** 选项

❸ 在**拍摄菜单 1** 中选择**高帧频**选项

❹ 点击选择**启用**选项，然后点击 SET OK 图标确定

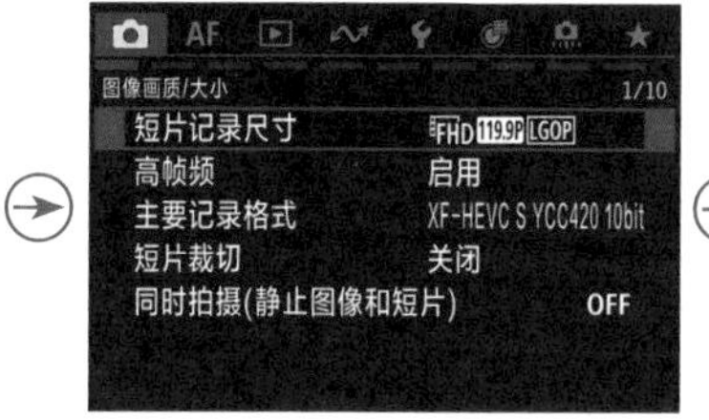

❺ 在**拍摄菜单 1** 中选择**短片记录尺寸**选项

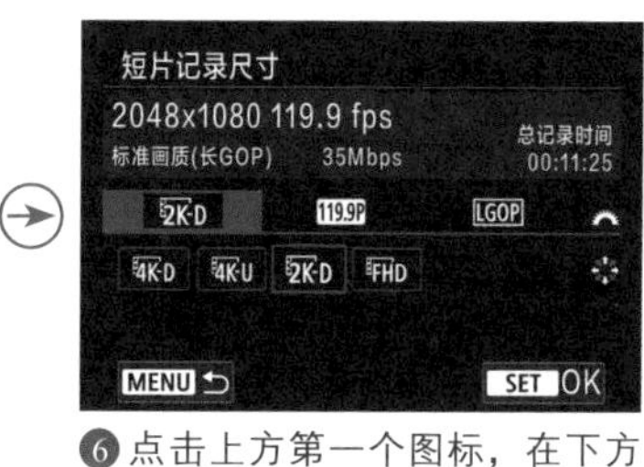

❻ 点击上方第一个图标，在下方点击选择所需分辨率选项，如此处选择的是 2K-D，然后点击 SET OK 图标确定

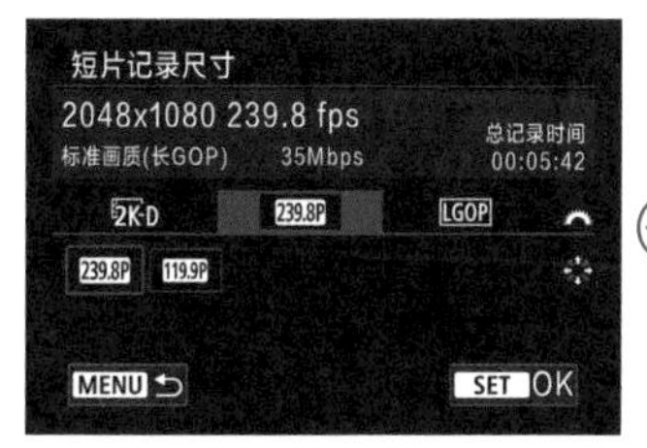

❼ 点击上方第二个图标，在下方可以选择 **239.8P** 和 **119.9P** 的帧频选项，然后点击 SET OK 图标确定

❽ 如果在**系统频率**中点击选择了 **50.00Hz:PAL** 选项

❾ 则在**短片记录尺寸**菜单中，可以选择 **200.0P** 和 **100.0P** 的帧频选项，然后点击 SET OK 图标确定

获得本书赠品的方法

1. 打开微信，点击“订阅号消息”。

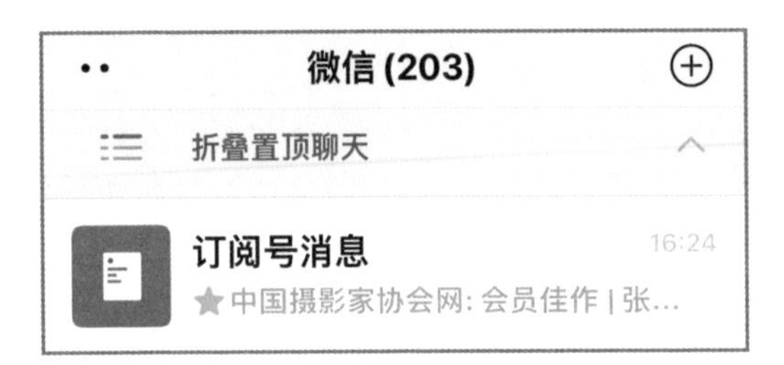

2. 在上方搜索框中输入 FUNPHOTO。

3. 点击“好机友摄影视频拍摄与 AIGC”。

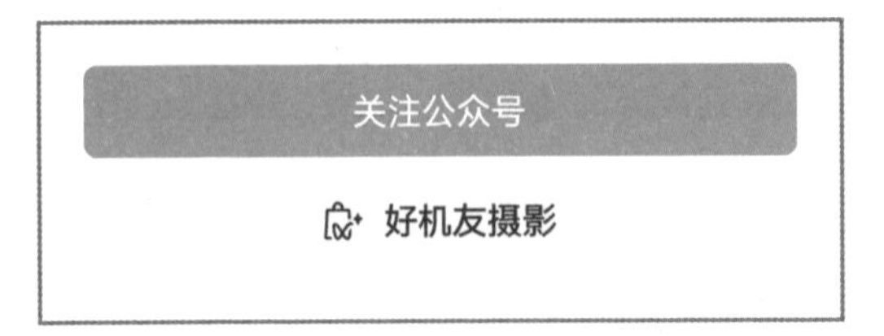

4. 点击绿色“关注公众号”按钮。

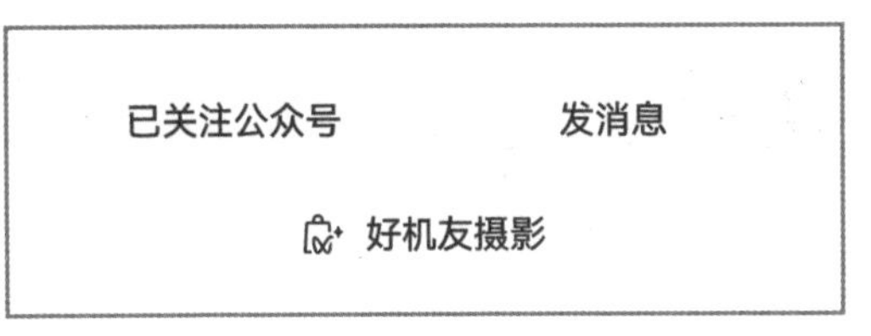

5. 点击“发消息”按钮。

6. 点击左下角的图标。

7. 转换成为输入框状态。

8. 在输入框中输入本书第 32 页最后一个字，然后点右下角“发送”，注意只输入一个字。

9. 打开公众号自动回复的图文链接，按图文链接所述操作。

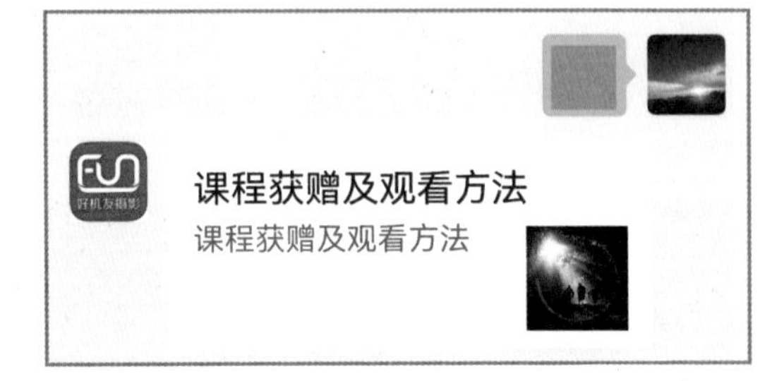